DEUXIÈME PARTIE.

—◦—

GÉOGÉNIE.

TRAITÉ ÉLÉMENTAIRE

DE

GÉOLOGIE,

PAR M. ROZET,

CAPITAINE AU CORPS ROYAL D'ÉTAT-MAJOR, PROFESSEUR DE GÉOLOGIE
A L'ATHÉNÉE ROYAL, ET SECRÉTAIRE DE LA SOCIÉTÉ
GÉOLOGIQUE DE FRANCE.

OUVRAGE ACCOMPAGNÉ D'UN ATLAS.

SECONDE PARTIE. — GÉOGÉNIE.

PARIS,

ARTHUS BERTRAND, ÉDITEUR,

LIBRAIRE DE LA SOCIÉTÉ DE GÉOGRAPHIE,
rue Hautefeuille, n° 23.

M. DCCC. XXXVII.

TRAITÉ ÉLÉMENTAIRE

DE GÉOLOGIE.

———————

GÉOGÉNIE.

———————

LOIS UNIVERSELLES.

(§ 117.) Nous allons maintenant combiner entre eux les faits exposés dans la première partie de cet ouvrage, pour essayer de remonter à la connaissance de quelques unes des causes qui ont présidé à la formation des grandes masses minérales composant la portion de la croûte solide du globe, dans laquelle l'homme a pu étendre ses observations. Mais, auparavant, il est nécessaire de rappeler succinctement les principales lois qui régissent la matière, afin de n'être pas obligé d'y revenir à chaque instant, dans le cours des explications.

L'immensité, qui nous environne et que l'on nomme *l'espace*, peut être considérée comme une sphère dont le rayon soit infini et le centre partout.

Cette sphère renferme une quantité innombrable de corps composés de particules matérielles réunies par attraction.

Les corps ne sont point libres dans l'espace, c'est à dire qu'il ne leur est pas permis de se mouvoir d'une manière quelconque, ni de rester en repos; ils sont groupés, en plus ou moins grand nombre, autour de centres à l'influence desquels ils ne sauraient se soustraire; ces centres eux-mêmes sont groupés autour de centres d'un ordre plus élevé, loi qui se

continue, vraisemblablement, jusque bien au delà des limit[es]
de notre imagination (1).

L'ordre de centres le plus élevé que nous connaissio[ns]
est celui qui comprend le soleil et la plupart des étoiles dit[es]
fixes : les centres d'ordres supérieurs, et dont plusieurs fait[s]
comme le mouvement du soleil et celui de quelques étoile[s]
annoncent l'existence (2), ont échappé, jusqu'à présent,
tous les efforts de l'esprit humain.

Tous les centres de l'ordre solaire paraissent être lumineu[x]
par eux-mêmes, sans que l'on puisse assigner d'une maniè[re]
satisfaisante la cause de cette lumière ; et celui dans la dé[-]
pendance duquel nous sommes placés réunit autour de l[ui]
plusieurs grands corps opaques dont notre globe fait parti[e].
Ceux-ci sont accompagnés d'autres corps plus petits, comm[e]
notre lune, qui restent dans leur dépendance, en mêm[e]
temps qu'ils sont soumis, avec eux, à l'influence du soleil.

En jugeant par analogie, on est porté à admettre que cha[-]
que étoile est, ainsi que notre soleil, un centre réunissant a[u-]
tour de lui un certain nombre de planètes ; et, comme avec[le]
secours des lunettes nous apercevons une infinité d'étoile[s],
combien le nombre des mondes doit-il être grand !!...

Si maintenant les étoiles dépendent elles-mêmes de centr[es]
d'ordres supérieurs (3), et que cette loi se continue, où so[nt]
les limites de l'univers ?... Mais quittons ce champ trop vas[te]
pour la portée de notre esprit, et hâtons-nous de rentrer da[ns]
le système solaire, où seulement nous pouvons faire des o[b-]
servations de quelque valeur.

Sans compter les comètes, dont l'orbite est si étendu qu'[elle]

(1) Dans notre système planétaire, par exemple, les satellites s[ont]
groupés autour des planètes, et celles-ci le sont autour du soleil.

(2) Le système du soleil et tout ce qui l'environne est emporté vers [la]
constellation d'Hercule avec une vitesse au moins égale à celle de la te[rre]
dans son orbite. (Système du monde, p. 306.)

(3) Le mouvement propre de quelques étoiles, telles que Syrius, Ar[c-]
turus, etc., semble l'annoncer.

peut croire qu'elles sortent du système solaire, quoique plusieurs circulent réellement autour du centre de ce système, onze grands corps opaques ou planètes se meuvent autour du soleil; je les énumère par ordre de distance à cet astre; ce sont : MERCURE, VÉNUS, la TERRE, MARS, VESTA, JUNON, CÉRÈS, PALLAS, JUPITER, SATURNE, URANUS; parmi ces planètes, quatre seulement ont des satellites, savoir : la terre un, Jupiter quatre, Saturne sept, plus un grand anneau qui environne cette planète, enfin Uranus six.

Toutes les planètes sont attirées par le soleil et s'attirent elles-mêmes réciproquement, proportionnellement aux masses et en raison inverse du carré des distances. Elles se meuvent toutes autour de cet astre, d'après les belles découvertes de Képler, en décrivant des orbes elliptiques dont il occupe le foyer, et de telle manière que les rayons vecteurs, menés du centre du soleil au centre de chacune des planètes, décrivent des aires proportionnelles au temps, et que les carrés des temps des révolutions sont entre eux comme les cubes des grands axes. Indépendamment de ce mouvement de translation autour du soleil, qui s'exécute d'occident en orient, chaque planète tourne sur elle-même, dans le même sens, autour d'un axe à peu près fixe, dont les extrémités sont les pôles de son équateur. Les lois observées entre le soleil et les planètes subsistent absolument de la même manière entre les planètes et leurs satellites.

Les planètes sont retenues dans leurs orbites autour du soleil, et les satellites dans les leurs autour des planètes, par une force inhérente à la matière, que Newton a nommée *attraction*, et qui s'exerce proportionnellement aux masses et en raison inverse du carré des distances. Cette force agit non seulement sur les planètes et leurs satellites, mais encore sur tous les corps de la nature, même ceux doués de la vie : tous s'attirent réciproquement en raison directe des masses et inverse du carré des distances; c'est un principe parfaitement établi,

L'attraction s'exerce non seulement entre les corps plac
à une certaine distance les uns des autres, mais aussi entr
les corps en contact et entre les particules matérielles qu
composent chaque corps. Cette seconde espèce d'attraction
nomme *cohésion*.

Pour vaincre cette force dans chaque corps, ou, ce qui re
vient au même, séparer ses élémens, il faut en employer u
autre dont l'intensité varie avec la nature du corps.

Le calorique est un des meilleurs agens que l'on puisse em
ployer pour vaincre la force de cohésion : tous les corps su
fisamment chauffés finissent par se détruire, ou par chang
tellement d'état qu'ils ne sont plus reconnaissables.

Dans les corps inorganiques, quand le calorique a ain
désuni les élémens, et que son action vient à cesser ou dim
nuer très sensiblement, les corps reprennent leur état pr
mitif.

Mais si l'action du calorique a mis en contact les mol
cules de plusieurs corps différens, une nouvelle force, qu'o
nomme *affinité chimique*, s'exerce alors entre les mol
cules de nature différente, et il en résulte des combinaiso
qui donnent naissance à de nouveaux corps. Souvent
milieu ambiant cède quelques uns de ses élémens aux cor
en fusion, et les composés qui en résultent occupent un v
lume plus considérable que les corps exposés à l'influence d
calorique.

C'est à cette propriété du calorique, de tendre à séparer l
élémens des corps, qu'est due l'augmentation de volu
qu'il leur fait toujours éprouver lorsqu'ils sont soumis à so
action. Quand cette action cesse, les corps reprennent le
volume primitif.

Le calorique rayonne de tous les corps qui le renfermen
et son intensité autour de ces corps est en raison inverse d
carré des distances. Entre deux corps placés en contact
à une certaine distance l'un de l'autre, il y a transmission
calorique jusqu'à ce que ce fluide se soit mis en équilibre d

tous les deux. D'après ce principe, les corps chauds, abandonnés à eux-mêmes, doivent se refroidir, et ils se refroidissent effectivement. Quand les corps ne sont pas homogènes,
le refroidissement altère leur forme.

Le calorique n'est pas le seul agent capable de désunir les
molécules des corps et de permettre ainsi, à celles de plusieurs
corps de diverse nature, de se combiner pour donner naissance à des corps nouveaux ; l'eau produit le même effet sur
tous ceux qui sont susceptibles de s'y dissoudre.

Quand différens corps sont ainsi dissous dans l'eau, il se
passe des phénomènes de décomposition et de composition
extrêmement compliqués et dont voici les principaux : si,
par leur combinaison, les corps dissous peuvent donner naissance à des composés moins solubles qu'eux, ces composés se
forment et se précipitent dans l'ordre inverse de leur solubilité. Quand ces corps sont des sels, c'est à dire formés d'un
alcali et d'un acide, l'alcali et l'acide qui, en se combinant,
peuvent donner naissance au sel le moins soluble, se portent
d'abord l'un sur l'autre, et le sel qu'ils forment se précipite le
premier. Le sel le moins soluble, ensuite, qui peut se former
avec les élémens restans, se précipite immédiatement après,
et ainsi de suite, jusqu'à ce qu'il ne se précipite plus rien dans
la dissolution.

Si les corps dissous dans l'eau ne sont pas susceptibles de
se combiner entre eux, il n'y aura point de précipité tant qu'il
restera assez d'eau pour les dissoudre ; mais l'eau abandonnée
à elle-même s'évaporant, ces corps se précipiteront dans
l'ordre inverse de leur solubilité.

Les corps qui ne sont pas dissous, mais seulement tenus
en suspension dans l'eau par une cause quelconque, se précipitent par ordre de densité.

L'électricité galvanique, celle qui se développe par le contact de deux corps de nature différente, détermine, dans le
plus grand nombre des dissolutions, des précipités qui, bien
que de même nature, sont cependant assez différens, quant à

l'aspect et à l'état d'agrégation, de ceux que produisent l[es]
actions chimiques. C'est par son moyen que M. Becquerel e[st]
parvenu à reproduire un grand nombre de substances tell[es]
que la nature nous les présente (1); ce qui prouve que l[es]
forces électriques sont bien certainement au nombre de cell[es]
qui ont présidé à la formation de notre planète.

Le fluide électrique se trouve répandu dans tous les cor[ps]
inorganiques et organiques; il y joue un si grand rôle
que ce n'est pas sans quelque probabilité qu'on le regard[e]
comme l'ame de toute la nature, le moteur universel.

Suivant les belles expériences de M. Ampère, le magné[-]
tisme terrestre serait dû à des courans électriques, circulan[t]
de l'est à l'ouest, dans l'intérieur de la terre, à peu de distanc[e]
de la surface. Ces courans paraissent avoir pour causes de[s]
réactions chimiques, qui s'opèrent encore continuellemen[t]
dans l'intérieur du globe, au contact supposé de la croût[e]
oxydée avec la masse métallique.

Ce court exposé, joint à la description des phénomènes qu[i]
se passent actuellement sous nos yeux à la surface de la terre[,]
donnée dans les soixante premiers paragraphes de la géogno[-]
sie, suffit pour l'intelligence des théories que nous allons ex[-]
poser.

DU GLOBE EN GÉNÉRAL.

(§ 118.) La forme du globe terrestre est exactement cell[e]
que prendrait une masse fluide douée d'un mouvement de ro[-]
tation autour d'un axe fixe. Il y a peu de doute que, tourna[nt]
également autour d'un pareil axe, il n'ait été primitivemen[t]
liquide, et quand on vient à examiner avec attention le[s]
masses solides qui le composent, le fait de cette antique flui[-]
dité devient de plus en plus évident, à tel point qu'elle est au[-]

(1) Becquerel, Traité expérimental de l'électricité et du magnétisme
Paris, Firmin Didot.

jourd'hui généralement admise. Je ne discuterai pas si notre planète, comme toutes celles du même système, est le résultat de la condensation d'une partie de l'atmosphère du soleil, ou si, avec toutes les autres, elle est sortie de cet astre par le choc d'une comète qui en aurait effleuré la surface ; ce sont des questions trop élevées pour l'état actuel de nos connaissances. Nous supposerons donc la terre primitivement à l'état fluide, sans chercher à quel corps préexistant ce fluide a pu être arraché (1).

De quelle nature était la fluidité primitive du globe ? était-elle ignée ou aqueuse ? C'est une question qui a été long-temps débattue entre les géologues, divisés en deux camps, les plutoniens et les neptuniens.

La température propre du globe, qui croît rapidement avec les profondeurs (§ 25) (2), l'analogie des roches feldspathiques, non stratifiées, formant la base sur laquelle toutes les autres reposent (§ 105 à 109), avec celles qui sont, encore aujourd'hui, lancées par les volcans à l'état de fluidité ignée (§ 51), démontrent assez clairement que cette fluidité était due au calorique, et qu'ainsi que Descartes et Leibnitz l'avaient annoncé, la terre est un astre refroidi, qui n'est éteint qu'à la surface.

L'idée d'une dissolution aqueuse n'est pas soutenable ; on conçoit bien que, par le rayonnement dans l'espace, le calorique, qui tenait en dissolution les matières terrestres actuellement solides, se soit dissipé ; mais que serait devenue cette immense masse d'eau nécessaire pour la dissolution complète du globe, puisque la vapeur d'eau ne peut franchir les limites de l'atmosphère ? D'un autre côté, il y a des roches, comme les quarz, qui n'ont jamais pu être dissoutes par l'eau, et la

(1) Voyez, pour ces questions, la Théorie de la terre de Buffon et le système du monde de Laplace.

(2) J'ai eu soin de renvoyer partout aux paragraphes de la première partie où les faits sont exposés.

quantité nécessaire pour dissoudre les autres est vraimen
énorme. Qu'on essaie de dissoudre dans l'eau pure un peti
morceau de carbonate ou de sulfate de chaux, même rédui
en poudre, pour avoir une idée de la quantité d'eau nécessair
à la dissolution des matériaux composant la croûte solide d
notre planète.

Il est maintenant assez généralement admis que, dans l'éta
primitif, le globe terrestre était à l'état de liquéfaction ignée,
et c'est de ce principe que nous allons partir pour chercher
expliquer les principaux changemens qui se sont opérés à s
surface.

Il y a peu de doute que, tout à fait dans le principe, la chaleu
étant à son maximum, toutes les matières aient été à l'état gazeux,
c'est du moins ce que tendent à prouver les données physique
et astronomiques, et alors le rayon de la terre était plus étendu
qu'aujourd'hui. La chaleur se perdant par le rayonnemen
dans les espaces célestes, la température de cet amas de vapeurs se sera successivement abaissée. Les corps les plus réfrac
taires et les plus pesans, qui sont les métaux, se seront con
densés les premiers, et il en sera résulté au centre un bain
métallique conservant une chaleur énorme, capable de tenir le
autres matières long-temps à l'état de vapeur. Cette ingénieus
idée a été émise par M. Ampère, qui pense que le premie
noyau formé aurait été un mélange de tous les métaux, no
oxydés, conservant encore une forte température. Le rayonnement continuant à diminuer la température, les condensa
tions successives se seront opérées, auxquelles auront concouru
les affinités réciproques des substances : le potassium et le so
dium, qui entrent comme élémens dans un grand nombr
de roches, auront dû jouer un rôle important dans les réac
tions successives, en raison de leur forte affinité pour un gran
nombre de corps.

Le refroidissement continuant toujours, il sera arrivé a
point où la vapeur d'eau, résultat de la combinaison de l'oxy
gène et de l'hydrogène provenant des divers composés gazeu

léjà liquéfiés, ou bien existant toute formée dans l'atmosphère, aura pu se précipiter ; c'est à cette époque seulement qu'une pellicule solide a dû commencer à se former sur la surface du bain métallique, car les roches les plus anciennes contiennent toutes une certaine proportion d'eau de cristallisation. Les réactions qui s'opéraient dans le bain métallique, les mouvemens qui déterminaient la rotation du globe sur son axe et l'attraction du soleil et de la lune, qui remue encore maintenant les eaux de notre mer (§ 12), ont dû rendre la surface de cette première pellicule fort inégale, sans parler du dégagement des fluides élastiques, qui devait la briser sur un grand nombre de points.

L'effet de la force centrifuge tendant à accumuler plus de matière à l'équateur qu'aux pôles, c'est sous ce cercle que devaient se trouver les plus grandes inégalités ; aussi est-ce là qu'existent aujourd'hui les plus fortes massses de montagnes.

Terrain primitif.

(§ 119.) D'après ce que nous avons exposé (§ 106 et § 114), il y a peu de doute que ce soit le gneiss qui ait formé la première pellicule solide de notre planète. Le potassium, le sodium, le magnesium, l'aluminium et le silicium devaient alors se trouver en grande quantité à la surface du bain ; car c'est de la combinaison de ces métaux avec l'oxygène que résultent la soude, la potasse, le quarz et le mica, qui sont les parties composantes du gneiss. La structure schistoïde de cette roche et sa stratification, souvent évidente, prouvent que l'eau se précipitait déjà, en assez grande masse, de l'atmosphère, sur les matières en fusion ; d'un autre côté, le grand nombre de plis et de fractures que présente partout la formation du gneiss annonce que son dépôt était fort agité, ce qui s'explique très bien d'après les perturbations qui devaient avoir lieu dans la masse liquide inférieure.

Les variations que présente le gneiss dans sa composition mi-

néralogique, tantôt très micacé, tantôt très feldspathique, ici
dépourvu de quarz, là en contenant en quantité notable, prouvent que les élémens étaient inégalement répandus dans la
dissolution, et cela dans des espaces très circonscrits; car on
observe souvent ces variations sur une étendue de quelques
centaines de mètres seulement. Cependant, dans toutes les
contrées de la terre où le gneiss a été observé, on l'a trouvé
composé des mêmes élémens, et présentaut à peu près les
mêmes accidens de composition.

Le gneiss a pu se déposer sur toute la surface du bain métallique sans le couvrir entièrement, sans l'enfermer, puisqu'à chaque instant sa surface était brisée par les mouvemens
du liquide inférieur, qui devaient en séparer les parties. Cette
séparation donnait naissance à des élévations et des dépressions; ainsi, dès l'origine des choses, la surface du globe
terrestre a dû présenter des aspérités. La base sur laquelle les
autres dépôts sont ensuite venus se former devait donc présenter une surface fort inégale.

*Le potassium, le sodium, le magnesium, l'aluminium et le
silicium* étaient, avons-nous dit plus haut, des métaux dominant dans le bain métallique lors de la formation du gneiss.
Un fait remarquable, c'est que le quarz (oxyde de silicium),
beaucoup moins fusible que le feldspath et à peu près de même
densité (2, 60" 2, 7), manque presque entièrement dans le
gneiss, tandis qu'il est très abondant dans le granite et le
micaschiste, entre lesquels le gneiss est enfermé (§ 102 et
107). La plus grande partie de la silice produite se combinait
alors avec l'alumine et la potasse pour former du feldspath,
avec la potasse, l'alumine, la magnésie et le fer, mais dans
des proportions différentes, pour produire le mica; très peu
de cristaux de silice se trouvent isolés dans le gneiss.

Le micaschiste. Nous avons vu (§ 103) que le gneiss passait
insensiblement au micaschiste en perdant son feldspath et prenant du quarz qui, réuni au mica, constitue le micaschiste,
type de l'espèce. L'état plus feuilleté du micaschiste et sa division

en couches plus régulières que le gneiss semblent annoncer que
la masse des eaux allait en augmentant, ce qui devait avoir
naturellement lieu d'après la diminution de la température ; l'eau a pu fournir au silicium spontanément une grande quantité d'oxygène et déterminer ainsi la formation de la masse de silice que nous présente aujourd'hui le micaschiste. Dans le même temps, le mica s'est aussi formé en grande quantité ; car dans la roche il prédomine souvent sur le quarz, mais il ne se formait plus, ou presque plus, de feldspath ; car le micaschiste n'en présente qu'accidentellement. Cependant il existait encore une certaine quantité de potassium et d'alu-minium ; mais elle était toute employée à la formation du mica, qui absorbait aussi une partie de la silice.

La masse du potassium et du sodium avait été singulière-ment diminuée dans la dissolution aquo-ignée par la forma-tion du feldspath dans le gneiss. Mais ces mêmes métaux étaient restés en grande abondance dans le bain métallique inférieur ; car, depuis le leptinite jusqu'aux laves des volcans actuels, les roches nous présentent une énorme quantité de potasse et de soude.

C'est probablement l'arrivée de l'eau dans la partie supé-rieure du bain métallique, qui a déterminé la disparition du potassium et du sodium très avides d'oxygène ; on dira qu'elle aurait dû précipiter en même temps le silicium qui en est donc moins aussi avide qu'eux. La réponse à l'objection est dif-ficile : il s'est produit alors des changemens dans les affinités chimiques, qui, très probablement, ont été déterminés par la venue de l'eau en quantité notable dans les dissolutions.

La plus grande partie du silicium a pu résister à l'oxydation pendant la période de la formation du gneiss, mais il n'en a pas été de même pendant celle de la formation du micaschiste ; cependant il en est encore resté assez pour donner naissance au talc, composé de magnésie, de silice et d'eau.

Talcschiste. Le micaschiste, en perdant son quarz, passe au talcschiste (§ 102), et, en même temps, le mica se change

insensiblement en talc, en perdant sa potasse, son alumine
un peu de fer et prenant de l'eau.

Ici l'aspect cristallin des roches commence à se perdre; l
structure schisteuse est plus évidente, et la stratification, d'a
bord extrêmement confuse, commence à se régulariser. L
masse d'eau avait alors certainement beaucoup augmenté; car
immédiatement au dessus des talcschistes, viennent les phyl
lades, qui n'en diffèrent pas essentiellement sous le rappor
de la composition chimique, contenant beaucoup de débri
d'animaux ayant certainement vécu dans des mers, qui of
fraient déjà de grandes analogies avec les nôtres (§ 99).

On n'a point encore trouvé une seule trace de restes orga
niques végétaux ou animaux dans les groupes de roches com
posant le terrain primitif. On conçoit bien que la haute tem
pérature, qui devait alors régner à la surface de la terre
s'opposât au développement de tout être organique, du moin
de la nature de ceux qui nous sont connus, soit à l'état vivant
soit à l'état fossile. Nous exprimerons cela en disant : qu
les circonstances dans lesquelles se trouvait alors le glob
s'opposaient à l'action des forces organiques, dont le princip
devait exister dans sa masse avec celui des forces inorga
niques.

Je ne puis ni ne veux donner aucune preuve à l'appui d
cette assertion; je l'avance parce qu'elle me paraît conform
aux lois de la nature; je la prendrai néanmoins pour base.

Les observations de M. de Humboldt, en Amérique, e
celles de plusieurs autres observateurs dans différentes con
trées, prouvent que la puissance du terrain primitif est trè
considérable, sans qu'on ait encore pu la déterminer exact
ment. Cette première croûte, quoique très fracturée, recou
vrait probablement déjà une grande partie de la masse liquide
sur laquelle les premières portions n'ont dû être que comm
des scories flottant à la surface d'un haut-fourneau. Le refro
dissement qui se propageait de l'extérieur à l'intérieur formai
au dessous, une croûte qui réunissait entre eux et fixait, d

en moins d'une certaine manière, les lambeaux de la première, et, cette action se continuant, le liquide s'enfermait lui-même dans une cavité sphéroïdale, de laquelle il ne devait bientôt plus sortir que par des ouvertures étroites, qu'il serait même obligé de pratiquer lui-même.

État de la surface terrestre après le dépôt du terrain primitif.

(§ 120.) La masse puissante, qui recouvrait à cette époque tout le globe, abstraction faite des ouvertures dont nous venons de parler et des fractures que les forces intérieures y pouvaient y déterminer à chaque instant, offrait beaucoup d'aspérités présentant des élévations et des dépressions, mais un aspect bien différent de celui de nos montagnes, dont les formes ont certainement été très modifiées depuis l'origine sous l'influence des agens extérieurs. Un liquide, contenant une quantité d'eau notable, se précipitait continuellement de l'atmosphère sur cette croûte encore très chaude, et sur laquelle il n'a dû pouvoir se maintenir qu'après s'être vaporisé et précipité plusieurs fois. De là des pluies abondantes, suivies d'évaporations promptes, qui ont certainement exercé une action destructive violente sur la surface des masses, dont elles allaient mêler les débris aux matériaux que contenait déjà la dissolution. Cette action destructive devait être d'autant plus intense que le liquide devait contenir beaucoup d'acides, formés par la combinaison de l'oxygène, soit de l'air, soit de l'eau, avec les corps simples, soufres, azote, carbone, etc.

Quand la surface extérieure a été assez refroidie pour que le liquide ait pu s'y fixer, il en a rempli les cavités, entièrement ou en partie, et les protubérances, restées en saillie au dessus de lui, ont ainsi formé des îles nombreuses, de dimensions, probablement très variables, au milieu de la mer de cette époque. (Pl. xiv, fig. 1.)

Ainsi donc, aussitôt que la première croûte du globe a é[té] assez refroidie pour qu'un liquide ait pu séjourner dessus, [sa] surface a présenté un Océan parsemé d'îles. Les portions dé[-] couvertes étaient exposées à l'influence des agens atmosph[é-] riques, comme elles le sont encore aujourd'hui ; seuleme[nt] l'atmosphère de ce temps-là devait être d'une nature bien d[if-] férente de la nôtre ; mais les météores qui se produisaient da[ns] son intérieur, étant déterminés par des causes semblable[s,] sinon identiques, à celles qui agissent encore maintenan[t,] devaient produire des effets semblables sur les portio[ns] de terre émergées. Les pluies, alors plus abondantes q[ue] celles de l'époque actuelle, tombant sur le sommet des mo[n-] tagnes, coulaient sur leurs flancs en les ravinant et e[n] traînant leurs débris dans la mer qui en baignait le pie[d,] et augmentaient ainsi, à chaque instant, aux dépens des r[o-] ches solidifiées, la masse destinée à former des nouveaux d[é-] pôts. D'un autre côté, beaucoup de substances actuelleme[nt] solides pouvaient alors exister à l'état de vapeur dans l'atmo[s-] phère, et se précipiter à mesure de l'abaissement de temp[é-] rature. En outre, la masse liquide inférieure lançait auss[i] par les crevasses, beaucoup de substances minérales, de [la] même manière que nous voyons encore les sources minéral[es] nous apporter du calcaire, de la silésie, du fer, etc., des p[ro-] fondeurs du globe (§ 19). On comprend donc qu'il arriv[ait] de tout côté de nouveaux matériaux pour alimenter les d[é-] pôts qui se formaient à la surface.

Nous allons continuer la formation des terrains stratifi[és] jusqu'à la fin de la cinquième époque, avant de revenir a[ux] groupes plutoniques qui se déposaient simultanément au de[s-] sous, pour ne point interrompre la série de nos raisonn[e-] mens.

CINQUIÈME ÉPOQUE.

(§ 121.) Les talcschistes passent aux phyllades de la ci[n-]

uième époque, roches qui contiennent des débris organiques
égétaux et animaux, par degrés insensibles (§ 101). Dans
ette opération, le talc perd son aspect cristallin et se rappro-
he de l'argile, avec laquelle il a d'ailleurs une certaine ana-
gie de composition; car l'un est formé de *magnésie*, de
lice et d'*eau*, et l'autre d'*alumine*, de *silice* et d'*eau*. On a
ng-temps regardé les phyllades comme des schistes à base argileuse, de là les noms de *thonschiefer* des Allemands, et *schis-
s argileux* des Français; mais M. Cordier a reconnu que la
se des phyllades était du talc compacte.

Les phyllades se sont développés au dessus des talcschistes,
r une épaisseur qui dépasse souvent 1,000 mètres (§ 99);
peut dire que ce sont des roches semi-cristallines, mais les
ches arénacées, psammites, grès, poudingues et brèches,
couches subordonnées, plus ou moins nombreuses, et qui
présentent même sur quelques points, comme en Hongrie,
si grande abondance, qu'elles constituent, presqu'à elles
iles, tout le groupe, annoncent que la destruction des roces antérieurement consolidées était déjà très active, puis-
ge celles-là sont précisément formées des éléments de ces
mes roches, quarz, feldspath, mica, réunies par un ci-
nt calcaire, siliceux ou ferrugineux. Il est donc extrême-
nt probable que le phyllade existait ou était formé dans la
solution, qui n'était autre chose que la mer de cette époque,
milieu de laquelle les courans amenaient les débris du
rain primitif, provenant des portions émergées et même
core immergées. Des masses de quarz traversent ordinaire-
ent les phyllades et se ramifient en petites veines dans leur
itérieur. Ces masses sont certainement venues d'en bas, de
même manière que les autres masses plutoniques dont nous
rlerons plus loin; des couches calcaires se rencontrent aussi
ns les phyllades, depuis le haut jusqu'en bas, et prennent quel-
uefois un développement considérable; mais, avant d'exposer
mode de formation de ces roches, parlons du développe-

ment de la vie, dont l'origine paraît remonter à cette péri
des temps géologiques.

Toutes les observations faites jusqu'à présent dans les
férentes contrées du globe tendent à prouver que c'est d
les phyllades, au dessus des talcschistes (§ 99), que les re
organiques végétaux et animaux commencent à paraître d
les masses minérales qui composent notre planète. C'est s
lement à cette époque que la force organique a pu acqué
une assez grande intensité pour donner naissance à des ét
vivans.

On avait d'abord cru que les premiers êtres créés étai
extrêmement simples, des *algues*, parmi les végétaux, des *z*
phytes et quelques *mollusques*, parmi les animaux ; mais
observations continuées ont prouvé qu'il n'en était
ainsi. Le tableau des restes organiques renfermés dans le t-
rain schisteux (§ 99) montre que, dès les premiers temps
développement de la vie sur la terre, la force organique av
une intensité assez grande pour produire non seulement
végétaux cryptogames et des *zoophytes* très semblables à ce
d'aujourd'hui, mais encore des *coquilles*, des *crustacés*
même des *poissons*, nous pourrions presque dire des *sauriei*
car on a trouvé, dans le terrain carbonifère, immédiatem
au dessus du terrain schisteux (§ 96 et 97), en Écosse,
fragmens d'animaux qu'on avait regardés comme appartena
à cette grande famille naturelle, mais que, plus tard, M. Ag-
siz a prouvé provenir des grands poissons sauroïdes, c'es
dire formant le passage entre les poissons et les saurie.
J'engage le lecteur à revoir les réflexions de M. de la Bèc
(*Géognosie*, page 459), sur les restes organiques du terra
schisteux. Je partage entièrement l'opinion du géologue a-
glais à cet égard : s'il y a eu une série dans la création org
nique, elle a cru très rapidement dès son origine ; je dis tr
rapidement, comparativement aux opérations de la natu
en général, qui ne tient jamais compte du temps dans s
œuvres.

Presque tous les animaux de cette époque et la plupart des végétaux vivaient dans la mer, aussi n'a-t-on pas encore cité
d'animaux et végétaux d'eau douce ; il pouvait bien se faire
que sur les terres découvertes il n'y eût réellement point
d'eau douce, parce qu'alors beaucoup de substances salines en
vapeurs dans l'atmosphère se précipitaient avec l'eau, et que
les émanations du globe en devaient aussi fournir une grande
quantité.

Les animaux marins des différentes classes étaient déjà
très-nombreux : les zoophytes et particulièrement les coraux,
astrea et coriophyllia, etc., qui élèvent encore aujourd'hui
des récifs au milieu de notre Océan, se montrent souvent en
assez grande abondance pour justifier la supposition de semblables formations pendant le dépôt du terrain schisteux. Les
mollusques se trouvent aussi accumulés dans certaines localités : phénomène qui se continue jusqu'aux couches les plus
modernes, et que nous observons encore sur le littoral de nos
mers.

Les crustacés (trilobites) sont nombreux, mais ils le sont
cependant moins que les animaux précédens, quoiqu'on les
trouve dans toutes les contrées de la terre. Les poissons sont
encore moins nombreux que les crustacés.

Parmi les productions terrestres, nous ne trouvons, dans
le terrain schisteux, que des végétaux, *équisetacées, fougères
et lycopodiacées* (Pl. xv), encore sont-ils peu nombreux ; et
ces espèces, qui sont à peu près les mêmes que celles du terrain
carbonifère, annoncent une ressemblance assez complète dans
toutes les périodes de végétation de la cinquième époque géologique.

Les animaux terrestres n'avaient point encore paru, ce qui
semble devoir être attribué à ce que l'intensité de la
vie organique n'avait pas encore acquis un degré assez
grand pour les produire. Plusieurs observateurs admettent
que la nature du milieu ambiant n'était pas encore adaptée à
leur existence. Pour rendre raison de ce fait, M. Ad. Bron-

gniart a supposé que, dans les premiers temps du dévelop-
ment de la vie sur le globe, l'atmosphère contenait une qu
tité considérable d'acide carbonique, qui, tout en favoris
le développement des végétaux terrestres, s'opposait à ce
des animaux. La diminution successive du gaz aurait
suite permis aux animaux à respiration aérienne de se dé-
lopper graduellement. Cette idée, très ingénieuse, ressem
un peu à la vérité : tout tend à prouver que l'acide carboni
a joué un grand rôle dans toutes les époques de la nature,
l'on pourrait dire qu'il a été absorbé par la formation
calcaires, si abondans dans la croûte oxydée du globe : il
de fait que ce n'est qu'après le dépôt des grandes masses
caircs, terrains jurassique et crayeux, que les animaux t-
restres ont paru, en quantité notable du moins.

Revenons maintenant à la formation du terrain schiste

Des couches calcaires fossilifères, passant insensiblem
aux phyllades et même aux roches arénacées qui les accom-
gnent, se montrent çà et là dans l'intérieur du terrain,
prennent quelquefois un grand développement.

Ces couches peuvent être le résultat de l'action de sour
minérales, chargées de carbonate de chaux, qui sont ven
mêler leurs produits à ceux de la dissolution phylladienne;
englobant les animaux et les végétaux marins qui se tr
vaient sur leur passage. Ces eaux, probablement acides,
vaient dissoudre une certaine quantité de coquilles et
productions des zoophytes, dont la matière calcaire venait
core s'ajouter à celle qu'elles apportaient des profondeurs
globe. Les zoophytes coraligènes, étant extrêmement n
breux dans la mer d'alors, devaient élever des récifs sembl
bles à ceux d'aujourd'hui, et ces récifs, recouverts par les
ches de sédiment, donnaient naissance à de véritables stra
calcaires; ils pouvaient aussi être recouverts par des calcai
de dépôts chimiques, et même avoir d'abord été déposés
eux. Ainsi s'explique la présence de ces couches, remplies
madrépores, qu'offrent souvent les masses calcaires de la c

nième époque. Chaque strate calcaire représente le temps qu'a duré le dépôt des sources minérales sans être interrompu, ou celui que les zoophytes ont pu travailler sans être recouverts par un dépôt.

Tous les calcaires du terrain schisteux sont plus ou moins fétides; cette propriété peut être attribuée à une portion de matière bitumineuse, provenant de la destruction par les acides, des animaux dont les coquilles sont conservées dans le calcaire, ou ont augmenté sa masse en disparaissant, ainsi qu'à celle des végétaux marins. M. de la Bèche a supposé que, dans les premiers temps du développement de la vie sur le globe, les animaux marins ayant une grande difficulté à se procurer le carbonate de chaux nécessaire à leurs parties solides, il a dû se produire une grande quantité d'animaux charnus et gélatineux analogues aux méduses; et le docteur Sturner pense qu'on peut trouver, dans la destruction de ces sortes d'animaux, l'explication de la nature bitumineuse des calcaires. Cette explication ne nous paraît pas du tout satisfaisante; car la mer de cette époque, plus agitée et contenant beaucoup plus de sels et d'acides que celle d'aujourd'hui, ne devait pas être propice au développement de semblables animaux. Il me semble bien plus naturel d'admettre que la matière bitumineuse provient de la destruction des testacés, tant de ceux dont les coquilles ont été dissoutes que de ceux dont elles ont persisté.

En suivant le terrain schisteux sur une grande étendue, on remarque que les calcaires et même souvent les roches arénacées ne s'y présentent que par localités : par exemple, les calcaires manquent presque entièrement dans les Vosges, tandis qu'ils sont très développés dans les Ardennes, qui leur sont contiguës. Ce phénomène est une conséquence naturelle du mode de formation de ces roches : le calcaire se formait où sourdaient des sources minérales chargées de carbonate de chaux, où les zoophytes élevaient leurs édifices, ou bien dans les endroits où de grands amas de coquilles étaient dissous par des eaux acides qui venaient les baigner; et ces effets n'avaient

lieu que dans des espaces circonscrits, comme cela se voit encore maintenant, quoique sur une beaucoup plus petite
échelle. En outre, les irruptions de la masse intérieure venaient troubler les dépôts et même les enlever complètement
sur certains points, comme nous le dirons plus bas.

Quant à l'alternance entre elles des couches de différente
nature, il est très facile d'en rendre compte : lorsqu'une
masse de débris était apportée au milieu de la dissolution, il
se déposait une couche arénacée. L'agent qui avait apporté
ces débris ayant cessé son action, une couche de schiste se
déposait, et ainsi de suite; de même pour les calcaires. Les
sources minérales ayant certainement alors des paroxismes
très variés, la quantité de carbonate fournie, après avoir été
très abondante, diminuait considérablement, et pendant cet
intervalle, une couche de schiste se déposait, une nouvelle
éruption de calcaire se reproduisait, puis elle s'apaisait, et
ainsi de suite. Des masses plutoniques étaient aussi lancées
d'en bas au milieu de la dissolution, et comme elles étaient
liquides, ou au moins pâteuses, elles devaient se souder à
leurs points de contact avec les roches neptuniennes au milieu desquelles elles se trouvaient; de là les passages insensibles que l'on observe souvent entre les eurites, les porphyres, les trapps, etc., et les roches schisteuses qui les renferment.

Terrain carbonifère.

(§ 122.) Les terrains schisteux et carbonifère, qui constituent ensemble notre cinquième époque, sont presque toujours intimement liés lorsqu'ils ont pris, l'un et l'autre, un
certain développement dans la même contrée. Les psammites
et les quarzites qui occupent la partie supérieure des schistes
passent insensiblement à ceux de la partie inférieure du grès
pourpré (§ 97 et 98). Lorsque ce groupe manque, on voit
souvent les calcaires, qui alternent avec les schistes, prendre

...éveloppement considérable et donner naissance à un vé-
...ble groupe, le calcaire carbonifère. Ainsi donc, si l'on
...rve quelquefois une solution de continuité bien tranchée
...e les deux grands terrains de la cinquième époque, ce
...t qu'un cas particulier, et comme ailleurs, les opérations
...la nature n'ont point été interrompues par une de ces
...des catastrophes dont certains géologues ont fait un si
...nd abus.

...es psammites et les conglomérats de diverses natures,
...se montrent dans le haut du terrain schisteux et consti-
...t l'étage inférieur du terrain carbonifère (§ 97), annon-
...t, néanmoins, qu'à cette époque les agents perturbateurs
...aient une grande énergie. Le vieux grès rouge est composé
...débris des roches préexistantes, agglutinées par un ciment
...iceux ou psammitique. Ces fragmens sont généralement
...ondis, ce qui annonce un grand mouvement dans la
...se liquide qui les transportait ; ce mouvement s'est en-
...e ralenti, puisque la partie supérieure de la formation est
...upée par des schistes, qui annoncent un dépôt opéré tran-
...llement.

...On peut donc avancer, avec quelque certitude, que, vers
...fin de la formation du terrain schisteux, des bouleverse-
...ns, produits, vraisemblablement, par l'éruption des roches
...toniques, ont brisé une partie des masses déjà solidifiées
...transporté leurs débris dans la mer, où ils ont été réagglu-
...és par la matière que ses eaux déposaient alors, et qu'ainsi
...formé le groupe du vieux grès rouge. Cette perturbation,
...me toutes celles que nous observons encore aujourd'hui
...surface de la terre, n'a duré qu'un temps, et son intensité
...minué jusqu'à ce qu'elle fût terminée. C'est vers la fin
...ément que les matières légères, comme les sables fins, les
...es, etc., ont pu se déposer ; alors se sont formés les schis-
...ui constituent le second étage du groupe.

...ns beaucoup de contrées, le vieux grès rouge, ou mieux
...asse arénacée, ne se montrant point entre les schistes et

le calcaire carbonifère, annonce que la catastrophe ne s'e
pas fait sentir sur tous les points avec la même intensité,
qu'elle a dû être extrèmement faible et même nulle sur pl
sieurs. C'est un fait parfaitement constaté et sur lequel je n
saurais trop insister : les révolutions qui ont affecté à diff
rentes époques la surface du globe ne se faisaient sentir qu
dans un certain nombre de contrées, et l'étendue des surfac
bouleversées, variant beaucoup en passant d'un lieu dans u
autre, a toujours été en diminuant jusqu'à l'époque actuelle

On conçoit bien que dans une masse en mouvement, comm
celle où se sont arrondis les cailloux qui composent les pou
dingues du vieux grès rouge, les restes organiques ne pou
vaient pas se développer, et que ceux qui existaient avant l
perturbation ont dû être presque tous pulvérisés. Aussi c
groupe ne contient-il que quelques fragmens d'animaux e
de végétaux extrèmement rares et généralement très alté
rés (§ 97). C'est un fait sur lequel nous aurons encore occa
sion de revenir plusieurs fois, en parlant des autres groupe
où les roches arénacées dominent.

Des fragmens de grands sauroïdes, se trouvant enfoui
dans la masse du grès rouge, prouvent qu'à cette époque l
force organique agissait déjà avec une grande intensité, mai
il paraît qu'elle n'avait point encore pu donner naissance
des animaux terrestres; car, jusqu'à présent, on n'en
rencontré aucun débris, même dans les couches carbonifère
les plus modernes.

Calcaire carbonifère. Sur les points où s'est produit le dé
pôt du vieux grès rouge, il a interrompu celui du calcaire,
que nous avons déjà vu commencer dans le terrain schisteux.
Mais, dans les endroits où il n'existe point de vieux grès rouge
(Ardennes, Alger, etc.), la formation calcaire s'est continuée
sans interruption; et alors le calcaire carbonifère se trouve
intimement lié au terrain schisteux, et comme ce calcaire re
couvre ordinairement le vieux grès rouge, il en résulte que
les causes qui produisaient le calcaire n'ont pas cessé d'agir;

...alement leur action a été momentanément paralysée, sur quelques points, par des perturbations. L'explication que nous avons donnée des divers modes de formation des masses calcaires du terrain schisteux convient donc également au groupe du calcaire carbonifère : action des sources chargées de carbonate de chaux, têts de coquilles dissous dans un liquide acide, bancs de coraux, sont encore les sources des matières qui entrent dans la composition de ce groupe.

L'étage inférieur, composé d'un calcaire noir fétide (§ 96), quelquefois très coquillier, et renfermant surtout une grande quantité d'encrinites avec des trilobites (Ardennes, Boulonnais), annonce qu'alors ces diverses sortes d'animaux étaient très nombreuses dans la mer. Des lits de phtanite, composés de nodules plus ou moins aplatis et parallèles à la stratification, prouvent que le silice se trouvait en quantité notable dans les sources minérales. Le phtanite est noir, sa couleur, comme celle du calcaire, pourrait bien être due à la présence d'une matière bitumineuse, provenant de la décomposition des mollusques et des végétaux, dont on trouve souvent des empreintes dans les roches de cet étage. Des veines et de minces lits d'anthracite, et même quelquefois de véritable houille, plaident en faveur de cette opinion : c'est le carbone en excès, dans la formation du bitume, qui leur a donné naissance ; il a été quelquefois en assez grande quantité pour produire des amas ou des couches exploitables, mais plutôt d'anthracite que de véritable houille, qui, du reste, n'est que de la houille qui aurait perdu son bitume, probablement par l'action de la chaleur que les masses plutoniques, traversant souvent les calcaires, ont apportée avec elles ; nous reviendrons plus bas sur ce phénomène.

Dans l'étage supérieur (calcaire gris), les roches sont moins colorées et généralement moins fétides que dans l'inférieur. Aussi, sur de très grandes étendues, les nombreuses coquilles s'y montrent-elles dans un état de parfaite conservation. Elles remplissent souvent les fissures de stratification, ce qui an-

nonce qu'il s'écoulait un petit intervalle entre la fin du dépôt du premier strate et le commencement de celui du second. Des couches, remplies de polypiers, sont communes dans la partie supérieure de la formation; ce qui prouve que
les zoophytes étaient très nombreux dans la mer, vers la fin
du dépôt du calcaire carbonifère, et qu'ils élevaient des
récifs semblables à ceux qu'ils construisent aujourd'hui dans
nos mers du sud.

La découverte, faite en Écosse, d'un grand nombre de
débris de poissons sauroïdes, accompagnés de coquilles et de
poissons d'eau douce (§ 96), dans un espace considéré
comme un ancien delta, annonce que les eaux douces formaient déjà des fleuves à la surface du globe; car des coquilles
et des poissons n'auraient pu ni vivre, ni se développer dans
celles qui se précipitaient, pendant les pluies, sur les flancs
des montagnes. Des empreintes de végétaux terrestres qui se
trouvent avec les débris d'animaux montrent qu'il y avait
déjà beaucoup de terres découvertes.

Un fait qui me semble concourir aussi à la même preuve, ce
sont les minces lits de schiste marneux, qui se trouvent inter-
posés entre les couches calcaires et qui paraissent peut-être
pour la première fois dans la série des roches stratifiées. D'a-
près les idées émises par M. de Dombasle pour des formations
plus nouvelles que celles-ci, ces lits représenteraient le détri-
des roches découvertes, charrié dans la mer pendant une saison pluvieuse, et chaque strate calcaire, le dépôt des sources
minérales pendant une saison ou un temps de sécheresse. Les
lits marneux contiennent toujours une certaine quantité de
calcaire, et quelquefois leur nature diffère peu de celle des
strates entre lesquelles ils sont compris; il y a ordinairement
une liaison intime entre eux, ce qui prouve que l'action des
sources minérales n'avait point cessé, mais que, seulement
pendant un temps déterminé, les affluens avaient amené, sur
le point où se formait le dépôt, beaucoup plus de matière
que ces sources ne pouvaient en fournir dans le même temps.

Nous aurons occasion, plus bas, de mieux développer cette ingénieuse théorie.

La masse du calcaire carbonifère est souvent extrêmement puissante (300 à 400 mètres), ce qui annonce, à cette époque, un grand travail des sources minérales chargées de carbonate de chaux. Sur certains points, cette masse renferme des bancs de dolomie assez réguliers; mais on y voit aussi des masses énormes de cette même substance, non stratifiés, et ayant l'aspect des roches plutoniques. Nous dirons comment on explique la formation des dolomies, en parlant de la venue des roches plutoniques au milieu des groupes de la cinquième époque.

Les restes organiques du calcaire carbonifère sont beaucoup plus nombreux que ceux des formations précédentes; mais ils sont à peu près les mêmes, quant au genre du moins; ce qui prouve que l'intensité de la force organique n'a pas augmenté rapidement dans la durée de la cinquième époque. De grands sauroïdes, habitant les eaux, étaient déjà nombreux dans quelques localités, probablement à l'embouchure des fleuves, comme à Burdie-House.

Les *trilobites*, ces singuliers crustacés dont on avait d'abord cru l'existence terminée avec les formations de la cinquième époque, et qui paraissent vivre encore maintenant dans les mers de l'Amérique, se montrent en abondance dans le calcaire carbonifère, et en plus grande abondance que partout ailleurs. Ce paraît avoir probablement été l'époque la plus remarquable de leur existence. Le second étage du calcaire carbonifère en présente une grande quantité, il y en a beaucoup moins dans le terrain schisteux, et ils disparaissent entièrement après le zechstein. L'existence annoncée de ces animaux dans les mers actuelles me suggère les réflexions suivantes :

Tant à cause de la chaleur primitive du globe, qui était encore à un degré très élevé pendant la durée de la cinquième époque, qu'à cause de celle apportée par les masses plutoniques, dont les éruptions étaient plus fréquentes et s'éten-

daient certainement sur de plus grands espaces qu'aujou[...]
d'hui, la température de la mer dans laquelle se formaient l[...]
dépôts était très élevée, et d'après ce que nous avons [...]
(§ 18), ce n'est point une objection contre l'existence d'êtr[...]
organisés dans son intérieur. En vertu de cette haute te[...]
pérature, les trilobites, les arthocératites, etc., pouvaient viv[...]
sur les rivages où ils ont été englobés par les roches de séd[...]
ment qui se formaient ; tandis qu'aujourd'hui ces mêmes an[...]
maux, s'il en existe encore comme quelques faits tendent [...]
le prouver, sont obligés de rester confinés dans les grand[...]
profondeurs de l'Océan pour avoir le degré de chaleur n[...]
cessaire à leur existence (§ 14), et voilà précisément pou[...]
quoi on ne trouve plus leurs débris dans les dépôts qui se so[...]
formés à une profondeur moindre, et encore bien moi[...]
dans ceux des troisième et deuxième époques, qui ont eu lie[...]
sur les rivages à une très petite profondeur. Cependan[...]
comme, aujourd'hui, quelques uns de ces animaux vienne[...]
encore nager à la surface de la mer, il est possible qu'on e[...]
rencontre accidentellement dans les dépôts même les pl[...]
modernes. Il n'en restera pas moins vrai que leur présence [...]
l'état fossile, en grande quantité, caractérise les groupes de l[...]
cinquième époque.

Les nombreux restes de végétaux terrestres, qui sont ac[...]
cumulés sur certains points du calcaire carbonifère, et q[...]
existent en si grande abondance dans la formation houillè[...]
qui lui succède immédiatement, prouvent que l'étendue d[...]
terres émergées était déjà fort considérable. Mais l'étude fait[...]
par M. Ad. Brongniart et d'autres botanistes, de ces diff[...]
rentes espèces de végétaux, ayant fait reconnaître que la vé[...]
gétation de cette époque offrait une grande analogie ave[...]
celle des petites îles qui se trouvent maintenant dispersées a[...]
milieu de notre Océan, on en a tout naturellement conclu, [...]
nous regardons comme extrêmement probable, que la surfac[...]
du globe présentait alors un vaste archipel, dont les île[...]
étaient formées par toutes les roches déjà consolidées, s'élevan[...]

des hauteurs inégales au dessus des eaux qui en battaient le pied, et dont les grands mouvements pouvaient en balayer la surface. Un certain nombre de ces îles devait se trouver disposé de manière à enfermer, ou plutôt à circonscrire de grands espaces, semblables à ceux que nous présentent aujourd'hui les bassins houillers. Ces îles ne formant pas une ceinture continue au dessus de la surface des eaux, l'espace n'était point entièrement fermé; au contraire, il communiquait avec la mer par tous les intervalles que les îles laissaient entre elles. Ces îles pouvaient aussi être disposées de manière à présenter des espaces ouverts d'un côté, semblables aux golfes et baies de notre Océan, et des couloirs comme nos détroits.

« Dans ce temps-là, dit M. Boué (1), l'Europe présentait une immense mer parsemée d'un assez grand nombre d'îles et de petites chaînes sous-marines. Au nord, se trouvaient les deux groupes des îles scandinaviennes et des îles écossaises, anglaises et irlandaises, composées des parties les plus élevées des chaînes des schistes cristallins et intermédiaires de ces différens pays. A l'est, les chaînes entre la Russie et l'Asie formaient d'autres îles. Au sud, la plus grande partie des Alpes centrales, depuis la Ligurie et la Provence jusqu'en Hongrie, constituaient un long continent qui était lié au Bohmer-Waldgebirge, et au devant duquel s'élevaient probablement au nord l'*île française*, ou les parties les plus élevées du centre de la France; l'île westphalienne, ou le grand plateau schisteux des bords du Rhin; l'île de l'Erzgebirge et du Reisengebirge, comprenant aussi le Feihtelgebirge et le Thuringerwald; l'île ou les îles des Carpathes, c'est à dire le centre des Carpathes septentrionales et la partie orientale de cette chaîne ou de celle qui entoure la Transylvanie, l'île slavonienne, ou de Pétervaradin. Au sud des Alpes, apparaissaient peut-être, sous la forme d'îles ou

(1) Mémoires géologiques et paléontologiques, page 18,

» de montagnes sous-marines, la chaîne de l'Hémus et le
» primaire de la Macédoine, une partie de la Grèce, de la
» labre et de la Sicile, de la Corse et de la Sardaigne ; tan
» que, dans l'ouest de l'Europe, la mer environnait les îles
» Pyrénées, du centre de l'Espagne et du Portugal ; l'île
» la Bretagne, unie au Cornouailles et peut-être même
» pays de Galles. Enfin, dans le centre de l'Europe, les V
» ges, la forêt Noire, le Hartz, formaient trois autres îles.
» est naturellement sous-entendu que nous ne faisons qu'
» diquer ici la place probable de ces îles, sans préjuger
» changemens et les bouleversemens postérieurs qu'elles
» pu éprouver. »

La végétation terrestre de cette époque différait notablement
celle des époques postérieures et principalement de celle d'
jourd'hui. Les travaux de M. Ad. Brongniart (1) ont prou
que les fougères et les familles voisines composaient à el
seules les cinq sixièmes de la somme totale des végétaux ; ta
dis qu'elles ne forment qu'un huitième de la végétation actuel
Au contraire, des plantes dicotylédones, qui composent pl
des trois cinquièmes des végétaux vivants, ne composaient
plus qu'un douzième de l'ensemble de la végétation. Enf
les phanérogames monocotylédones ne forment qu'un qu
torzième du total ; tandis qu'actuellement ces végétaux co
posent environ un sixième des espèces connues.

Formation houillère. La composition de la grande formati
houillère, offrant une alternance de roches arénacées,
giles schisteuses, phyllades, psammites, poudingues, etc.,
milieu de laquelle gisent, de différentes manières, les mass
de houille, couches, amas, veines, roches composées des
bris de celles antérieurement consolidées, prouve que les d
pôts se sont formés au milieu d'un liquide dans lequel
affluens amenaient, avec le détritus des roches sur lesquell
ils passaient, une grande quantité de végétaux terrestres.

(1) Prodrome d'une histoire des végétaux fossiles, page 177.

C'est, je pense, dans les bassins, les golfes et les détroits dont nous avons parlé plus haut, que les dépôts se formaient. La grande agitation que le transport devait occasioner dans la mer, peut-être un acide comme l'acide sulfurique, dont l'influence dans la formation des houilles est annoncée par la carbonisation des végétaux et la présence d'une grande quantité de pyrites, forçaient les animaux marins à s'éloigner ou en détruisaient une grande partie; car on en trouve très peu dans la formation houillère; mais cependant il en existe (§ 95).

Long-temps on a nié leur présence, dans cette formation, au lieu de laquelle on avait trouvé, avec une immense quantité de végétaux terrestres, des coquilles fluviatiles en assez grande abondance sur quelques points; mais, enfin, les observations continuées ont démenti ce fait négatif, et maintenant tout le monde admet des coquilles marines dans le groupe houiller.

Cette absence supposée d'animaux et de végétaux marins dans les roches de ce groupe, l'égalité d'épaisseur des couches de houille, dans le plus grand nombre des cas, leur disposition et la nature même de ces couches, avaient fait avancer à Franc, et plus tard à M. Ad. Brongniart, que la destruction des végétaux couvrant les îles dont la surface de l'Océan était alors parsemée formait des couches de tourbes plus ou moins étendues et plus ou moins épaisses, dans les vallées qui s'ouvraient vers la mer; couches analogues, sous beaucoup de rapports, aux tourbières qui existent encore dans les vallées des montagnes; et enfin, que ces lits de tourbe pouvaient, en se formant, alterner avec des dépôts arénacés (§ 49).

Cette explication convient parfaitement pour quelques cas particuliers: par exemple, pour les petits dépôts houillers dans lesquels on ne rencontre aucune trace d'animaux et de végétaux marins; mais elle me paraît insuffisante pour le cas général, et voici celle que je propose.

Dans le même temps que des tourbières existaient dans les

cavités du sol déjà émergé, les eaux sauvages, qui balayaie n
surface des îles, entraînaient à la mer, soit directement, a
après s'être rendues dans le lit des fleuves, le détritus des
ches, avec une certaine quantité de végétaux et probablem
quelques animaux. Les matières minérales, en vertu de l
densité, se déposaient les premières, et formaient une cou
d'une certaine épaisseur dans le fond du bassin. Les végéta
qui avaient surnagé, étant presque tous d'une substance sp
gieuse, imbibés d'eau et altérés par les agens chimiques, l'ac
sulfurique, par exemple, qui se trouvaient dans le liquide
précipitaient à leur tour, et formaient, sur la première, v
couche ou un amas dont l'épaisseur dépendait de leur quant
A une seconde irruption des eaux terrestres, les mêmes p
nomènes se reproduisaient. On comprend parfaitement, d
près cela, comment les couches de houille alternent avec
strates de roches arénacées.

Lorsque les végétaux étaient nombreux sur le terrain balai
la couche de houille était puissante; au contraire, elle é
mince lorsqu'ils étaient rares. Quand le sol était dépourvu
végétation, ce qui devait arriver quelquefois, et même qua
les végétaux ne pouvaient pas être arrachés par les coura
ceux-ci ne transportaient dans la mer que le détritus des rocb
et voilà précisément pourquoi les couches de houille n'altern
pas régulièrement avec celles des roches arénacées, qu'elles
s'y présentent souvent que comme subordonnées, et qu'il exi
même des contrées fort étendues dans lesquelles la format
houillère est dépourvue, ou presque entièrement dépourvue
houille.

Cette manière de concevoir la formation des dépôts houill
rend tout naturellement compte de la distribution, par locali
très circonscrites, de ces dépôts sur la surface de la terre : ils
pouvaient se former que dans le voisinage des terres émerg
déjà assez étendues; autour des petites îles, il ne se form
que de minces dépôts que les mouvemens de la mer et ensu
l'action des agens extérieurs ont eu bientôt détruits.

Je suppose que les dépôts se sont formés dans le voisinage des terres sur lesquelles croissaient les végétaux dont la carbonisation a donné naissance à la houille. Cette hypothèse est confirmée par le grand nombre de feuilles fort délicates (celles de différentes espèces de fougères, etc.) dont on trouve les empreintes parfaitement conservées dans les roches de la formation houillère ; il est évident que ces feuilles auraient été entièrement ou presque entièrement détruites si elles eussent été apportées d'une certaine distance avec tous les débris minéraux qui entrent dans la composition des roches de cette même formation.

L'étude que nous avons faite tout récemment des bassins houillers de la Bourgogne et du Forez a complétement confirmé notre théorie : dans ces contrées, on voit les fragmens qui entrent dans la composition des conglomérats être toujours en rapport avec les roches formant les montagnes voisines. Dans celui d'Autun, où les granites et les gneiss forment le bord oriental, tandis que le bord occidental est formé par des mirites et des porphyres ; à l'est, on ne rencontre dans le grès houiller que des granites et des gneiss avec quelques fragmens de quarz, tandis qu'à l'ouest ces roches ont entièrement disparu et sont remplacées par des fragmens d'eurite et de porphyre arrachés aux montagnes voisines. Dans le Forez, les conglomérats houillers sont souvent uniquement composés de gneiss et de micaschiste, roches constituant les montagnes environnantes et formant la base sur laquelle repose le terrain houiller de cette contrée.

Maintenant, les végétaux se sont-ils carbonisés lentement, comme il arrive encore dans les tourbières et les alluvions modernes (§ 49), ou un agent chimique est-il venu accélérer cette action ? L'action lente a bien pu produire une certaine quantité de houille, absolument comme nous la voyons encore produire la tourbe sous nos yeux et la carbonisation des arbres qui sont enfouis dans un sol humide. D'un autre côté, nous savons

avec quelle facilité l'acide sulfurique détermine la carbonisation
des végétaux; et comme presque toutes les mines de houille
renferment une grande quantité de fer pyriteux, il est probable
que l'acide sulfurique a joué un grand rôle dans leur formation. D'où pouvait provenir cet acide? de l'intérieur de la
terre par les sources minérales, comme il arrive encore aujourd'hui (§ 52 et 60).

Plusieurs faits démontrent que, dans les espaces où se formaient les dépôts houillers, l'action des sources minérales é-
loin d'avoir cessé : nous avons cité (§ 95) du calcaire en co-
ches subordonnées dans le groupe; on y rencontre aussi des
cristaux et des veines de la même substance. Le carbonate de
fer en nodules, formant souvent des bancs assez puissans pour
donner lieu à des exploitations avantageuses, est certainement
aussi le produit des sources minérales; enfin les masses plutoniques qui pénètrent souvent les roches du groupe houiller
annoncent bien qu'à cette époque l'action des forces intérieures
se faisait fortement sentir. La houille est d'origine végétale,
presque tous les observateurs sont d'accord sur ce point; mais
il n'est pas dit pour cela que des matières animales ne soient
pas entrées en certaine quantité dans sa formation. On conçoit
bien, en effet, que les animaux qui se sont trouvés enfouis au
milieu des débris que les courans apportaient dans la mer
pour former les différentes assises du dépôt houiller, soumis
aux mêmes influences que les végétaux, aient été décomposés
comme eux, et même encore plus promptement. Si le liquide
était acide, comme beaucoup de faits tendent à le prouver, les
enveloppes calcaires des animaux qui en sont pourvus auront
été dissoutes, et voilà pourquoi on en rencontre si peu dans ce
groupe.

Les coquilles d'eau douce sont généralement plus communes
dans les dépôts houillers que les coquilles marines, parce
qu'elles se montrent au milieu d'anciennes tourbières formées
dans l'eau douce, et que celles des couches qui ont été dis-

...ées sous les eaux marines, y arrivaient souvent avec une grande masse d'eau douce qui devait beaucoup affaiblir l'action des acides.

Nous avons cru devoir laisser de côté la formation de roches ignées, commencée au dessous du gneiss dès les premiers temps de la solidification du globe, et qui s'est continuée, sans interruption, jusque aujourd'hui, pour ne pas jeter de la confusion dans ce que nous venons d'exposer ; mais il importe maintenant d'y revenir avant de pousser plus loin.

Formation de la 11ᵉ série pendant la durée des 6ᵉ et 5ᵉ époques géologiques.

(§ 123.) D'après ce qui se passe dans toutes les masses fondues qu'on laisse refroidir librement au contact de l'air, il est évident qu'en même temps que l'épaisseur de la croûte du globe s'augmentait supérieurement par des dépôts neptuniens d'autant plus nouveaux qu'ils étaient plus élevés dans la série, elle s'augmentait aussi intérieurement par des dépôts plutoniens, précisément disposés en sens contraire. Il n'y a pas de solution de continuité tranchée entre nos deux classes de dépôts : le leptinite, premier terme de la seconde série, passe insensiblement au gneiss, qui commence la première (§ 106). Cette roche offre encore souvent une apparence stratiforme ; quelques auteurs disent même qu'elle est stratifiée, mais ils se trompent ; elle est bien d'origine plutonienne, ce qui est prouvé par les nombreuses ramifications qu'elle jette dans celles qui lui sont superposées.

Dans le gneiss, les élémens sont disposés par lignes plus ou moins ondulées et courtes, ce qui annonce un dépôt au milieu d'un liquide agité. En approchant du leptinite, ou, en d'autres termes, en s'enfonçant, cette structure disparaît graduellement ; le quarz, le feldspath et le mica se présentent bientôt en petits cristaux. L'influence de la force de cristallisation, la force *granitifiante* commençaient à prédominer : cette force a

dû croître assez rapidement ; car le groupe des leptinites
jamais une puissance très considérable. On voit bientô
grosseur des cristaux augmenter, et la roche passer au gra
qui la supporte.

La séparation entre le gneiss et le leptinite est une sur
extrêmement compliquée, et cela se conçoit parfaitement pa
bouillonnement et les autres mouvemens qui devaient exi
dans le liquide, mouvemens dont la plus grande partie éta
résultat de la précipitation des eaux atmosphériques.

Les ramifications que le leptinite pousse dans le gneiss et m
jusque dans le micaschiste, ainsi que les fragmens angul
de ces roches, que l'on trouve enfermés dans sa masse (§ 1
prouvent que sa consolidation est postérieure à celle du gne
bien qu'il soit placé au dessous.

Dans les contrées où les substances talqueuses ou bien am
boliques remplaçaient le mica, le leptinite est talqueux ou
phibolique. C'est ce qui arrive dans le voisinage des protogy
et des siénites ; mais on voit aussi souvent l'amphibole e
talc, par places plus ou moins étendues, dans le leptinite co
mun, ce qui prouve que ces deux substances se trouvaient
assez abondamment dans la dissolution ignée.

Granite. La force de cristallisation, qui avait commen
dominer dans le leptinite, paraît avoir cru avec une gra
rapidité ; car à une petite profondeur, sous cette roche, on
les cristaux augmenter de grosseur, se distinguer nettem
les uns des autres, et produire enfin la roche que nous av
nommée *granite*. La grande quantité de feldspath et de qu
que renferme cette roche annonce que le potassium ou le
dium, l'aluminium et le silicium étaient alors très abond
dans le bain métallique. Le mica, le talc et l'amphibole,
accompagnent tantôt l'un et tantôt l'autre, et quelquefois d
ensemble, le feldspath et le quarz, annoncent aussi la p
sence du magnésium en quantité notable. C'est de la con
naison de ces élémens avec l'oxygène, qui provenait vrais
blablement de l'air atmosphérique, ainsi que d'un peu de

quelques autres métaux, que sont résultés les minéraux
entrent dans la composition du granite. Ces minéraux ont
tallisé en se formant, parce que, il me semble du moins, la
sse des leptinites, qui venait empêcher les eaux supérieures de
bler leur cristallisation, comme cela est certainement ar-
pour le gneiss, n'exerçait pas encore une pression assez
sidérable sur le bain métallique, pour empêcher le dévelop-
ent des cristaux dans les parties qui se solidifiaient ; mais
pression était cependant déjà assez forte pour coller ces
es cristaux les uns contre les autres, comme on le remarque
s le granite, ce qui a empêché leur complet développe-
t.

a pression sur le bain métallique augmentant à mesure que
asse granitique se solidifiait, car le poids de celle-ci s'ajou-
à celui des masses déjà consolidées, les cristaux devaient
évelopper de plus en plus difficilement et diminuer gra-
lement de grosseur ; c'est effectivement ce que présentent
oches granitoïdes (§§ 107 et 108) placées au dessous du
ite, dont elles forment le passage aux porphyres.

ans cette diminution des cristaux des granites pour passer
porphyres, puis aux roches compactes plus inférieures, on
oit qu'il doit y avoir une série de *dégranulation* de haut
as très semblable, sinon identique, à celle de granulation
rieure dans le leptinite ; c'est effectivement ce qui arrive,
a fait que j'ai oublié de citer dans le premier volume : les
rses variétés de roches granitoïdes, au dessus et au dessous
a grande masse granitique, sont assez semblables et pa-
ent symétriquement placées, ou, en d'autres termes, les
rses variétés de roches de la zone du leptinite ressemblent
z à celles de la zone des eurites granitoïdes que l'on peut
fondre, et que beaucoup d'observateurs ont effectivement
fondues avec les leptinites. Ce sont probablement ces ro-
du, et non les véritables leptinites, que nous avons trouvées
masses transversales dans les parties supérieures du terrain
steux (§ 99), même jusque dans le groupe houiller.

Les différentes variétés de roches que présente le groupe
granitique, et qui proviennent tantôt de la grosseur des cristaux, tantôt de la prédominance ou de la diminution d'un des
élémens, s'expliquent parfaitement d'après ce que nous voyons
se passer dans les matières en fusion qui se refroidissent sous
l'influence de forces perturbatrices, comme il est certainement
arrivé pour toutes les masses qui entrent dans la composition
du globe. Le pegmatite, par exemple, résulte d'une partie de
la dissolution dans laquelle le mica avait entièrement disparu;
la siénite, une autre dans laquelle cette substance a été remplacée par l'amphibole; les granites à gros grains sont des portions dans lesquelles l'intensité de la force de cristallisation
était plus considérable que dans les autres, etc.

Le granite pousse de nombreuses ramifications dans le leptinite, qui s'étendent même beaucoup au delà, et il renferme
aussi dans sa masse des fragmens anguleux de cette roche
(§ 107); ce qui démontre parfaitement qu'il s'est consolidé
après elle, et confirme la loi que nous avons annoncée plus
haut : *Les roches de la seconde série sont d'autant plus nouvelles qu'elles occupent un niveau plus profond.*

Si, comme nous le croyons avec Davy, Ampère et Da-
beny, les roches de la seconde série, qui se sont consolidées
se consolident encore au dessus des autres, formant une enveloppe sphéroïde autour d'elles, résultent de la combinaison de
l'oxygène avec les métaux du bain intérieur, il est évident que
le rayon du globe a dû aller continuellement en augmentant,
et qu'au contraire sa capacité intérieure, renfermant le bain
métallique, a dû aller en diminuant. Il résulte de là que la
force extérieure a été continuellement éloignée du centre, et
qu'ainsi les soulèvemens ont commencé dès les premiers temps
de la consolidation du globe, et qu'ils se sont continués sans
interruption jusqu'à maintenant. De ces principes très simples
résulte toute la théorie des soulèvemens que nous exposerons
plus loin.

Porphyres. La force de cristallisation a été fort long-temps

...ez intense pour produire des roches granitiques; car le ...upe que ces roches forment a au moins 660 mètres de puis-...ce. La diminution de cette force n'a pas été aussi rapide que ...n augmentation; car la masse des roches granitoïdes est ...ucoup plus puissante que celle des leptinites. Il paraît que ...silicium diminuait avec l'intensité de cette force; car les ...hes porphyriques contiennent très peu de quarz ou de silice, ...'en trouvent même souvent dépourvues.

...Le passage des roches granitoïdes aux roches porphyriques ...fait insensiblement par la diminution des cristaux et l'aug-...ntation de la compacité du feldspath (§ 108); ce qui ...noncerait le remplacement du potassium par le sodium, ...peut-être bien la transformation de l'un dans l'autre. ...fin il est arrivé un point où la force de cristallisation n'é-...plus susceptible que de développer quelques cristaux au ...lieu de la masse plus ou moins compacte; c'est alors que se-...t produits les porphyres, composés d'une pâte compacte ...semée de cristaux plus ou moins réguliers (§ 108); ces cris-...x sont généralement de feldspath ou d'amphibole, quelque-...s de quarz, mais assez rarement, plus rarement encore de ...ra : le silicium et le magnésium avaient donc beaucoup ...inué dans la dissolution; cependant ces deux métaux n'a-...ent pas entièrement disparu; ils étaient restés par places sur ...lques points de la masse liquide; car on trouve de nom-...ux filons de quarz et de serpentine dans les porphyres, qui ...ètrent jusque dans le haut de la cinquième époque; et l'a-...se chimique fait souvent reconnaître de la silice comme ...ie constituante de la pâte des porphyres et même des euri-...qui est alors ce que les anciens minéralogistes ont nommé ...osilex.

...es porphyres ont donc été formés à une époque où la pres-...des matières extérieures, modifiée par les affinités chimi-...et les forces électro-chimiques, dont nous n'avons point ...ore parlé, et qui, d'après les belles expériences de M. Bec-...rel, ont dû jouer un grand rôle dans toutes les formations

géognostiques (1), avait tellement diminué l'intensité de l
force de cristallisation, qu'elle ne pouvait plus développe
que des cristaux isolés au milieu de la pâte compacte formé
des autres élémens condensés par la pression et les affinité
chimiques. Le groupe porphyrique est composé de roches don
la nature minéralogique varie, mais qui se trouvent toujour
en rapport et avec celle des roches granitoïdes supérieures e
avec celle des roches compactes inférieures. Ceci prouve qu
des divers élémens, au lieu d'être mélangés entre eux dans tou
le bain métallique, étaient réunis deux à deux, trois à trois, etc.
dans des régions particulières, et que c'est ainsi qu'ils ont ét
oxydés en se solidifiant, et variant d'état de cristallisation, sui
vant l'intensité des forces à l'influence desquelles ils étaien
soumis.

On peut parfaitement bien reproduire cette disposition
mais non les différens états de cristallisation, en fondant en
semble plusieurs métaux dans un creuset plat et les laissant re
froidir ensuite. On verra dans la masse de grandes zones d
même métal, ou dans lesquelles un même métal dominer
beaucoup ; les alliages qui s'observeront sur les bords repré
senteront les passages insensibles que l'on remarque, dans l
nature, entre les différentes espèces de porphyre.

Les porphyres poussent de nombreuses ramifications dan
les roches granitoïdes et granitiques qui leur sont supérieures
ce qui prouve la postériorité de leur consolidation à celle d
ces roches et la continuation de la loi énoncée plus haut. Ce
ramifications s'étendent jusque dans la partie supérieure d
terrain carbonifère (§§ 94 et 114), ce qui prouve que cett
consolidation est également postérieure au dépôt de ce terrain

Nous avons dit (§ 108) que les masses porphyriques conte
naient souvent des fragmens anguleux, quelquefois altérés,
des roches antérieurement consolidées (granite, leptinite,
gneiss, et même calcaire du terrain schisteux), qui prouvent

(1) Becquerel, Traité de l'électricité et du magnétisme. Paris, 1835.

ancienne fluidité; des portions scoriacées et amygdaloïdes du même aspect que celles des basaltes et des laves de nos volcans actuels annoncent que la nature de cette fluidité ne différait pas essentiellement de celle des laves modernes, et l'analyse est tout à fait confirmée par des porphyres pénétrant dans toutes les plus petites fissures des blocs de roches rencontrés par la masse liquide (§ 108). En outre, les masses porphyriques sont presque toujours accompagnées de tufas et de conglomérats d'une nature différente de ceux des basaltes et des volcans, mais dont l'état d'agrégation et la disposition au sommet et sur les flancs des montagnes offrent une analogie complète avec ceux-ci. Ces conglomérats et le porphyre lui-même renferment des débris de végétaux de la cinquième époque (Vosges), dont l'extérieur est carbonisé, et on trouve aussi des débris de végétaux dans l'intérieur des laves de nos volcans modernes (§ 51). Enfin, dans les coulées des volcans éteints, comme dans celles qui sortent aujourd'hui de l'Etna et du Vésuve, on voit des masses porphyriques parfaitement caractérisées.

On ne peut donc se refuser à l'idée d'admettre qu'il existe une grande analogie entre le mode d'action des forces qui ont produit les différentes parties du groupe porphyrique, et celui des forces qui lancent encore des masses ignées à la surface de la terre.

À cette époque, la croûte solide de notre planète avait déjà une grande épaisseur, puisque les dernières couches de la formation houillère étaient déposées (§ 95). La masse liquide intérieure ne devait donc plus être en communication avec l'atmosphère que par des ouvertures profondes, d'une surface plus ou moins étendue, analogues aux cheminées des volcans modernes : alors la matière en fusion, sollicitée par la pression des fluides élastiques et la diminution de la capacité intérieure, montait dans ces cheminées et venait s'épancher au dehors. Mais comme, suivant toute apparence, sur chaque point le phénomène embrassait un plus grand espace que celui des vol-

cans brûlans, les roches devaient se disposer d'une aut
manière, la fluidité de la matière n'était certainement pas
même dans toutes les parties de la masse lancée, comme ce
s'observe encore parfaitement au Vésuve, à l'Etna, etc. E
coulant, les parties les plus liquides englobaient les végétau
qui se trouvaient sur leur passage, réduisaient en cendres l
parties légères, les feuilles et les petites branches; mais les bra
ches d'une certaine grosseur et les tiges demandant, pour êt
entièrement calcinées, une certaine quantité d'oxygène et u
temps plus long, préservées du contact de l'air par la matiè
ignée qui les englobait, n'ont qu'été carbonisées à la surfac
et voilà pourquoi certains porphyres nous offrent des débr
de végétaux. La présence de ces mêmes végétaux dans l
tufas et les conglomérats porphyriques n'a rien qui doive eu
barrasser, puisque ces conglomérats sont des roches remanié
par les eaux et durcies après par l'action pyrogène. Il ne fau
point perdre de vue dans tout ceci que les mers couvrant e
core presque tout le globe, la plupart des éruptions étaie
sous-marines : or, dans ces éruptions sous-marines, les su
faces des matières rejetées, refroidies par les eaux, pouvaie
être délayées par elles, et, dans cet état, englober des débr
organiques sans les détruire. Soumises ensuite à l'influence c
la chaleur intérieure des masses, ces portions étaient consol
dées de manière à tenir le milieu entre les produits de la vo
ignée et ceux de la voie humide : c'est ce que l'on observe dan
les tufas qui sont intimement liés avec les porphyres et l
portions des masses qui offrent une structure schistoïde.

Si les porphyres ont souvent coulé à la surface de la terre
comme l'indiquent plusieurs faits (§ 108), la forme coniqu
des montagnes qu'ils constituent, les dépressions coniqu
aussi qu'elles offrent sur leurs flancs, et leur disposition p
massifs, ayant chacun une partie centrale de laquelle dive
gent des ramifications dans tous les sens, annoncent que, l
plus souvent, ils ont été élevés à l'état pâteux, surtout dar
les endroits où ils sont sortis en grandes masses, comme dan

Vosges, la Forêt Noire, le Beaujolais, etc. En effet, si la
matière avait été liquide, elle se serait étendue en nappes plus
moins épaisses sur le sol environnant, et, soulevées ensuite
par l'action des forces intérieures, les montagnes auraient
présenté des couches brisées semblables à celles des gneiss et
des schistes ; mais, au contraire, on ne voit jamais de couches
dans les montagnes porphyriques, les fissures qui les coupent
ressemblent parfaitement à celles que le refroidissement détermine dans les masses fondues ; les cavités coniques renversées
qui se montrent sur les flancs, et surtout autour du centre de
la masse principale, sont tout à fait semblables à celles qui résultent des bulles de gaz qui traversent une masse pâteuse ; les
aspérités et plusieurs longs sillons que l'on remarque sur les
parois de ces cavités annoncent aussi le passage des gaz. Enfin,
les cônes des montagnes, et ceux que l'on remarque aussi sur
les crêtes, représentent, dans notre hypothèse, les points de
maximum de soulèvement dans chaque partie de la masse
fondeuse.

Formation trappéenne. Le poids de la masse porphyrique
consolidée est encore venu s'ajouter à celui que le bain métallique, dont l'épaisseur diminuait continuellement, avait à
supporter, et augmenter la pression, qui l'était aussi, dans le
même temps, par la diminution de la capacité intérieure. Par
le fait du refroidissement de cette nouvelle masse, la cristallisation a donc dû devenir de plus en plus difficile.

D'après cela, les cristaux ont dû diminuer et enfin se
perdre : c'est effectivement ce que nous présente le groupe
trappéen intimement lié et inférieur à ce groupe porphyrique
(109).

Les roches de ce groupe, quelle que soit leur nature, *eurites* de toutes les couleurs, *diorites, trapps,* peut-être bien
basaltes, etc., sont composées de cristaux si petits, qu'à
l'œil on les prend pour des roches compactes. Quelquefois

les cristaux sont assez gros pour leur donner un aspect grenu
mais elles sont toujours homogènes. Ces roches sont mélan
gées entre elles comme les différentes espèces de porphyre
auxquelles chacune correspond, du reste, assez exactement
les eurites rouges aux porphyres rouges, les eurites grises au
porphyres gris, les diorites aux porphyres verts, etc. Le
trapps paraissent cependant occuper la partie inférieure du
groupe ; car c'est ainsi que je les ai vus dans les Vosges ; il
pénètrent en masses transversales dans toutes les autres ro
ches. Les différentes espèces de roches du groupe trappéen s
rapprochent encore bien plus des basaltes et des laves de no
volcans actuels que les porphyres ; il y a même certaines varié
tés qu'il est presque impossible de distinguer : toutes offren
des parties scoriacées semblables à celles de nos laves ; elle
renferment de l'amphibole et du pyroxène en cristaux, et d
fer oligiste comme les laves ; on n'y trouve cependant poin
l'olivine qui caractérise les basaltes. Des roches arénacées
qui sont ici des espèces de grès pétrosiliceux, des brèches e
même des poudingues, accompagnent les masses cristallines
disposées, comme dans les porphyres, au pied et sur les flanc
des montagnes. Ces roches arénacées contiennent des débri
de végétaux, même des spirifères, qui pénètrent aussi dans le
roches cristallines, et dont nous expliquons la présence de l
même manière que nous l'avons fait pour les porphyres.

Quant à l'ancienne fluidité des roches, elle est encore ic
plus évidente que celle des porphyres : on les voit pénétrer dan
les plus petites fentes de ceux-ci, dont elles englobent souven
des fragmens anguleux ; elles contiennent aussi des fragmen
de granite, de leptinite, de gneiss et même de schistes.

Il se présente ici un fait curieux qui intrigue encore beau
coup les observateurs, c'est, dans ces masses, le passage gra
duel des roches plutoniques aux roches neptuniennes : su
quelques points, les masses compactes deviennent schistoïde

§ 109), et cette structure se développe si bien, qu'on arrive bientôt et par degrés insensibles aux roches du terrain schisteux de la cinquième époque.

Ce fait est fort remarquable, mais il n'offre cependant rien d'embarrassant. Les roches du groupe trappéen sont toutes à base de feldspath ou d'amphibole, substances dont la décomposition donne des matières argileuses : or rappelons-nous ce qui a été dit plus haut, que la plupart des éruptions de cette époque étaient sous-marines, et que toutes les éruptions produisent encore maintenant beaucoup d'acides. La surface des matières fondues lancées au dehors était donc souvent baignée par des eaux acides, qui exerçaient sur elle une action corrosive en lui enlevant ses alcalis : de cette manière, elles transformaient une certaine portion de la masse en matières argileuses, qui, se précipitant ensuite par couches minces sur les masses encore très échauffées, se seront solidifiées très vite par l'influence de leur chaleur; et, comme la décomposition et le dépôt se faisaient à la surface même de la masse ignée encore pâteuse, peut-être bien demi-fluide, on conçoit qu'il a dû en résulter une liaison intime. C'est au milieu de ces parties schisteuses, surtout dans les trapps, que les restes organiques sont le plus abondans, et cela se conçoit facilement d'après leur mode de formation.

Les formes des montagnes du groupe trappéen, presque identiques avec celles du groupe porphyrique, montrent également que les matières composantes ont, le plus souvent, été enlevées à l'état pâteux; mais des matières fluides pouvaient s'épancher et s'épanchaient probablement au pied de ces montagnes, pendant que la masse pâteuse s'élevait, comme on voit aujourd'hui, dans le cratère d'un volcan, la lave presque solidifiée monter au bord, et les crevasses du cône présenter des ruisseaux de feu qui coulent sur les flancs et gagnent rapidement le pied.

(§ 124.) Je puis dire maintenant comment se faisait, pendant la consolidation des trapps, des porphyres et même des

roches granitoïdes, l'éruption des masses ignées lancées de b...
en haut à la surface du globe : il existait alors, ou les eff...
de la masse liquide intérieure déterminaient, à la surface, ...
ouvertures beaucoup plus grandes que celles des volcans ...
core brûlans. Dans ces ouvertures, certainement très irré...
lières, la matière liquide bouillonnait comme bouillonne ...
core la lave dans les cratères en s'élevant graduellem...
Pendant cette élévation, la masse se refroidissait par la ...
face supérieure; soit qu'elle fût en contact avec l'air ou ...
l'eau, ce refroidissement la faisait passer de l'état liquide...
l'état pâteux, et devait naturellement finir par la solidifi...
mais avant qu'elle ne le fût, ce qui devait demander un ...
espace de temps, d'après ce que nous savons de la conservat...
de la chaleur dans les laves (51), elle pouvait être portée à...
grande hauteur, et former ainsi les masses coniques qu'...
nous présente maintenant. Au dessous de la masse pâte...
plus ou moins épaisse suivant les influences extérieures...
existait évidemment une masse liquide qui la poussait en h...
ou qui s'élevait avec elle, si l'on aime mieux. Quand cell...
rencontrait les fissures des roches antérieurement consolid...
elle les remplissait, comme font encore les laves actuelles...
quand elle était arrivée à la surface, s'échappant par les...
vasses de la croûte qui l'enveloppait, elle coulait sur le sol...
même que celle qui sort des flancs de l'Etna et d'autres gr...
volcans.

Maintenant les scories et les cendres qui accompagnent t...
jours les éruptions, mêlées avec des fragmens de divers...
pèces de roches, se répandaient sur les flancs et au pied d...
montagne, où elles étaient cimentées par les eaux ou par...
matière sortie du volcan, et formaient ainsi les tufas ...
conglomérats.

Dans le même temps, les émanations acides attaquaient...
roches encore pâteuses, les décomposaient, et les eaux qu...
baignaient les dissolvaient, pour les déposer ensuite. Da...
fissures des roches déjà consolidées, où la matière liquide...

...duisait, elle apportait avec elle des acides qui attaquaient les salbandes et les décomposaient jusqu'à une certaine profondeur; et voilà pourquoi nous trouvons presque toujours dans les filons de matières pierreuses les salbandes décomposées (107).

Cette manière d'envisager le phénomène, tout à fait conforme à ce qui se passe encore aujourd'hui sous nos yeux à la surface de la terre, explique parfaitement la disposition des roches plutoniques qui se montrent en grandes masses sous et dans les roches stratifiées, et celle des roches plutoniques recouvrant ces roches en forme de coulées, et s'introduisant en masses transversales de toutes les dimensions, même en veines les plus petites, dans leurs fissures. Elle explique aussi, en admettant des éruptions successives, comme celles de nos volcans actuels, l'alternance que l'on observe, surtout dans les groupes de la cinquième époque, des produits de la voie ignée avec ceux de la voie humide.

Les dimensions des ouvertures par où se faisaient les éruptions, et qui mettaient le bain métallique intérieur en communication avec l'atmosphère, ont dû toujours aller en diminuant, depuis l'origine jusqu'à présent, où ce ne sont plus que des cheminées étroites, souvent obstruées, par lesquelles la matière fondue ne monte qu'avec beaucoup de difficultés (51). Ce que j'avance ici est prouvé par l'étendue des masses ignées à la surface de la terre, qui est en raison directe de leur ancienneté : les roches granitiques y sont plus développées que toutes les autres, et les laves des volcans actuels le sont moins. Le simple raisonnement conduit à la même conclusion : lorsque la croûte solide était très mince, les mouvements de la masse liquide devaient y déterminer de grandes fractures avec une extrême facilité. Sa résistance augmentant nécessairement avec son épaisseur, la facilité de la briser diminuait dans le même rapport. En outre, les matières qui s'introduisaient dans les fissures les obstruaient ; le contour lui-même de la grande ouverture s'incrustait et diminuait ainsi

graduellement son diamètre. Quand ces ouvertures é[...]
sous-marines, et ce devait être le cas le plus général, les d[...]
de sédiment qui se formaient dans leur intérieur, tant av[...]
matières qu'elles rejetaient qu'avec celles dissoutes dan[...]
eaux, les obstruaient encore, et ont même fini par en c[...]
bler un grand nombre.

La distribution des roches plutoniques dans les différ[...]
époques géognostiques confirme parfaitement ce que [...]
cherchons à démontrer ici : les granites, les porphyres [...]
roches trappéennes de toutes les espèces sont extrême[...]
nombreuses dans les groupes de la sixième époque; [...]
sont déjà moins dans ceux de la cinquième, et surtout v[...]
haut. La quatrième ne contient plus que quelques [...]
trappéennes et pyroxéniques. Dans la troisième, on voi[...]
lement des trachytes et des basaltes de différente struc[...]
dont les masses sont moins étendues que celles des roche[...]
toniques de la cinquième époque, mais cependant peu[...]
plus que celles de la quatrième. La seconde époque nou[...]
sente les basaltes, dont le volume est un peu moins gran[...]
celui des trachytes. Enfin, dans l'époque actuelle, nous n'[...]
que les déjections volcaniques, dont la masse est bien [...]
rieure à celle des basaltes.

Les différentes roches plutoniques que nous voyons m[...]
nant à la surface de la terre, dans les différens groupe[...]
gnostiques, auraient donc été lancées par des ouvertures[...]
celles des volcans actuels ne seraient qu'un diminutif. [...]
coup de ces ouvertures sont entièrement bouchées, et d'aut[...]
donnent plus passage qu'à des eaux thermales, des eaux [...]
rales, ou à des vapeurs et des gaz. La volcanisation a[...]
nous donne une idée de la marche du phénomène et co[...]
ce que nous venons de dire :

Nous savons qu'il existe sur la surface du globe un [...]
nombre de solfatares et de volcans éteints (§ 53), auto[...]
quels jaillissent des sources minérales et thermales. Les [...]
sions de plusieurs cratères en activité, celui du Vésuve, [...]

exemple (§ 51), ont sensiblement diminué, même depuis les temps historiques.

En admettant que les éruptions des anciens volcans se sont faites, sur une plus grande échelle, de la même manière que les nôtres, nous devons admettre aussi qu'elles donnaient des produits très semblables : ainsi, avec les matières pierreuses dont la composition ne diffère pas essentiellement dans chaque période, c'est toujours du feldspath, de l'amphibole ou du pyroxène, et d'autres minéraux moins abondans ; il devait se dégager des acides et des sels, tant à l'état liquide qu'à l'état gazeux, et beaucoup de minéraux et de métaux devaient venir se condenser dans les crevasses des roches.

Différentes substances se trouvant ainsi mises en contact, il s'exerçait entre elles des actions chimiques et électro-chimiques qui donnaient naissance à de nouveaux composés. Il arrivait donc continuellement de l'intérieur de la terre des matériaux, qui venaient s'ajouter à ceux provenant du détritus des roches et de la destruction des animaux et des végétaux. Quand ces matériaux étaient très abondans, ils pouvaient former des couches à eux seuls ; quand ils étaient mélangés d'une grande quantité de détritus, ils en cimentaient les différentes parties et formaient ainsi des roches arénacées.

Des expériences communiquées par M. Aimé à la Société géologique de France (1) prouvent que les différens minéraux cristallisés, disséminés dans les groupes géognostiques, ont bien souvent le produit des simples actions chimiques.

« Les corps que l'on rencontre en plus grande quantité dans la nature, dit M. Aimé, sont des corps non volatils, peu solubles dans l'eau ou d'autres agens, et souvent fixes. Cependant la volatilité, la solubilité, la fusibilité, sont des caractères nécessaires pour les phénomènes de cristallisation, afins d'avoir recours aux forces électriques, et encore est-il nécessaire de faire intervenir un liquide dans lequel les corps

(1) Bulletin de cette Société, tome VI, page 305.

puissent se mouvoir pour aller se grouper. On ne voit
comment les corps ont pu se former, à moins d'admettre
axiome assez rationnel, que ces corps ont pu prendre n
sance dans la réaction de deux corps gazeux l'un sur l'aut
d'où il est résulté un corps infusible, insoluble. En eff
les chlorures de presque tous les métaux sont volatils.
conçoit-on pas qu'un de ces chlorures, celui de fer,
exemple, en rencontrant l'hydrogène sulfuré ou la vapeur
soufre, a dû abandonner son chlore pour reprendre la pl
du soufre et se déposer à l'état de sulfure ?

» Le chlorure de fer, en rencontrant soit la vapeur d'eau
un oxide volatil, comme celui d'antimoine ou d'arsénic,
simplement de l'oxigène, n'a-t-il pas bien pu perdre
chlore pour se déposer à l'état d'oxide ? C'est ce que les p
nomènes qui se produisent encore aujourd'hui dans les
cans tendent à établir d'une manière probable, puisque l
voit des paillettes d'oxide de fer se déposer sur des portions
laves refondues.

» Il semble donc résulter de cet examen que l'on pourr
jeter un grand jour sur le mode de formation des différ
corps cristallisés fixes, en essayant de les produire par
réactions de corps volatils les uns sur les autres : aussi
entrepris ce travail, et déjà je suis parvenu à produire
oxides, des sulfures et des métaux cristallisés.

» En dirigeant, par exemple, un courant d'hydrogène
furé sur du perchlorure de fer, dans un tube de porcelai
chauffé au rouge, j'ai obtenu des cristaux de sulfure bl
de fer bien formés.

» En employant seulement l'hydrogène, j'ai réduit le p
chlorure de fer à l'état de fer cristallisé. Enfin, avec l'ox
d'antimoine et le perchlorure de fer, j'ai obtenu des paillet
ressemblant au fer spéculaire des volcans.

» Probablement que, par ce moyen, on peut aussi conv
tir le chlorure d'aluminium et de silicium à l'état de sil
et d'alumine cristallisées. Indépendamment des oxides,

lorures; on pourra, par des procédés qu'il est inutile d'indiquer ici, reproduire des silicates, des sulfates. »

Altération des roches neptuniennes par les roches plutoniques.

(§ 125.) Les roches plutoniques, en s'introduisant dans
l'intérieur des roches neptuniennes, ou en venant en contact
avec elles, leur ont souvent fait subir des altérations très
marquées, dont nous avons parlé dans les §§ 76 et 87, etc.
Ces altérations sont de trois sortes : 1° elles ont changé l'état
d'agrégation ; 2° elles ont changé leur nature chimique ;
3° elles les ont fracturées : cette troisième sorte est assez importante pour que nous en fassions un chapitre particulier,
sous le titre de Théorie des soulèvemens.

1°. *Changemens dans l'état d'agrégation.* Dans le voisinage des roches ignées, celles de sédiment sont souvent devenues cristallines, mais dans une certaine épaisseur seulement. Les calcaires compactes et sublamellaires ont été changés en calcaires spathiques ; des *grès* tendres en véritables
quarzites et même en *jaspes* ; des phyllades en schistes cristallins (environs du grand Saint-Bernard, Saint-Bel, près
de Lyon, etc.) ; des calcaires tendres en calcaires très durs,
probablement parce qu'ils étaient un peu siliceux, etc.

Nous avons vu qu'il existait au milieu du terrain schisteux
(99) une grande quantité de roches plutoniques qui s'y présentent en masses transversales, et même en espèces de couches alternant avec les schistes et les autres roches ; c'est à la
présence de ces roches plutoniques qu'on a cru pouvoir attribuer
la demi-cristallisation que présentent les schistes, les quarzites
et même les calcaires ; qui, probablement, avaient été formés
dans le sein des eaux à l'état compacte. Nous voyons ce phénomène se produire jusque dans les couches de la quatrième
époque, où les schistes du lias ont été changés en phyllades
plus ou moins durs par la même influence ; et les calcaires,

ainsi que ceux de la série oolitique, sont devenus cristall[…]
(§ 87).

La demi-cristallisation des calcaires de la série carbonif[…] me semble pouvoir aussi être attribuée à l'influence des [ro]ches ignées qui les traversent souvent, ou qui sont venues [en] grandes masses dans leur voisinage; celles-ci, recouver[…] par la masse calcaire elle-même, ne sont souvent plus visibl[…]. On pourrait objecter que le degré de chaleur nécessaire p[our] changer des calcaires compactes en calcaires cristallins aur[…] dû les décomposer, si les expériences de Hall n'avai[ent] prouvé que ces roches, soumises à de fortes pressions, p[ou]vaient éprouver, sans se décomposer, un degré de chal[eur] capable de les faire passer de l'état compacte à l'état cristall[…] Ce chimiste, ayant exposé à une forte chaleur de la craie [or]dinaire enfermée dans un tube de fer, la transforma en b[eau] marbre blanc : dans l'intérieur de la terre, les calcai[res] qui présentent de semblables phénomènes supportaient p[ro]bablement une forte pression (1). Quant à la cristallisati[on] des roches que la chaleur ne peut décomposer, comme [le] grès, les argiles, etc., elle n'offre aucune difficulté.

M. Cordier ne croit pas que les changemens dans l'état [d'ag]grégation des roches soient toujours le résultat de l'influenc[e de] la chaleur (*Bulletin de la Société géologique*, t. vi, p. 6[…]) Suivant cet observateur, on peut chercher des explicatio[ns] plus rationnelles de ces changemens; soit dans des actio[ns] galvaniques, soit dans l'influence que la potasse ou la sou[de] des feldspaths, décomposées, ont pu exercer sur les précipi[tés] encore pâteux de certaines roches, comme les carbonate[s…] près de Metz, il existe deux espèces de pierre à chaux, l'u[ne] compacte et argileuse, donnant de la chaux hydraulique, [et] l'autre parfaitement saccharoïde et translucide, qui donne […]

(1) Hall a démontré que, dans les circonstances ordinaires, il suffi[t] de la pression d'une colonne d'eau marine de 1700 pieds, équivalente [à] celle d'une colonne de lave de 600 pieds, pour empêcher le dégagem[ent] de l'acide carbonique dans un calcaire soumis à l'influence de la chale[ur]

de chaux grasse ; cependant ces deux espèces sont le résultat d'une agrégation contemporaine au dépôt qui a eu lieu par la vie humide. MM. Prévost et Rivière ont cité des faits à l'appui de la manière de voir de M. Cordier.

2°. *Changemens dans la composition chimique.* Des vapeurs acides accompagnent toujours les éruptions des roches plutoniques ; on conçoit que, si les acides des sels qui se trouvent sur le passage de ces vapeurs sont moins puissans que ceux qui les forment, la nature du sel peut être changée ; c'est ainsi que le carbonate de chaux, exposé à l'action des vapeurs sulfuriques, est changé en sulfate. Plusieurs géologues attribuent à ce phénomène la formation d'un grand nombre de masses gypseuses, surtout de celles qui se trouvent dans le voisinage des roches plutoniques, les ophites des Pyrénées, par exemple. On conçoit parfaitement bien, effectivement, que l'acide sulfurique, venant à être sublimé à travers certaines portions d'une masse calcaire, les transforme en sulfate de chaux, et cette transformation devra être annoncée par des liaisons intimes, des passages insensibles que l'on observera sur quelques points, entre les carbonates et les sulfates, quoique les mouvemens intérieurs ont disloqué la masse et produit de nombreuses solutions de continuité entre les masses de différente nature. Quelques observateurs pensent que le sel marin, qui accompagne souvent le gypse, aurait alors été sublimé avec l'acide sulfurique, ou serait le résultat de l'évaporation subite de l'eau de la mer.

Dans ce cas, le sulfate de chaux, ayant éprouvé une forte chaleur, aurait perdu son eau de cristallisation et serait devenu anhydre, comme cela s'observe ordinairement dans les coupes des sixième et cinquième époques, et quelques unes des époques postérieures.

Plusieurs masses de sulfate de chaux peuvent bien avoir été produites comme nous venons de le dire ; mais ce serait une grave erreur de croire que toutes celles que l'on re-

marque dans les différens groupes géognostiques sont da...
le même cas, même toutes celles qui accompagnent les roch...
plutoniques.

La plupart de celles-ci, dans les **Pyrénées**, dans les **Alp**...
etc., se comportent absolument de la même manière que l...
roches plutoniques auxquelles on les trouve associées...
paraissent être venues avec elles des profondeurs du glob...
elles s'élèvent en cône au milieu des roches stratifiées et ell...
pénètrent même souvent dans leurs fissures, comme les po...
phyres, les eurites, etc. ; enfin elles ne sont jamais stra...
fiées ; ce qui doit, au contraire, souvent arriver quand ell...
sont le produit d'épigénies.

Le gypse qui forme des couches régulières quelquefois t...
minces, alternant avec des marnes et des calcaires dans...
groupes des troisième et quatrième époques, a été certair...
ment déposé tranquillement dans le sein des eaux comme...
roches qui l'accompagnent. Nous exposerons plus lo...
(§ 127) la manière dont M. Mathieu de Dombasle conç...
que ces dépôts se sont formés.

Ainsi, d'après ce qui précède, le sulfate de chaux de...
nature aurait donc trois modes distincts de formatio...
savoir :

1°. Par épigénies, résultant de l'action de l'acide sulfuriq...
sublimé sur les couches calcaires déjà consolidées ;

2°. Par éruptions, comme la plupart des roches feldspat...
ques ;

3°. Par dépôts aqueux.

Dolomisation. Les dolomies que nous présente la nature so...
absolument dans le même cas que les gypses. M. de Bu...
avait d'abord avancé que la plus grande partie de ces roch...
étaient le résultat d'épigénies produites par la venue d...
porphyres noirs (mélaphyres) dans le voisinage ou l'in...
rieur des calcaires. De la magnésie, ou du carbonate de m...
gnésie, aurait alors été sublimé au milieu du calcaire, do...
les pores se trouvaient considérablement dilatés par la chale...

qu'ils éprouvaient, et il se serait ainsi formé un carbonate double de chaux et de magnésie. Cette théorie extrêmement ingénieuse est fondée sur un grand nombre d'observations. On peut voir dans la vallée de la Meuse, entre Huy et Liége, dans le Boulonnais (§ 96), aux environs d'Aix en Provence, dans plusieurs parties des Alpes, etc., des dolomies qui proviennent évidemment de l'altération des calcaires qui les renferment : non seulement elles sont encore intimement liées à ces calcaires, mais encore elles contiennent les mêmes fossiles qu'eux, qui généralement ont été beaucoup plus altérés que le calcaire. Nous avons vu dans les Vosges (1) les calcaires du terrain schisteux transformés en dolomie à une petite distance des filons de porphyre qui les traversent ; ce phénomène se présente souvent. Ce n'est pas toujours immédiatement au contact des roches plutoniques avec les calcaires que s'observe la transformation ; mais, le plus ordinairement, à une distance qui peut aller jusqu'à trois mètres. On explique cela en disant qu'au point de contact, la grande intensité de la chaleur a sublimé toute la magnésie, qui est allée se condenser plus loin.

Beaucoup d'objections ont été présentées contre la théorie de M. de Buch. M. Hoffmann, d'après un grand nombre d'observations faites par lui-même, prétend que les calcaires du Mont-Salvatore, et une grande partie de ceux des Alpes, sont d'une formation postérieure aux éruptions des porphyres noirs, qui n'auraient donc pu les changer ainsi en dolomie.

Les dolomies du Tyrol accompagnées de mélaphyres, citées par M. de Buch comme un bon exemple à l'appui de sa théorie, paraissent, à M. Bertrand Geslin, n'être que des roches, d'abord magnésiennes, qui sont seulement devenues

(1) Description géognostique de la partie méridionale de la chaîne des Vosges.

cristallines par l'influence des phénomènes qui ont accomp
gné la sortie des masses pyrogènes.

M. Provana de Collegno a vu, au milieu des masses ca
caires du Saint-Gothard (1), des cirques dolomitique
cratères d'où seraient sorties les matières qui ont changé
calcaire en dolomies et en gypses qui se trouvent là assoc
aux carbonates magnésiens.

Dès 1830, MM. Guidoni et Savi avaient remarqué que les d
lomies des montagnes du golfe de la Spezzia, qui ne sont poi
stratifiées, se trouvent souvent répandues sur les calcaires de
mêmes montagnes, qu'elles se comportent quelquefois com
des roches qui auraient été à l'état de fluidité ignée.

Dans le même moment, j'étudiais sur la côte de Barbar
aux environs d'Oran (§ 72), des dolomies noires et brun
qui ont percé le terrain subatlantique et le terrain schisteu
sur lesquels elles ont débordé et sensiblement altéré l
roches. En outre, elles sont accompagnées de fer oligi
micacé, qu'on rencontre avec presque toutes les roches pl
toniques.

La dolomie aurait donc pu être à l'état de fusion ign
sans perdre pour cela son acide carbonique, ce qui se conç
bien d'après les expériences que nous avons citées pl
haut (§ 125).

Le carbonate de chaux, nommé calcaire primitif, qui
présente en grosses masses transversales, en véritables filo
dans le gneiss et les micaschistes, et en veines plus
moins puissantes dans les porphyres, les eurites et les trap
paraît avoir aussi une semblable origine. Je partage ce
opinion avec M. Léonhard et quelques autres géologues. l
ophicalces (mélange intime de calcaire et de serpentine) so
aussi bien de roches ignées que les ophiolites (serpentin
elles-mêmes, et cependant leur calcaire n'a point été déco
posé par l'influence de la chaleur.

(1) Bulletin de la Société géologique, t. vi, p. 106.

Enfin il existe des dolomies qui sont évidemment de formation neptunienne : celles du terrain vosgien, par exemple, qui se montrent en strates minces, alternant régulièrement avec des marnes, des grès et des calcaires, qui n'ont point subi la moindre altération chimique (§ 89, 90, et 91).

Il est bon de rappeler ici que, dans presque tous les groupes géognostiques, il existe des couches de calcaires magnésiens qui ne sont pas de véritables dolomies. Il a quelquefois pu arriver qu'elles le soient devenues par la simple action de la chaleur, alors ce serait une altération du premier genre. Mais je crois que, plus ordinairement, le carbonate double est le produit de la voie humide seulement.

Nous admettons donc pour les dolomies, comme pour les sulfates de chaux, trois modes de formation :

1°. Par épigénies ignées ;

2°. Par éruptions plutoniques à la manière des roches feldspathiques ;

3°. Par dépôts aqueux.

Un autre effet de l'action ignée, qu'il est très important d'examiner et qui s'explique du reste très facilement, c'est la transformation de la houille en anthracite ou en carbone presque pur.

On observe (§ 95) que, dans le voisinage des masses plutoniques qui pénètrent dans la formation houillère, la houille a perdu son bitume et s'est changée en anthracite, en coke. Or, on sait qu'on obtient, dans les arts, absolument le même résultat en calcinant la houille, qui perd son bitume dans l'opération. Ainsi, c'est bien à la chaleur des masses plutoniques que l'on doit attribuer la transformation de la houille en anthracite. D'après cela, il n'est pas étonnant qu'on ne trouve que de l'anthracite au lieu de houille, dans les parties inférieures du terrain carbonifère, et dans les parties supérieures du terrain schisteux, où les roches plutoniques sont très abondantes, ainsi que dans les groupes

de la quatrième époque, dont les argiles schisteuses ont é
changées en phyllades, comme il arrive quelquefois po
le lias (§ 85.) (1).

On sait que la plupart des roches n'ont pas besoin d'u
degré de chaleur très élevé pour perdre leur eau de cristal
sation et devenir anhydres. Ainsi, l'action des masses plu
niques a pu souvent produire cet effet; et beaucoup
roches, comme certains gypses, ne sont peut-être anhydr
que parce qu'elles ont éprouvé un haut degré de chale
postérieurement à leur dépôt.

Nous devrions peut-être parler ici du troisième gen
d'action des roches plutoniques, c'est à dire exposer
théorie des soulèvemens; on appréciera plus tard les raiso
qui nous forcent à renvoyer l'exposé de cette théorie à la
de celles de toutes les formations qui nous restent à exp
quer.

QUATRIÈME ÉPOQUE.

(§ 126.) Nous avons vu (§ 93) qu'il existe ordinaireme
une solution de continuité tranchée entre les groupes
quatrième et cinquième époques géologiques, ce qui ann
cerait de grands bouleversemens sur la surface du globe à
fin de la formation des uns et au commencement de celle
autres, et ce qui confirme encore cette opinion, ce sont
masses arénacées, grès houillers, grès rouges, compo
de débris des roches préexistantes, qui se trouvent au co
mencement de l'une et à la fin de l'autre. Cette soluti

(1) Nous avons observé cette année, avec la Société géologique,
environs d'Autun, un fait qui confirme parfaitement cette théorie.
pied des montagnes euritiques qui forment le côté oues
houiller, on exploite deux couches de houille sèche, traversées par
filons d'eurite qui, en pénétrant dans les couches de houille, les ont
loquées et rejeté les fragmens dans tous les sens: dans la même local
l'eurite a recouvert le terrain houiller en coulant dessus.

et continuité n'est pas aussi générale qu'on l'avait d'abord annoncé; on observe souvent, en Écosse et dans quelques parties de l'Allemagne, une liaison intime entre le grès rouge inférieur et le grès houiller. Le calcaire nommé zechstein (§ 91), ordinairement subordonné dans le grès rouge, alterne quelquefois avec les couches supérieures de la formation houillère. Ainsi là encore, les opérations de la nature n'ont point été interrompues, seulement les agens perturbateurs ont déployé une grande énergie.

Cette époque de trouble correspond à la fin des éruptions porphyriques (§ 114), et au commencement, peut-être à une époque la durée des éruptions trappéennes; car nous avons vu, à Autun, des cailloux roulés dans le grès houiller, de la même eurite qui traverse en filons les couches de houille que citées plus haut.

Le soulèvement des roches, le dégagement des gaz, et probablement aussi celui de plusieurs masses liquides lancées des profondeurs du globe, ont déterminé des mouvemens violens dans l'intérieur des mers. Dans toutes ces perturbations, des roches ont été en partie brisées, les débris, accumulés sur d'autres ont été emportés au loin, et les eaux se sont ainsi trouvées chargées d'une grande quantité de matériaux de transport, qui ont dû se déposer dans l'ordre de pesanteur, à mesure que le mouvement de la masse liquide se ralentissait. Alors beaucoup de masses, depuis les porphyres jusqu'aux terrains houillers, ont dû être portées au dessus des eaux, et les parties déjà émergées soulevées encore davantage. Ainsi des masses plus étendues ont dû paraître au milieu de l'archipel universel, et les mers, resserrées entre ces masses, former des bassins et de longs détroits où les matériaux devaient être accumulés.

Terrain vosgien.

(§ 127.) Toute cette puissante masse arénacée, que no[us]
avons nommée terrain vosgien, par ses caractères de co[m]
position, annonce bien des dépôts de débris, au milieu d'[un]
liquide agité, dont la tranquillité se serait graduellement r[é]
tablie. Les masses calcaires (le zechstein et le muschelkalk[)]
qui s'y trouvent çà et là subordonnées prouvent que, [à]
quelques points de tranquillité, sourdaient des eaux miné[-]
rales. Nous allons développer ces idées.

Grès rouge et zechstein. Le terrain vosgien, reposa[nt]
très souvent immédiatement sur les roches de la sixiè[me]
époque et même sur celles de la seconde série, annon[ce]
que ces roches ont été, pendant long-temps, exposée[s à]
l'influence des agens extérieurs, atmosphériques ou m[a]
rins, qui avaient nécessairement dû en altérer la surfa[ce.]
Or, nous voyons aujourd'hui, sur ces mêmes roch[es]
exposées aux mêmes agens, une grande quantité de déb[ris]
que les sucs minéraux agglutinent encore dans quelques e[n]
droits. Sur tous ces points, et presque tous les points où [le]
grès rouge repose immédiatement sur les roches dont no[us]
venons de parler, il commence toujours par une roche a[ré]
nacée, *anagénite, arkose, argilophyre, argilolite,* etc. (1), co[m]

___

(1) L'arkose est, suivant M. Brongniart, une roche composée de gr[ains]
de quarz hyalin, de grains de feldspath et d'un peu de mica, le quarz do[mi]
nant. Cette définition, parfaitement juste, mal comprise par un grand no[m]
bre d'observateurs, a jeté beaucoup de confusion dans la science. On a ra[n]
dans les arkoses des eurites granitoïdes et même de véritables granites; p[our]
prévenir contre ce genre d'erreur, je dirai que, partout où j'ai eu occa[sion]
d'observer les arkoses, j'ai reconnu qu'elles étaient le résultat de la réagg[lu]
tination par un ciment des élémens du granite décomposé; ce sont de [vé]
ritables roches de sédiment généralement bien stratifiées, qui, en Bo[ur]
gogne, se trouvent à la partie inférieure des marnes irisées et repos[ent]
souvent immédiatement sur le granite et le gneiss; quelques parties [du]
grès houiller sont de véritables arkoses. Les élémens de l'arkose sont q[uel]

...osée des débris de la roche inférieure agglutinés par un ci-
...ent dont la nature varie, mais qui se trouve être souvent
...liceux (§ 91). C'est là que les fragmens sont le plus gros
...qu'ils ont été le moins roulés. A mesure qu'on s'élève dans
...série des couches, les fragmens diminuent de grosseur,
...matières argileuses et siliceuses à petits grains deviennent
...us communes.

...Le premier étage du grès rouge, *rothe-todte-liegende* des
...llemands, est ordinairement composé du détritus des roches
...a seconde série jusqu'aux eurites inclusivement, au milieu
...squelles on remarque quelques fragmens de roches primi-
...es et de phyllades dans le voisinage de ces roches.

...Il est donc naturel d'admettre, d'après ce que nous avons
...u plus haut, que ce premier étage est le résultat de la ci-
...mutation par l'eau, chargée de certaines matières, des débris
...ai se trouvaient alors accumulés sur les roches, auxquels
...naient se mêler ceux apportés par les courans.

...*Le grès vosgien* n'est que la partie supérieure du grès
...uge; il repose quelquefois lui-même sur les roches primi-
...es et celles de la seconde série, et alors il commence aussi
...r des anagénites, des arkoses, des argilophyres, etc., qui
...résentent dans ce cas le todte-liegende. Dans les Vosges et
...Forêt-Noire, où ce grès a pris un développement considé-
...le, il renferme, et surtout dans ses parties inférieures,
...e grande quantité de cailloux roulés provenant des diverses
...riétés de quarzites que l'on voit en veines et en filons dans
...errain schisteux, dont il ne reste plus que des lambeaux sur
...urface de ces deux chaînes de montagnes. N'est-il pas na-
...el d'admettre que ce terrain ayant été détruit par les commo-
...ns dont nous avons parlé, ses parties les plus dures, les
...arzites, quoique fortement broyées, ont encore conservé un
...tain volume et qu'elles ont été enfouies au milieu des sables
...venant du frottement des masses les unes contre les au-

...fois cimentés par du silex qui s'est infiltré entre eux et forme aussi des
...ches plus ou moins puissantes dans la masse.

tres, tandis que les particules argileuses plus légères, et faci...
ment délayables, sont montées dans les parties supérieures...
liquide, où nous allons les retrouver bientôt ? Les grains...
sable qui forment la masse principale du grès vosgien pr...
prement dit proviendraient donc, suivant moi, de l'usu...
des fragmens de quarz. Une certaine partie pourrait cependa...
bien avoir été amenée de l'intérieur du globe par des sourc...
minérales. Enfin je citerai pour dernière preuve que le gr...
vosgien provient bien de la destruction du terrain schisteu...
les gros fragmens de schiste que l'on trouve souvent da...
son intérieur.

Les deux étages du grès rouge sont dépourvus de res...
organiques, végétaux et animaux, ou, si l'on en rencont...
quelques uns, ce sont des fragmens de bois siliceux extrêm...
ment usés. On conçoit parfaitement qu'il en doit être ain...
car tous ceux qui se sont trouvés au milieu de tant de débr...
pierreux si fortement brassés ont dû être pulvérisés, et les a...
tres se sont retirés sur les points où la tranquillité régn...
encore.

Il existait effectivement des endroits où les perturbatio...
ne se faisaient pas sentir ; ce qui est annoncé par des masses...
calcaire plus ou moins coquillier, zechstein, qui séparent qu...
quefois le grès rouge du grès vosgien. Ce calcaire est le...
duit des sources minérales qui répandaient leurs eaux da...
les parties tranquilles de la mer, où s'étaient réfugiés les a...
maux, dont la destruction augmentait encore la masse c...
caire qui les englobait en se solidifiant. Les schistes cuivreu...
avec nombreuses empreintes de poissons, qui occupent la par...
inférieure du zechstein, annonceraient qu'il a été déposé d...
le fond de lacs ou plutôt de baies vaseuses. Les poissons po...
raient avoir été tués par les émanations sulfuro-cuivreu...
qui auraient précédé l'éruption du calcaire.

Le calcaire du zechstein est souvent magnésien, et on...
voit même de véritables dolomies accompagnées de roches...
verrueuses, rauchwak. Ces dolomies pourraient bien être...

résultat d'une action pyrogène sur les calcaires magnésiens. Mais quand le zechstein manque, et c'est le cas le plus général, il existe entre le grès vosgien et le grès rouge des couches irrégulières, des lits minces et même des veines nombreuses et peu étendues de dolomies, qui ont certainement été déposées avec le grès qui les renferme, et ne sont point du tout le résultat d'une action pyrogène; ce sont des dolomies neptuniennes. Les Vosges présentent de nombreux exemples de ce fait (§ 91).

Grès bigarré. Dans les parties supérieures du grès vosgien, le mouvement des eaux s'était déjà considérablement ralenti; les grès à grains fins, mêlés de substances argileuses, et prenant la structure schistoïde, commencent à se montrer, et bientôt on arrive à une masse, le grès bigarré, composée d'argile, de silice et d'une assez grande quantité de paillettes de mica; c'est un véritable psammite dont la structure schistoïde et la stratification régulière annoncent un dépôt qui s'est opéré tranquillement dans l'eau. Le grès rouge est dépourvu, ou presque entièrement dépourvu de restes organiques; dans le grès bigarré, ils sont assez abondans (§ 91). On y trouve surtout une assez grande quantité de feuilles et de petites branches qui, détachées des gros troncs par la violence des chocs, seront montées dans les parties supérieures, où elles auront été englobées par les dépôts psammitiques qui se formaient. La finesse des grains qui composent les psammites annonce que l'agitation des eaux était déjà considérablement diminuée.

Sur quelques points, le repos existait, car il s'y est formé de puissantes masses calcaires (le muschelkalk) dans lesquelles se trouvent une grande quantité d'animaux marins. Dans le voisinage de ces masses, le grès bigarré contient les mêmes restes organiques à peu près, et l'on conçoit parfaitement qu'il en dauve être ainsi, car les animaux qui vivaient dans l'espace en repos où se formait le muschelkalk étaient recouverts par le grès bigarré, quand ils s'en éloignaient un peu, soit de leur propre mouvement, soit transportés par les courans; ou, si

l'on aime mieux, des courans apportaient la matière du g
bigarré sur les rives des golfes, baies ou bassins où se dé
sait le muschelkalk. Quelques sauriens ont pu vivre al
dans la dissolution, car on en rencontre des fragmens dans
grès bigarré et dans le muschelkalk.

Muschelkalk. Ce groupe calcaire sépare la formation
marnes irisées de celle du grès rouge (§ 90). Quand il manq
comme en Angleterre, ces deux formations sont tellem
liées entre elles qu'on ne sait où l'une commence et où l'au
finit. Ainsi nous avons donc raison de dire que le musch
kalk n'est qu'un dépôt local, formé dans des contrées où le
quide, qui déposait les parties supérieures du terrain vosgi
était dans un état de tranquillité tel que des zoophytes et
mollusques marins pouvaient y vivre, et des sources minér
y déposer tranquillement leur calcaire. Je rappellerai ici q
dans le grès bigarré, il existe des bancs de calcaire nodul
ou composé de petits globules agglutinés; ce qui annonce
mouvement analogue à celui qu'on observe encore aujourd'
dans les fontaines de Tivoli, de Carlsbad, etc. Nous revi
drons sur ce phénomène en parlant des formations o
tiques.

Le muschelkalk offre des calcaires magnésiens et même
véritables dolomies en couches parfaitement régulières, q
alternant avec des marnes et des calcaires non altérés, s
certainement le produit de la voie humide comme les roc
qui les renferment. Quant aux masses de gypse avec sel gem
qu'il contient quelquefois, ainsi que le grès bigarré, n
donnerons bientôt une explication qui peut convenir à tou
les formations neptuniennes où ces deux roches se présent
ensemble.

Marnes irisées. Le groupe des marnes irisées n'est au
chose que la continuation du dépôt du grès bigarré : là
trouvent des parties argilo-marneuses, encore plus légères
celles du grès bigarré, mélangées d'une grande quantité
silice, alternant avec des couches régulières de calcaire

gnésien, et toute la masse renferme dans son intérieur des amas de gypses stratiformes souvent accompagnés de sel gemme.

Sur les flancs des montagnes, ces marnes occupent un niveau moins élevé que les autres parties du terrain vosgien; elles s'étendent même jusqu'à une grande distance dans les plaines (bords du Rhin), ce qui annonce bien qu'elles se sont déposées à la fin de la période vosgienne, dans les anfractuosités du littoral des mers d'alors (§ 89).

Les couches de houille que renferment sur plusieurs points les marnes irisées sont le résultat de l'accumulation d'une grande quantité de végétaux sur ces points. Dans les endroits où ils étaient moins nombreux, on ne trouve que des empreintes ou des lits minces. La plupart des calcaires des marnes irisées, étant magnésiens, sont certainement le produit de sources minérales dans lesquelles les carbonates de chaux et de magnésie se trouvaient mélangés, et non pas celui de la destruction des testacés marins, dont ils renferment cependant quelques débris, ou des travaux des zoophytes.

Terrain salifère. Quelques géologues regardent les amas de sel gemme, toujours accompagnés de marnes et de gypse, comme le résultat de l'action de volcans sous-marins, qui aurait accumulé sur certains points une grande quantité de muriate de soude. Cette explication peut convenir au cas où la masse de sel gemme forme une espèce d'amas transversal au milieu des roches stratifiées, et dans le voisinage de masses plutoniques, mais elle ne saurait s'appliquer à celui où le sel se montre en couches plus ou moins régulières, en petits lits, en veines déliées au milieu de couches de marne et de gypse. Voici pour ce dernier cas, qui est le plus général, celle donnée par M. Mathieu de Dombasle (1).

Dans les eaux qui sortent du sein de la terre, il existe une grande quantité de sels susceptibles d'être décomposés les uns par les autres. Ainsi, toutes les fois que deux filets d'eau viennent se mêler, il peut se former de nouvelles combinaisons; le

____

(1) Annales des Mines, tome VI.

même effet doit avoir lieu dans les grandes masses d'eau qui se mêlent.

Les sels que contiennent les eaux naturelles sont presque exclusivement des *carbonates*, des *hydrochlorates*, et des *sulfates* de chaux, de soude et de magnésie. Le carbonate de chaux et l'hydrochlorate de soude peuvent résulter de la décomposition de tous les sels de même base, et ils ne peuvent être, décomposés par aucun autre sel. Cela explique pourquoi, dans la nature, presque toute la chaux est à l'état de carbonate, et la soude à l'état d'hydrochlorate. Le carbonate de chaux, ne pouvant être tenu en dissolution que par un excès d'acide, se précipite, soit qu'il se forme en trop grande abondance, soit qu'une cause quelconque enlève l'acide à l'eau. Dans les sources incrustantes, le carbonate de chaux résulte d'une double décomposition qui a lieu dans le mélange de deux filets d'eau. L'auteur a formé des incrustations en mêlant ensemble les eaux de deux sources dont l'une contenait du carbonate de magnésie, et l'autre du sulfate de chaux. Dans ce cas, la précipitation se fait lentement. L'hydrochlorate de soude tenu en dissolution dans l'eau ne peut être décomposé par aucun sel ; il ne peut plus en être retiré que par l'évaporation. Ce sel se trouve abondamment répandu dans la mer, ainsi que dans les vastes amas d'eau alimentés par de nombreuses sources. Comme l'eau pure s'évapore continuellement, ces amas se chargent à la longue d'hydrochlorate de soude. L'hydrochlorate de chaux, produit d'aucune décomposition, et décomposé lui-même par les sulfates et les carbonates de soude et de magnésie, se rencontre rarement dans les eaux. Le sulfate de chaux se forme dans les eaux de la décomposition de l'hydrochlorate par les sulfates de soude et de magnésie ; il est décomposé lui-même par les carbonates de magnésie et de soude, de sorte qu'il ne doit jamais exister dans les eaux qui ont été soumises à un grand nombre de décompositions, qui, en définitive, réduisent la chaux à l'état de carbonate.

Ces principes posés, examinons ce qui doit se passer dans des eaux d'un lac un peu considérable, qui perdent continuellement par l'évaporation. Il est évident que ces eaux se chargent de plus en plus d'hydrochlorate de soude, ainsi que des autres sels solubles, qui, bien que susceptibles d'être décomposés par voie de double affinité, se trouveront en excès sur ceux capables d'opérer cette décomposition. On peut admettre que la proportion de ces sels sera à peu près la même que celle que nous observons maintenant dans les eaux de la mer ; c'est le résultat de l'ordre des affinités, bien plus que celui de la nature des sels qui existaient originairement dans chacun des filets d'eau qui alimentent un vaste dépôt. Un vaste amas d'eau doit donc se charger, avec le temps, d'une grande quantité d'*hydrochlorate de soude*, de quelques sels *magnésiens* et d'un peu de *sulfate de chaux*, quantité qui s'augmentera graduellement, de sorte qu'un lac d'eau douce peut ainsi devenir salé.

Jusqu'à ce que l'eau soit parvenue à un haut degré de saturation, il ne se précipitera que du carbonate de chaux, avec une très petite quantité de carbonate de magnésie, qui sont les sels les moins solubles. Le limon, amené de l'intérieur des terres par les eaux affluentes, formera de son côté des couches de sable et d'argile, ainsi que des couches de marne, quand l'argile se trouvera mêlée d'un peu de carbonate de chaux, et ces couches alterneront avec celles des dépôts chimiques.

Le sulfate de chaux ne se précipitera que quand l'eau sera parvenue à un haut degré de concentration et peu de temps seulement avant l'hydrochlorate de soude ; parce que, d'une part, le sulfate de chaux est peu abondant, et, que de l'autre, sa solubilité est beaucoup augmentée par la présence de l'hydrochlorate de soude : ce dernier sel cristallisera ensuite, et en même temps que lui, encore beaucoup de sulfate de chaux, à cause de sa petite quantité relativement au sel de soude ; le sulfate de magnésie cristallisera le dernier. Il ne restera plus

alors en dissolution que des sels déliquescens, c'est à dir
presque exclusivement des hydrochlorates de magnésie. L
lac se trouvera donc alors dans l'état où est actuellement la me
Morte, dans laquelle on ne rencontre aucun être vivant. Dan
cet état de choses, le lac ne pourra se dessécher que lorsqu'i
aura été comblé par les attérissemens qui forment les eaux af
fluentes, et alors les eaux qui s'y rassemblaient s'écouleron
en suivant les pentes naturelles.

Dans un lac qui n'aurait point d'écoulement, d'une profon
deur moyenne de 100 pieds, alimenté par des eaux qui con
tiendraient, terme moyen, 0,005 d'hydrochlorate de soude,
perdant annuellement 2 pieds par l'évaporation, il faudrai
environ 30 siècles pour que les eaux se saturassent d'hydro
chlorate de soude, ce qui donne une preuve de la lenteur ave
laquelle la nature opère. Souvent, il peut arriver que les atté
rissemens des eaux affluentes comblent le lac avant que se
eaux soient saturées de sulfate de chaux. Il ne présentera alor
qu'une alternance de strates de carbonate de chaux, de marne,
d'argile et de sable. Si le comblement se termine pendant l'é
poque de la précipitation du sulfate de chaux et avant celle de
l'hydrochlorate de soude, on aura du gypse sans sel marin. I
n'est donc pas étonnant, d'après cela, que tous les dépôts de
sel gemme soient accompagnés de sulfate de chaux, tandi
que tous ceux de sulfate de chaux n'offrent pas du sel gemme.
Cela explique pourquoi le sel gemme, commun dans les mar
nes irisées de quelques parties des Vosges et du Jura, manque
dans d'autres, et que celles de la Bourgogne n'en contiennen
point; pourquoi ce même sel manque dans le terrain parisien,
tandis qu'il est abondant, dans son équivalente géognostique.
en Galicie et en Transylvanie (§ 76).

Dans l'intérieur d'un lac, la précipitation des sels ne doi
pas s'opérer d'une manière uniforme dans toutes les saison
de l'année, et même à chaque époque d'une même saison
quand il pleut, la saturation se trouvant très sensiblemen
diminuée, la précipitation doit se ralentir; le contraire doi

avoir lieu pendant les chaleurs. Les eaux pluviales, soit qu'elles viennent augmenter le volume des affluens ordinaires, soit qu'elles arrivent directement des pentes dans le lac, amènent toujours, avec elles, une certaine quantité de détritus qui se dépose seule ou presque seule, en vertu de la diminution de saturation qu'elles ont opérée dans la masse. Quand ce dépôt est formé, et l'eau excédante évaporée, la précipitation des sels recommence et forme une couche sur le dépôt d'attérisse-ment; un temps de pluie vient de nouveau interrompre ce dépôt et amener de nouveau détritus qui recouvre la couche saline, et les choses se continuent ainsi jusqu'à ce que le lac, ou l'espace quelconque dans lequel les dépôts s'opèrent, soit entièrement comblé.

M. Mathieu de Dombasle avance que, d'après ces principes, on pourrait parvenir à déterminer le nombre d'années qu'a duré la formation de chaque dépôt de la nature de ceux dont nous venons de parler : il se trompe ; on pourrait compter seule-ment le nombre des époques pluvieuses et des époques de sé-cheresse ; car chaque couche d'attérissement doit évidemment, d'après sa belle théorie, correspondre à une époque pluvieuse, et chaque couche saline à une époque de sécheresse ; mais toutes les années n'ont pas le même nombre d'époques de pluie et d'époques de sécheresse : en comparant l'épaisseur des cou-ches de différente nature, on aura une idée de la durée relative de chaque époque.

Cette théorie extrêmement simple, déduite de faits bien constatés, rend compte d'une manière très satisfaisante des divers accidens que présentent non seulement les dépôts ren-fermant du gypse et du sel gemme, mais encore tous ceux com-posés d'une alternance de strates salins et de strates d'attéris-sement.

A la partie supérieure des marnes irisées, ou, ce qui revient au même, à celle du terrain vosgien, il existe ordinairement une puissante assise d'un grès quarzeux, *grès kupérien supé-rieur* (§ 89), qui annonce, que dans les derniers temps de la formation de ce terrain, il existait dans la dissolution une grande quantité de silice, probablement apportée par des sources minérales dont l'action se faisait sentir dès l'origine de cette formation. En Bourgogne, à la partie inférieure de ces mêmes marnes, se trouve une arkose qui repose immédiatement sur le granite et les autres roches feldspathiques. Cette arkose est le résultat de l'agrégation du détritus de ces roches par le ciment siliceux, ce qui explique clairement la manière dont ces roches ont été produites. Ce grès kupérien supérieur forme la liaison entre le terrain jurassique et le terrain vosgien ; il alterne vers le haut avec les dernières couches du lias, et renferme souvent des coquilles de cette formation : *le gryphæa arcuata*, par exemple ; preuve qu'une révolution générale, qu'un grand cataclysme n'a pas séparé les époques vosgiennes et jurassiques, comme quelques géologues l'ont prétendu.

Dans plusieurs contrées de la terre, et particulièrement sur les deux rives du Rhin (§ 92), le terrain vosgien forme une ceinture au pied des chaînes de montagnes, s'élève jusqu'à une assez grande hauteur sur les flancs et s'étend fort loin dans l'intérieur des plaines. Cette disposition annonce que ce terrain s'est déposé dans la mer qui baignait alors ces mêmes chaînes, dont les parties les plus élevées se trouvaient déjà au dessus des eaux. Le niveau de la mer s'abaissait certainement à mesure que les dépôts avaient lieu, car on remarque (1) que le grès rouge, l'étage le plus élevé sur les flancs, s'étend à une certaine distance en formant des collines et même des montagnes ; le grès bigarré, qui laisse à découvert une grande partie du grès rouge, occupe un niveau moins élevé, et en s'appuyant sur lui forme une bande qui s'étend vers les plaines ; celle-ci n'est qu'en partie recouverte par le muschelkalk, dont l'élévation générale au dessus de la mer est moindre que la sienne ; enfin les marnes irisées, qui partent de la limite supé-

(1) Voyez ma carte géologique des Vosges. Paris, Roret, 1834.

rieure du muschelkalk, s'étendent, en s'abaissant, fort loin dans les plaines, où elles s'enfoncent sous le terrain jurassique (Pl. XIII, fig. 2). Cette disposition est tout à fait semblable à celle des dépôts qui se forment dans le fond d'un lac dont le niveau de l'eau s'abaisse continuellement, soit par l'écoulement, soit par l'évaporation du liquide. On conçoit bien, dans ce cas, que, parmi les bandes concentriques de dépôts qui se montrent au jour, ce sont les inférieures qui occupent le niveau le plus élevé ; cette disposition s'est maintenue dans les soulèvemens, en sorte qu'en gravissant une montagne flanquée de semblables dépôts on les voit se succéder par ordre d'ancienneté (Pl. XIV, fig. 2).

Les personnes qui n'ont pas l'habitude des observations géologiques et qui s'imaginent que les différentes parties d'un terrain se sont toujours disposées les unes au dessus des autres, suivant la verticale, se trouvent souvent fort embarrassées dans ce cas : elles croient voir les étages inférieurs sur les supérieurs ; mais quelques instans de réflexion suffiront pour détruire cette illusion.

On voit, d'après tout ce qui précède, qu'immédiatement avant le commencement de la période vosgienne, les principales masses de montagnes que nous observons maintenant à la surface du globe étaient déjà formées et s'élevaient en partie au dessus des eaux. Sur ces parties croissaient des végétaux : *equisetum*, *fougères*, *conifères* (Voltzia) et *liliacées* (Pl. XV), dont les espèces diffèrent sensiblement de celles des groupes de la cinquième époque, auxquelles elles se rattachent cependant par les calamites et les fougères. Les plantes marines étaient nulles ou extrêmement rares, ce qui se conçoit parfaitement d'après le grand mouvement que nous avons dit devoir exister dans les eaux chargées de fragmens pierreux ; c'est à la même cause que nous avons attribué l'absence des animaux marins ; ceux-ci ont cependant commencé à se montrer dans le grès bigarré dès que le mouvement a été ralenti et qu'il ne restait plus dans la dissolution que des parties ténues. Ils

vivaient en grand nombre sur les points où la tranquillité existait, sur ceux où se déposait le muschelkalk. Ces animaux étaient
semblables à ceux de la mer actuelle : *zoophytes*, *annélides*, *coquilles*, *poissons*, *crustacés* et *reptiles* ; mais aucun indice n'annonce encore la présence d'animaux terrestres (1), ou purement
à respiration aérienne, ce qui semble prouver que la nature du
fluide qui constituait alors l'atmosphère ne permettait pas encore à ces animaux de se développer, car il n'est pas probable
que s'il en existait déjà, même en petit nombre, les eaux sauvages n'eussent pas entraîné quelques uns de leurs débris dans
la mer.

Nous avons dit que c'était à l'éruption des masses porphyriques et trappéennes que devaient être attribuées les commotions qui ont jeté dans la mer la plus grande partie des matériaux du terrain vosgien. L'éruption de ces roches paraît
avoir cessé immédiatement après, surtout celle des porphyres
dont on n'a point encore cité de véritables masses transversales dans aucune partie du terrain vosgien (§ 91).

Quant aux roches trappéennes, plus nouvelles que les porphyres, elles pourraient bien y avoir pénétré sur quelques
points : les amygdaloïdes d'Exter, en Angleterre, par exemple ;
mais il est plus probable qu'elles appartiennent à la série des
trachytes et des basaltes. Dans tous les cas, il n'est pas moins
vrai que ces diverses roches, très abondantes jusque dans les
parties supérieures du terrain houiller, sont extrêmement
rares, si même elles existent, dans le terrain vosgien.

Terrain jurassique.

(§ 128.) Dès la fin de la période vosgienne, le repos était
déjà assez bien établi dans la masse des mers, pour permettre
aux précipités salins de se former tranquillement, et le déve-

---

(1) Les traces de pas d'animaux que l'on trouve dans plusieurs parties
de l'Europe, sur certains strates de grès bigarré (§ 91), ne nous paraissent
pas démontrer clairement l'existence d'animaux terrestres à cette époque.

loppement des animaux, qui paraissent avoir été obligés de se réfugier dans quelques localités pendant la durée de la catastrophe précédente. Il est clair que les dépôts vosgiens ayant encore élevé le fond des mers, la quantité des terres émergées a dû en être sensiblement augmentée, et de grandes îles, comme celles que nous présenteraient les masses des Vosges et de la Forêt-Noire, si la mer venait à leur pied couvrir tout le terrain jurassique, devaient se montrer au dessus des eaux, sur toute la surface du globe ; ces îles comprenaient entre elles de grands espaces de mer, des espèces de bassins ou de longs canaux parsemés eux-mêmes d'îles plus petites, dans l'intérieur desquels vivaient une grande quantité d'animaux et de végétaux marins, et où venaient sourdre des eaux minérales, et celles qui coulaient alors sur la surface de la terre, apporter le détritus des roches pour former des couches d'attérissement au milieu des couches salines. En Europe (1), les espaces compris entre les Alpes et les montagnes de Bourgogne, entre les Vosges et la Forêt-Noire, entre la Forêt-Noire et le Bohmerwaldgebirge, etc., etc., sont d'anciens bassins occupés par les mers jurassiques. Ces bassins communiquaient probablement les uns avec les autres ; mais, d'après les aspérités que présentait déjà la surface du globe, ils étaient inégalement profonds : la profondeur devait même sensiblement varier dans les différentes parties d'un même bassin ; et, d'après ce que nous observons maintenant sur les rives de la mer, dont la profondeur de l'eau est proportionnelle à l'élévation de la côte (§ 32), il est probable que la profondeur des mers jurassiques devait être la plus considérable au pied des montagnes les plus élevées : par exemple, le long des Alpes, qui atteignent jusqu'à 4,000 mètres d'élévation absolue, cette profondeur devait être beaucoup plus grande que le long des montagnes de Bourgogne, dont la hauteur ne dépasse pas 700 mètres. Ces considérations, qui peuvent s'appliquer aux mers de toutes les autres

(1) Voyez la carte géognostique, par M. Boué.

époques géologiques, nous serviront à expliquer pourquoi des groupes tout entiers et des portions de groupes manquent dans des parties d'un même bassin, tandis qu'ils ont pris un grand développement dans d'autres, souvent même très rapprochées des premières.

Lias. L'étage inférieur du terrain jurassique est souvent si intimement lié à l'étage supérieur du terrain vosgien que, parmi les géologues, les uns classent le grès kupérien supérieur dans le premier et les autres dans le second. Nous avons dit que ce grès avait tous les caractères d'un dépôt formé par des sources siliceuses. Ces sources ont dû continuer d'agir quelque temps simultanément avec les sources calcaires qui ont formé le premier étage du lias; car les calcaires de cet étage sont presque toujours siliceux et renferment aussi beaucoup de rognons de silex corné (§ 85); mais la prédominance du calcaire sur le silex prouve que l'action des sources chargées de carbonate de chaux était beaucoup plus intense que celle des sources chargées de silice; les débris de zoophytes et de testacés marins dissous par les acides fournissaient aussi une certaine quantité de calcaire qui s'ajoutait à celui des sources, pour former des strates dans lesquels se trouvent encore conservés les débris de ces mêmes animaux, qui ne se sont pas trouvés exposés à l'action des courans acides, ou assez longtemps, du moins, pour être dissous.

Je ne sache pas que l'on ait encore cité de bancs de calcaire à polypiers dans le lias. Les fossiles de cette classe y sont très rares, ce qui prouve que les zoophytes étaient peu nombreux dans les mers d'alors.

Parmi les sources minérales du lias, quelques unes étaient certainement ferrugineuses et sulfureuses; car on trouve, dans toutes ses parties, du fer pyriteux, du fer oxidé et même du fer carbonaté, qui sont très abondans dans certaines localités.

Les minces couches de marne schisteuse, qui alternent avec les calcaires dès le commencement du groupe, annoncent que les eaux affluentes amenaient, dès l'origine, un limon dans la mer, qui provenait vraisemblablement de leur action sur les parties marneuses du terrain vosgien ; et les roches feldspathiques décomposées des terrains plus anciens.

Dans la seconde période de la formation, les matières, apportées par les eaux affluentes, l'emportaient de beaucoup sur celles fournies par les sources minérales ; car le second étage du groupe est presque toujours une puissante assise de marnes schisteuses, au milieu desquelles le calcaire ne se montre plus qu'en strates subordonnés. D'après la théorie de M. Mathieu de Dombasle, on pourrait dire qu'à cette époque il y eut une longue continuité de pluies sur la terre, dont il serait possible d'apprécier l'intensité des différentes périodes, en comparant entre elles l'épaisseur des couches de marne.

Le lias renferme quelquefois des amas charbonneux qui proviennent de l'accumulation des végétaux sur certains points, comme tous ceux dont nous avons déjà eu occasion de parler.

Le groupe du lias est extrêmement important par la grande quantité de restes organiques parfaitement conservés qu'il renferme, et dont l'étude a déjà conduit à de si curieuses découvertes (§ 85). Cette immense quantité de gryphées arquées, qui le caractérise si bien et en fait un excellent horizon géognostique, est un fait paléontologique des plus curieux ; des strates entiers en sont formés, et on voit à peine entre ces coquilles un peu de ciment calcaire servant à les réunir ; leur disposition par places dans un même bassin annonce qu'elles vivaient, comme aujourd'hui les huîtres et les moules, réunies en grand nombre sur certains points du littoral des mers, tandis que d'autres en étaient entièrement dépourvus. En Bourgogne, dans les Ardennes et probablement encore dans plusieurs autres contrées, ces coquilles présentent un fait curieux, c'est le passage par gradations insensibles de l'espèce *gryphæa arcuata* à l'espèce *gryphæa cymbium*, qui sont cependant bien différentes l'une de l'autre, et se trouvent toutes les deux dans la formation du lias : encore un fait en faveur de l'opinion qu'il n'existe pas plus de solution de continuité tranchée dans le règne organique que dans le règne inorganique.

Les gryphées sont accompagnées de plusieurs autres coquilles littorales qui pouvaient naturellement vivre avec elles ; mais on trouve en même temps au milieu d'elles des ammonites et des nautiles, dont les unes nous paraissent avoir disparu de la surface du globe et les autres n'habitent plus maintenant que les mers profondes. A cette époque, la température, plus élevée qu'aujourd'hui, pouvait permettre aux animaux habitant ces coquilles de vivre sur les littoraux, à une petite profondeur avec les huîtres et les gryphées.

Les bélemnites, ces corps singuliers que quelques zoologistes regardent comme des os intérieurs d'animaux semblables aux sæpias, se montreraient pour la première fois dans le lias ; si toutefois les calcaires des Alpes doivent être rangés dans ce groupe, ils sont peu nombreux dans l'étage inférieur, ils augmentent considérablement dans l'étage supérieur (calcaire à bélemnites) et le caractérisent presque partout.

M. Deshayes (Bulletin de la Société géologique de France, tome VII, page 61) pense que les bélemnites se tiennent, d'un côté, avec les sèches par l'intermédiaire du genre béloptère, qui n'est encore connu qu'à l'état fossile et offre la curieuse combinaison de la bélemnite et de la sèche, et de l'autre avec les orthocères appartenant à la grande famille des nautiles. C'est par les cloisons transverses qui remplissent la cavité intérieure de la plupart des espèces, que les bélemnites se lient aux orthocères. L'examen d'un grand nombre de jeunes et vieilles coquilles d'une même espèce le porte à avancer que, si dans les jeunes bélemnites on ne voit ni cavités ni cloisons, on peut en conclure que ces parties n'existaient pas pendant la vie de l'animal ; il est probable que la partie solide se prolongeait intérieurement par un entonnoir cartilagineux dans lequel était le cône cloisonné ; il est probable qu'il existait à tous les âges dans l'*actinocamax* et autres espèces analogues, et enfin que, dans toutes les espèces à cavité intérieure, les bords solides étaient continués, comme dans les sèches, par une partie cornée plus ou moins étendue. La partie moyenne et dorsale prolongée plus ou moins selon les espèces, quelquefois spatuliforme, avait de l'analogie avec la plume des calmars. Dans quelques espèces, le prolongement dorsal est calcaire et a pu être conservé par la fossilisation ; c'est le cas d'une bélemnite signalée par M. Agassiz, c'est aussi celui du loligo prétendu de M. Zieten. De l'ensemble de ces considérations, M. Deshayes conclut que la coquille des bélemnites participant à la fois du caractère des sèches et des orthocères, l'animal devait offrir la singulière combinaison des organes propres à chacune des familles auxquelles ces deux genres se rapportent.

Des restes organiques d'un ordre bien supérieur à ceux dont nous venons de parler (des sauriens) se montrent en abondance dans plusieurs localités, où ils paraissent avoir vécu, soit en pleine mer, soit à l'embouchure de grands fleuves. Nous avons rapporté (§ 85) les belles découvertes auxquelles l'étude des débris de ces monstres de l'ancien monde et de leurs excrémens pétrifiés et gisant même encore au milieu de squelettes parfaitement conservés avait conduit M. Buckland. Ces animaux vivaient particulièrement aux premiers temps de la formation du lias sur des fonds fangeux, comme dans le Glowcestershire, où l'on trouve un lit de plusieurs milles d'étendue, épais de quelques pouces seulement, rempli de coprolites et de débris de sauriens. Ils se nourrissaient de poissons, de céphalopodes et se mangeaient même entre eux ; les grands dévoraient les petits, ce qui est prouvé par des fragmens d'individus, non encore adultes, trouvés dans beaucoup de coprolites.

Ces singuliers animaux étaient des *ichthyosaures* pourvus de quatre nageoires en forme de main, avec des mâchoires très alongées garnies de dents. Ils avaient jusqu'à six mètres de longueur, depuis l'extrémité du museau jusqu'à celle de la queue.

Des *plésiosaures*, genre différant particulièrement du premier par un cou très alongé, à l'extrémité duquel se trouvait une tête beaucoup plus petite, comparativement aux dimensions du corps, mais dont les mâchoires étaient également armées de dents pointues. Le long cou de ceux-ci paraissait destiné à leur permettre de chercher leur nourriture dans l'air au dessus de l'eau dans laquelle ils nageaient. Ils faisaient particulièrement la guerre aux *ptérodactyles*, reptiles volans offrant quelque analogie avec nos chauves-souris, qui poursuivaient les insectes au dessus de la surface des mers, et dont on trouve les débris dans les couches du lias, avec ceux des plésiosaures et des ichthyosaures. Un fait remarquable, dit M. de la Bêche (1) et qui semble établir une sorte de connexion entre les insectes et les ptérodactyles, c'est que *Solenhofen*, où l'on a trouvé le plus abondamment des restes de ces derniers animaux, est aussi le lieu où l'on a découvert le plus grand nombre d'insectes fossiles connus jusqu'ici dans le groupe oolitique; il en existe aussi à Stonesfield, où l'on a également découvert des restes d'insectes.

Les ptérodactyles devaient être des animaux terrestres, habitant sur les îles, qu'ils quittaient pour voltiger au dessus de la mer, en poursuivant leur proie. Il existait donc alors des êtres à respiration aérienne; mais point, ou du moins très peu, de quadrupèdes marchant sur la terre; car on n'en a point encore cité de débris fossiles, jusqu'au lias, dans aucune des contrées explorées jusqu'à présent.

Les eaux douces nourrissaient quelques mollusques; car on cite des *unios* parmi les fossiles de ce groupe; mais ils sont extrêmement rares.

Les végétaux fossiles du lias ne diffèrent pas sensiblement de ceux du keuper : ce sont des conifères et *des cicadées*, plantes tenant le milieu entre les conifères et les dicotylédones, et qui sont caractéristiques du terrain jurassique. Les plantes marines manquent ou sont du moins extrêmement rares, ce qui doit être d'après la destruction que ces plantes ont éprouvée dans le bouleversement qui a donné naissance au terrain vosgien.

(1) Traduction française, page 466.

Tout ce que nous venons de dire suppose que le dépôt du lias s'est opéré tranquillement sur quelques points. A *Lyme-Régis*, par exemple, il paraît avoir été le résultat d'une action violente, du moins, dans ses parties inférieures : le fait d'un si grand nombre de squelettes provenant de jeunes animaux, dit le docteur Buckland (1), prouve qu'ils ne sont pas morts de maladies ou de vieillesse ; et l'état dans lequel se trouvent ces squelettes jeunes et vieux montre qu'ils ont péri soudainement, et qu'ils ont été recouverts immédiatement après leur mort ; autrement, ils auraient été dispersés comme les os de la brèche de Westburg et d'Aust : en outre, il ne me paraît pas improbable que la cause de la mort de tant d'animaux de tous les âges et de toutes les conditions ne soit le torrent boueux qui est devenu, plus tard, du lias et du schiste-lias.

L'état de conservation, généralement parfait, des poissons peut encore être regardé comme une preuve de leur destruction soudaine et de leur ensevelissement immédiat ; car, s'ils n'avaient point été promptement enveloppés dans les sédimens du lias naissant, ils auraient été dévorés par les ichthyosaures, par d'autres poissons ou par de plus petits animaux, et les os et les écailles seraient dispersés ou enveloppés dans les sauro-coprolites. Une preuve du même genre, et plus forte encore, se tire de la fréquente et de l'entière conservation des sacs d'encre fossile, qui se trouvent en contact avec les parties de loligo et autres céphalopodes : si ces animaux n'avaient pas été ensevelis aussitôt après la mort, la décomposition de leur corps aurait séparé pour toujours les parties que nous trouvons encore en contact ; de plus, les poches d'encre auraient bientôt été détruites, et la matière qu'elles renferment dispersée. L'ensevelissement spontané des animaux, dans le lias de Lyme-Régis, est encore mieux prouvé par un poisson fossile, de la collection de Miss Philpates, lequel conserve une boule fécale dans son corps ; cet individu a été enfoui dans la

<hr>

(1) Mémoire sur la découverte des coprolites dans le lias.

bouc avant que les parties molles de son abdomen aient éprouvé aucun déplacement ou diminution.

Grande oolite. Dans la chaîne du Jura, et quelques autres contrées, la liaison entre le lias et la grande oolite se fait par des marnes et macignos verdâtres, passant à la glauconie; cette partie est nommée, par M. Thurmann, *grès superliasique* (§ 84). Ces roches arénacées annoncent que, vers la fin de la formation du lias, des perturbations légères ont eu lieu dans les mers jurassiques; ces perturbations ont dû être terminées par l'éruption d'une grande quantité d'eaux ferrugineuses, ce qui est annoncé par les couches de fer oolitique, séparées, par de minces lits de marne ou de sable qui recouvrent les glauconies. Après ces éruptions ferrugineuses, les sources, chargées de carbonate de chaux, ont repris toute leur énergie; car une puissante masse calcaire, plus ou moins oolitique, recouvre partout l'oolite ferrugineuse.

La structure en petits grains arrondis, dont le centre est occupé par un petit fragment de coraux, d'encrines, de coquilles, ou même un grain de sable, annonce, dans les sources minérales, des mouvemens semblables à ceux qu'on observe encore maintenant dans celles de Tivoli et de Carlsbad (§ 60). On peut croire que ces petits corps, lancés au milieu des eaux calcarifères, ont déterminé autour d'eux la précipitation du carbonate de chaux, qui s'y est opérée par couches concentriques qui sont encore souvent visibles. Tous ces globules ont été ensuite agglutinés par le suc calcaire et se sont disposés en strates, dont chacun représente une période non interrompue du dépôt. Ces strates sont rarement séparés par de minces lits de sable ou d'argile, ce qui prouve que les eaux affluentes étaient peu nombreuses ou amenaient alors peu de détritus dans la dissolution. Tous les strates de la grande masse calcaire dont nous parlons ne sont pas également oolitiques; il y en a même à texture compacte, et on observe un grand nombre de variations entre ces deux états. Ces variations ont souvent lieu dans le même strate; ceci porte à croire que l'in-

avent lieu dans le même strate ; ceci porte à croire que l'intensité du mouvement n'était pas la même, non seulement dans chaque paroxisme de précipitation, mais encore dans la durée du même paroxisme. Des parties colorées en rouge par l'oxide de fer, et même des portions complètement ferrugineuses dans l'intérieur des strates calcaires, prouvent que l'action des sources ferrugineuses continuait encore avec une certaine intensité, ou du moins que les eaux chargées de carbonate de chaux contenaient en même temps de l'oxide de fer, dont la quantité devait nécessairement varier avec les localités.

La grande oolite est souvent séparée des calcaires fissiles qui occupent la partie supérieure du groupe, par une puissante assise marneuse (argile de Bradford), quelquefois sableuse ; cette assise est bien évidemment le résultat d'attérissemens formés par les eaux affluentes. Les strates calcaires qui alternent avec la marne, prouvent que l'action des sources minérales continuait. La structure oolitique a entièrement disparu de cette masse, et elle ne se montre plus que par places dans le reste du groupe.

Les calcaires fissiles, supérieurs à l'argile de Bradford, sont souvent siliceux, surtout dans les strates inférieurs ; ils alternent même avec des couches marno-sableuses, ce qui ferait penser que la silice a plutôt été apportée par les affluens terrestres que par les sources minérales ; cependant celles-ci ont bien pu en fournir encore une certaine quantité. Vers le haut, les calcaires deviennent marneux et schistoïdes ; on voit une des couches de marne alterner avec les strates calcaires : les attérissemens ont donc continué à se produire, mais souvent de manière à se mélanger seulement avec les produits des sources minérales, parce que les eaux qui les amenaient n'étaient pas assez abondantes pour en suspendre l'action en diminuant le degré de saturation de la dissolution. Ces attérissemens sont ensuite allés en augmentant pour former le groupe oxfordien dont nous parlerons bientôt.

La grande oolite contient une immense quantité de dé...
d'animaux marins ; on y remarque des bancs pétris de polyp...
qu'on ne trouve point dans la série, depuis le lias jusq...
calcaire carbonifère. Dans cet intervalle, cette classe d'anim...
n'avait cependant pas cessé d'exister dans les mers, puisqu...
en rencontre, à l'état fossile, dans toutes les assises calcaire...
terrain vosgien ainsi que dans le lias ; mais ils n'étaient...
réunis sur un même point en assez grand nombre pour c...
struire des murailles, des bancs de coraux semblables à ceux...
nous présente la grande oolite. Les mollusques testacés...
nombreux et semblables, pour les genres, à ceux de la mer...
tuelle. On y trouve aussi des poissons, des crustacés, des...
sectes (libellules), des sauriens, des reptiles volans et m...
des débris de mammifères terrestres, mais ceux-ci dans...
seule contrée.

Les mers d'alors ressemblaient donc beaucoup à celles d...
jourd'hui, et la nature de l'air atmosphérique permettait...
à des mammifères terrestres de pouvoir vivre : ils étaient...
rares, puisqu'on n'en a encore cité qu'à Stonesfield ; mais...
il y en avait. Ces débris, qui gisent dans l'étage supérieur,...
accompagnés de végétaux, de coquilles marines, d'insec...
d'amphibies et reptiles volans ; tous ces faits portent à cr...
que cette partie du dépôt s'est opérée dans le fond d'un lac...
d'une baie étroite. A l'exception des mammifères, les mê...
fossiles ont été retrouvés à peu près à la même hauteur à...
lenhofen, en Allemagne ; on découvrira probablement en...
de pareils assemblages dans plusieurs autres localités.

Les coquilles lacustres manquent ou sont rares dan...
grande oolite ; il en existe peut-être davantage dans le li...
ceci prouve que ces animaux n'étaient pas encore très c...
muns dans les eaux douces, en supposant qu'il y eût alors...
eaux douces identiques avec celles d'aujourd'hui.

La grande oolite renferme souvent de nombreux dé...
végétaux sur lesquels nous reviendrons à la fin de cet artic...
parce qu'ils sont à peu près les mêmes dans toute la portion...

rain jurassique, située au dessus du lias. Dans plusieurs localités, en Écosse, en Angleterre et en France dans l'A-
veyron, ces végétaux se sont accumulés dans les parties inférieures de la formation, et constituent des couches de houille,
accompagnées d'empreintes végétales et de psammites semblables à ceux du terrain carbonifère. M. Brongniart pense
que ces houilles proviennent de la décomposition des cycadées,
qui sont communes dans le terrain jurassique; il les a nommées *stipites* (§ 84).

Groupe oxfordien. Nous venons de voir les attérissemens
augmenter sensiblement au dessus de la grande masse oolitique
et mêler leurs produits à ceux des sources minérales; ce phénomène, se continuant, a produit la masse oxfordienne calca-
réo-marneuse. Les parties inférieures, composées de strates de
calcaires marneux, séparés par de minces lits de marne, prou-
vant que les attérissemens et les dépôts des sources avaient
eu ensemble. Mais, dans le haut, les attérissemens ont dû
beaucoup dominer; car c'est une masse marneuse dans laquelle
on ne remarque plus que quelques minces lits calcaires.
Les calcaires de ce groupe présentent quelquefois la structure
oolitique : les causes qui produisaient ce phénomène n'avaient
donc pas entièrement cessé d'agir. Les nodules calcaires,
nommés *septariæ* par les Anglais (§ 83), qui gisent au milieu
des marnes, proviennent de petits dépôts calcaires opérés sur certains points, par le groupement de la matière autour d'un ou de
plusieurs centres. La cavité intérieure de ces nodules et les fentes de leur surface proviennent vraisemblablement du retrait
qui a eu lieu dans la masse, par le dessèchement; du spath calcaire est souvent venu s'infiltrer dans ses fentes, les remplir
et tapisser de cristaux la cavité intérieure.
Les amas gypseux-stratiformes, que présente quelquefois le
groupe oxfordien, portent tous les caractères d'un dépôt nep-
tunien, et on peut leur appliquer la théorie de M. de Dombasle :
ils sont composés de strates irréguliers, séparés les uns des autres par de minces lits marneux, et chaque strate se termine

dans la marne, en s'amincissant et jetant une infinité de pe
veines stratiformes, tellement mélangées avec la marne, q
est obligé d'admettre que les deux substances se sont dépo
en même temps. Jusqu'à présent, on n'a point encore cit
sel gemme dans cette formation : la dissolution n'était
point encore saturée de muriate de soude lors de la pré
tation du calcaire et du gypse.

Les concrétions siliceuses et ferrugineuses (*sphérit*
chailles), placées entre les groupes oxfordien et corallien (
et 83), annoncent la présence de la silice et de l'oxide de
dans les sources minérales. Les eaux ferrugineuses ont
produit quelquefois des oolites, car il existe des amas d
oolitique dans cette formation (§ 83). On voit donc que
agens qui ont donné naissance au groupe oxfordien étai
peu près les mêmes que ceux qui ont produit le groupe
tique ; seulement leur action a été très modifiée par d'a
dans sédimens, que les eaux affluentes ont charriés au m
de la dissolution ; sédimens qui peuvent représenter une lor
période pluvieuse, ayant dû commencer dans les derniers te
de la formation de la grande oolite, et pendant laquelle
pluies ont été plus abondantes à la fin qu'au commencem
Dans les contrées où manque le groupe marneux, la gr
oolite et l'oolite corallienne sont tellement liées entre el
qu'il n'est pas possible de dire où l'une commence et où l'a
finit, ce qui prouve la continuation des mêmes phénomè

Les produits des zoophytes ne sont pas nombreux parm
fossiles du groupe oxfordien, et cela doit être ainsi que
toutes les assises marneuses ; car les vases font périr ces
maux lorsqu'elles viennent à envahir les fonds sur lesq
ils travaillent (§ 50). On ne doit donc pas être étonné d
point y rencontrer de bancs de polypiers, si communs
les groupes inférieur et supérieur. Des coquilles de mê
genres que celles de tout le terrain jurassique sont n
breuses dans certaines localités ; on remarque parmi elle
larges gryphées (*G. gigantea* et *dilatata*) qui paraissent

r vécu qu'à cette époque : ces coquilles devaient se plaire les eaux bourbeuses. Les reptiles y ont aussi laissé des ris, mais en bien moins grande quantité que dans le lias, t la nature minéralogique des roches ne diffère cependant essentiellement de celle du groupe oxfordien. Un fait très arquable, c'est que ce groupe, dans lequel dominent les aches d'attèrissement, ne renferme presque point de débris végétaux. Cependant la végétation terrestre devait être s très abondante. Se déposait-il donc dans des mers pro- des à la surface desquelles restaient les végétaux qu'y en- naient les eaux terrestres? cela me paraît probable; il pou- ren être de même des quadrupèdes dont on n'a encore cité une trace.

roupe corallien. Nous avons dit précédemment que, sur points où les attérissemens n'avaient pas eu lieu, les causes ductrices des roches oolitiques avaient continué leur ac- , sans interruptions sensibles; dans les autres parties, sitôt que les attérissemens ont eu cessé, cette même action pris toute son intensité. Dans les premiers temps, les sour- minérales ont lancé une grande quantité d'oxide de fer et silice; car les parties inférieures du groupe corallien pré- ent des oxydes de fer, des sables ferrugineux, et des cal- es siliceux (§ 82). Dès lors, les zoophytes se sont montrés nouveau en grande quantité dans la mer; car ici gisent, s presque toutes les contrées du globe, des bancs puissans alcaire madréporique, dont les genres de polypiers ne dif- ent pas essentiellement de ceux de la grande masse oolitique. calcaires oolitiques ont commencé à se reproduire au dessus bancs de polypiers qu'ils ont recouverts, et dont beaucoup débris se trouvent maintenant dans leur intérieur. Les cal- es offrent les mêmes variations de nuance et de structure ceux de la grande oolite; ce qui confirme encore l'analogie nous avons dit exister entre les causes productrices des et des autres.

la partie supérieure du coralrag est formée par des calcaires

compactes qui se lient aux calcaires oolitiques par des passa[ges]
insensibles. Le mouvement, dans les eaux minérales, qui
terminait la structure oolitique, paraît donc avoir cessé gr[a-]
duellement; et une lumachelle, qui forme souvent le passa[ge]
entre les calcaires compacte et oolitique, annonce que, dès
premiers temps du repos, des amas de coquilles s'étaient f[or-]
més sur certaines parties du fond de la mer.

Les polypiers, d'abord si abondans dès l'origine du d[épôt]
corallien, ont toujours été en diminuant : le calcaire oolitiq[ue]
en présente encore beaucoup de disséminés, sans qu'ils f[or-]
ment nulle part des bancs réguliers; ils sont rares et me[me]
souvent nuls dans le calcaire compacte.

Les Nérinées (§ 82) étaient alors les coquilles dominant[es];
elles se trouvent mélangées avec des coquilles littorales (h[uî-]
tres, mytilus, etc.), ce qui, joint à la présence des bancs de [po-]
lypiers, annonce que le dépôt s'est opéré sur des rivages [et]
dans des mers peu profondes. Je ferai remarquer ici que, d['a-]
près ce que nous savons de la profondeur à laquelle les z[oo-]
phytes élèvent des murailles dans les mers actuelles (§ 5[0),]
on peut dire, pour toutes les formations géologiques, que [les]
bancs de calcaire à polypiers annoncent des mers peu p[ro-]
fondes et dont l'eau devait conserver une température as[sez]
élevée (1).

On ne rencontre que rarement des couches d'attérissem[ent]
au milieu du groupe corallien; aussi les végétaux y sont
extrêmement rares. Ce dépôt pourrait avoir eu lieu pen[dant]

____

(1) D'après des observations récentes rapportées par M. de la Bêche, d[ans]
ses *Recherches sur la théorie géologique*, la plupart des couches conten[ant]
des coquilles ont dû se déposer à une petite profondeur au dessous [de la]
surface des mers dans tous les temps. Il résulte de ces observations qu[e le]
plus grand nombre des coquilles vivent à une profondeur moindre [de]
20 fathoms (36 mètres), et que les térébratules, qui sont celles trouvé[es à]
la plus grande profondeur, ne dépassent pas 90 fathoms (164 mètres);
nucules vont jusqu'à 60 f., les vénus et vénéricardes jusqu'à 50 f., les [tro-]
chus jusqu'à 45 f., les tritons jusqu'à 30 f., les murex jusqu'à 25 f. se[ule-]
ment, etc.

période de sécheresse ; car l'étendue des terres émergées
ont augmenté, les eaux affluentes devaient avoir suivi la
même progression. La présence de coquilles fluviatiles (*unio*,
), dans la formation, prouve qu'il existait à cette époque
des eaux douces peu différentes de celles d'aujourd'hui.
Depuis le lias, en s'élevant dans le terrain jurassique, on
voit diminuer la quantité de bélemnites ; ces fossiles sont extrêmement rares dans le coralrag, et encore plus dans le
groupe marneux supérieur. On n'y trouve du genre gryphée
qu'une petite espèce (*G. Virgula*) qui ne se montre que vers
le haut, où des calcaires marneux lient le groupe corallien à
celui de l'argile de Kimmeridge. Les restes de reptiles appartiennent à des ichthyosaures et à des crocodiles seulement.
A cette époque, les ptérodactyles semblent avoir entièrement
disparu de la surface du globe, car on n'en trouve plus à l'état
fossile, ni à l'état vivant, jusqu'à l'époque actuelle.

Calcaires et marnes à gryphées-virgules. Dans les parties supérieures de la formation précédente, les calcaires deviennent
marneux et les strates sont bientôt séparés par de minces couches de marne, qui annoncent le renouvellement des attérissemens, ou si l'on veut, le commencement d'une saison pluvieuse.
Comme dans tous les autres groupes marneux dont nous avons
parlé jusqu'à présent, les attérissemens ont été en augmentant, ce qui est annoncé par la prédominance des couches
marneuses sur les calcaires ; ceux-ci ne se montrent bientôt
plus qu'en strates subordonnés, et ordinairement la puissance de la masse marneuse qui forme le second étage se trouve
être les deux tiers de celle du groupe. Des couches de sable, de
poignier, et même de grès siliceux annoncent la présence
de la silice dans les eaux minérales et dans le détritus des
roches amené par les eaux affluentes. Le calcaire s'est quelquefois groupé en nodules, au milieu de la marne ; il est souvent ferrugineux, ce sont même quelquefois des nodules de
fer carbonaté lithoïde semblable à celui des houillères. On
trouve aussi beaucoup de veines de fer pyriteux et de sélé-

nite, même de petites couches de gypse. Ainsi la nature
eaux minérales n'avait donc pas sensiblement varié, seu
ment la précipitation avait encore ici beaucoup diminu
même été entièrement interrompue par l'arrivée des eaux
fluentes.

Dans quelques localités, ces eaux ont accumulé au des
des marnes des masses de sable plus ou moins ferrugineu
offrant des parties verdâtres au milieu desquelles de gros
dules de calcaire siliceux témoignent la fin des sédimens,
le renouvellement de la précipitation chimique. Le calcaire
présente bientôt après, en strates irréguliers et pétris d'u
grande quantité de *pernes*, de *trigonies* et de *gryphées-virgul*
Cette roche offre encore souvent la structure oolitique, q
l'on peut regarder comme caractéristique de la plupart
calcaires jurassiques.

Encore ici rareté de zoophytes et abondance de gryphé
ce qui me semble prouver clairement que les uns fuyai
les eaux fangeuses, tandis que les autres les recherchaie
Depuis le lias jusqu'ici les gryphées ne se montrent q
dans les groupes marneux ; lias, argile d'Oxford, argile
Kimmeridge ; et les polypiers, dans les groupes composé
calcaire à peu près pur ; nous verrons encore le même fait
reproduire jusque dans les dépôts les plus récens.

Les gryphées-virgules sont aussi nombreuses dans le grou
dont nous parlons que les gryphées arquées dans le li
elles le caractérisent dans presque toutes les contrées
l'Europe.

Les ammonites sont encore très communes, elles le so
également dans les autres groupes marneux ; mais les bélé
nites sont rares, ce qui est le contraire dans les marnes sch
teuses du lias. Avec les débris de plésiosaures, d'ichthy
saures, de magalosaures, on trouve des os de monitor et
gavial, qui sont accompagnés de quelques *unio*.

En Angleterre, on a cité des os de cétacés marins d
l'argile de Kimmeridge ; c'est la plus grande profonde

atteignent jusqu'à présent les animaux de cette classe ; mais nulle part on n'y a encore découvert de mammifères terrestres, dont l'origine paraît être cependant plus ancienne. M. Robert a trouvé, dans les marnes à gryphées-virgules de Boulogne-sur-mer, un fragment d'os qu'il croit provenir d'une grande espèce d'oiseau.

Sans pouvoir suivre une chaîne continue dans l'organisation, on voit qu'elle s'est beaucoup compliquée depuis les grès vosgiens, où on n'a point encore cité de débris d'animaux terrestres.

Les tiges et les troncs de végétaux, probablement des *cycadées*, sont nombreux dans tout le groupe, ils forment quelquefois des couches de lignite exploitables. Les troncs sont souvent changés en calcaire, en silex et en fer pyriteux, des substances qui se sont trouvées dans les eaux minérales pendant toute la durée de la période jurassique. Nous dirons plus tard comment nous concevons que s'effectue la minéralisation des substances végétales et animales.

Bien que plusieurs groupes jurassiques soient presque entièrement dépourvus de végétaux, ceux qu'on trouve dans les autres n'offrent pas moins une grande analogie entre eux : ce sont des *algues*, des *equisetacées*, des *fougères* communes surtout dans la grande oolite ; quelques *lycopodiacées, des conifères, des liliacées* et beaucoup de *cycadées*, particulièrement le genre *zamia*, qui gît aussi bien dans le haut que dans le bas du terrain.

La rareté des monocotylédones et des dicotylédones est encore plus frappante dans le terrain jurassique que dans le terrain vosgien : la prédominance de la famille des cycadées est extrêmement remarquable. Cette famille est à peine aussi nombreuse maintenant sur tout le globe qu'elle l'était, à l'époque jurassique, dans la partie de l'Europe où l'on a recherché les fossiles végétaux de cette époque, dont elle forme la moitié de la végétation ; elle se trouve aujourd'hui limitée dans les régions tropicales et australes, et alors elle croissait dans l'Europe tempérée. Les fougères qui constituent, en

grande partie, l'autre moitié de cette flore sont spécifiqu
ment différentes de celles du terrain houiller, et même du g
bigarré.

En réfléchissant à tous les phénomènes que nous présen
l'organisation animale de la grande époque jurassique, no
reconnaîtrons d'abord que, dans toute cette période, les a
maux de la mer différant très peu ou pas du tout, quant a
genres, de ceux d'aujourd'hui, et ayant des habitudes à p
près semblables, cette mer devait déjà beaucoup ressembl
à la nôtre. Plusieurs faits annoncent qu'alors la températu
du globe était plus élevée que maintenant dans chaque co
trée, et comme les habitans des mers tropicales actuelles
diffèrent essentiellement de ceux des autres régions que da
les espèces, on comprend bien comment il pouvait se fai
que les mers jurassiques, quoique plus chaudes, ressembl
sent beaucoup aux nôtres. L'abondance des grandes *sauroïd*
que nous avons vues paraître sur la terre, dès les premiers tem
du développement des forces organiques, n'a rien qui doi
nous surprendre. La présence des reptiles volans, même d
mammifères terrestres, ne doit pas nous étonner davantag
car si les forces organiques avaient suivi la même progressi
croissante qu'au commencement de leur développement, pe
dant la durée de l'époque jurassique, elles auraient dû pr
duire des animaux encore plus parfaits que les *didelphes*, l
cétacés et les *oiseaux*. Le nombre des points explorés est e
core trop petit, eu égard aux dimensions du globe, pour q
nous puissions dire que ces animaux étaient alors extrêm
ment rares. En outre, plusieurs circonstances s'opposaient
leur conservation dans les couches pierreuses : les mamm
fères, encore peu nombreux, pouvaient habiter l'intérie
des continens et ne hanter que rarement les bords des eau
et quand ils venaient à être entraînés dedans, ils étaient bie
tôt dévorés par les monstres qui les habitaient. « On ne d
point s'étonner, dit M. de la Bèche (1), de ne trouver q

(1) Page 466.

peu de ptérodactyles fossiles ; car les circonstances favo-
bles à leur conservation ont dû être extrêmement rares,
me en supposant qu'ils aient été emportés jusqu'à la mer, en
rsuivant les insectes dont ils cherchaient à se nourrir ; il
allu un concours de circonstances heureuses pour empê-
er ces ptérodactyles et la proie qu'ils poursuivaient
être dévorés par les poissons et autres habitans des mers,
u milieu des dépouilles desquels on a découvert leurs
tes. »

Si des mammifères ont déjà pu vivre sur la terre pendant
la durée de l'époque jurassique, la nature de l'air atmosphé-
ne se rapprochait donc beaucoup de ce qu'elle est maintenant.

Au fur et à mesure que les dépôts jurassiques s'opéraient,
fond des mers devait s'élever, comme dans les époques pré-
sentes, et les espaces liquides, circonscrits entre des masses
émergées, diminuer sensiblement. Cet effet était encore beaucoup augmenté par le soulèvement continuel de l'écorce du
globe, dont les paroxismes, élevant de nouvelles masses sur
sieurs points, ajoutaient de nouvelles ramifications aux
chaînes de montagnes déjà existantes. Ces paroxismes devaient
être déterminés, comme dans les autres époques, par l'éruption de masses ignées, dont nous savons que l'on trouve plusieurs traces dans le terrain jurassique. La venue de la plus
grande partie de ces masses (basaltes, trachytes et porphyres
pyroxéniques) est bien postérieure à la période jurassique.
Ainsi la siénite hypersténique, qui pénètre dans le lias d'Écosse,
les dykes de trapps et de diorite porphyrique, qui traversent
la partie supérieure de la grande oolite dans l'île de Skye,
quelques granites pyroxéniques, etc., paraissent être contemporains de cette époque, et former le premier terme d'une seconde série de roches plutoniques, commençant probablement
au-dessous du groupe trappéen ; et dont les laves de nos volcans actuels formeraient le dernier.

En Écosse, le lias a été changé en calcaire saccharoïde ; mais à l'île de Skye l'oolite n'a éprouvé aucune altération (§ 87.

Quelques unes des dolomies jurassiques ont bien certain-
ment la même origine que les calcaires qui les renferme-
mais d'autres, comme celles des environs d'Eichstedt en Fra-
conie, qui se présentent en masses non stratifiées, saillant-
à la surface du sol ; celles qui renferment les brèches osseu-
d'Antibes et de Nice, celles des Apennins, des Pyrénées, etc.
dans le voisinage desquelles existent des roches plutonique-
paraissent bien être le résultat de l'influence de ces roches s-
les calcaires (§ 84).

M. Brongniart remarque que presque toutes les cavernes d-
sol jurassique sont creusées dans les dolomies. « Ce fait semb-
s'expliquer assez clairement, dit-il (1), par la présence des p-
tites et nombreuses cavités qu'on voit dans cette roche et q-
sont comme les indices de plus grandes cavités. Elles ont offe-
un premier passage aux eaux, qui n'ont pas eu de peine à e-
lever les parties d'une roche d'une désagrégation si facil-
Enfin on remarque également que les parties du calcaire j-
rassique, dans lesquelles sont ouvertes les fentes remplies p-
les brèches osseuses, appartiennent souvent à cette nature-
roche, c'est à dire à la dolomie. »

En exposant la théorie des soulèvemens, nous reviendro-
sur les diverses altérations du sol jurassique.

Dans l'énumération que nous avons donnée (§ 87) des d-
verses localités de la surface terrestre où l'on a observé le te-
rain jurassique, on a pu remarquer que ce terrain n'était p-
développé de la même manière dans toutes, et même que da-
un espace peu étendu on voyait disparaître des portions-
groupes et même des groupes entiers, sur un même rivag-
dans un même bassin. Cette inégalité de développement s'e-
plique très simplement par celle de la profondeur des eau-
naturelle ou produite par des perturbations plutoniques p-
dant la durée du dépôt, ce qui revient absolument au mêm-

(1) Tableaux des terrains, page 228.

En effet, la couche d'eau inférieure dans laquelle s'opère le premier dépôt se moule exactement sur le sol (Pl. xiv, fig. 3); les parties les plus élevées, recouvertes par les dépôts, étant portées au dessus de la surface de l'eau, aucun dépôt ne peut plus s'y former, tandis qu'ils continuent sur celles encore immergées. Celles-ci sortent de l'eau chacune à leur tour d'après leur ordre d'élévation, et on conçoit que ce n'est que dans les parties les plus profondes que doit se trouver la série complète des dépôts d'une même époque. Si la surface du globe n'avait point éprouvé de bouleversemens, la région, offrant la série complète des dépôts composant une même époque géologique, devrait être la plus basse de toutes celles où se présentent des dépôts de cette même époque. Mais comme il n'en est pas ainsi, et qu'au contraire la surface de la terre a éprouvé de violentes commotions, les dépôts ont été non seulement soulevés, mais encore très morcelés, en sorte qu'on ne trouve plus aujourd'hui que des lambeaux, d'une étendue variable, des uns et des autres.

L'intervalle compris entre la chaîne des Alpes et le versant oriental des montagnes de la Bourgogne est occupé, en partie, par le terrain jurassique, qui forme deux bandes élevées au pied de chacune de ces chaînes. Dans celle des Alpes, on trouve tous les termes de la série jurassique, même les étages inférieurs du terrain craïeux; celle de la Bourgogne est le plus souvent terminée par les calcaires compactes et schistoïdes de la grande oolite; ainsi il y manque ordinairement trois groupes : l'oxfordien, le corallien, et celui des gryphées-virgules, et on n'y rencontre aucune trace du terrain craïeux.

La hauteur absolue de la chaîne des Alpes est six fois plus considérable que celle de la plus haute montagne de la Bourgogne; l'axe géognostique de ces deux chaînes étant composé des mêmes roches, il est probable que ce rapport entre leur élévation, s'il n'a pas toujours été identiquement le même, n'ait néanmoins peu différer, ce qui pourrait être attribué à la plus grande intensité des forces intérieures dans la région

alpine que dans celle des montagnes de Bourgogne. Or, d'a[...]
le rapport que nous savons exister maintenant entre le ni[...]
du fond des mers et celui de terres contiguës (§ 34), il [...]
presque certain qu'au commencement de l'époque jurassi[...]
la profondeur de la mer au pied des Alpes était beaucoup [...]
grande qu'au pied de la chaîne de Bourgogne. Quand le[...]
pôts du lias et de la grande oolite ont été terminés au [...]
des Alpes, il restait au dessus d'eux une couche d'eau [...]
épaisse, tandis qu'à l'ouest du bassin, la surface supérieu[...]
la grande oolite était presque partout émergée, et qu'il ne [...]
vait plus se former de dépôts que dans les parties plus ba[...]
La puissance totale des trois groupes développés dans le J[...]
et qui ne se trouvent qu'accidentellement sur le versant ori[...]
de la chaîne de Bourgogne, est une limite inférieure [...]
différence de profondeur de la mer au pied des Alpes e[...]
pied des montagnes à l'ouest du bassin. Le raisonnement [...]
nous venons de faire peut s'appliquer à toutes les autres [...]
lités où un terrain quelconque se trouve compris entre [...]
sieurs masses de montagnes plus anciennes que lui.

Le lecteur aura sans doute remarqué, et c'est un poi[...]
lequel on ne saurait trop insister, que depuis que nous [...]
lons des dépôts neptuniens, nous avons admis qu'il ex[...]
des terres émergées dont l'étendue augmentait avec le te[...]
Ainsi il est évident que ces dépôts ne pouvaient point [...]
lopper le globe; ils ont même dû être d'autant moins éte[...]
qu'ils étaient plus modernes, et ne plus se former à la fi[...]
dans des localités très circonscrites, où les circonstan[...]
cales leur ont fait éprouver de grandes modifications. Il [...]
de là que tous les dépôts neptuniens doivent être dispos[...]
gradins sur la surface du globe, les plus anciens occup[...]
partie inférieure, et leur affleurement au dessus des aut[...]
plus grande hauteur absolue, comme le présente la fi[...]
pl. XIV. Nous avons déjà montré en géognosie (§ 41) qu[...]
toute la surface du globe, les caractères des dépôts so[...]
d'autant plus constans que ces dépôts sont plus anciens[...]

n'étaient pas recouverts, il est probable qu'on les trouve-
aussi plus étendus.

La formation du terrain jurassique a dû sensiblement di-
muer l'étendue des espaces déjà resserrés entre les chaînes
montagnes. La circonscription des diverses localités du ter-
n craïeux, qui a succédé immédiatement au terrain juras-
que, prouve que les continens d'aujourd'hui présentaient
ors un grand nombre de bassins presque fermés, et d'autres
mmuniquant avec la mer.

« A cette époque, dit M. Boué (1), la surface de la terre était
n de présenter l'aspect qu'elle avait lors de la formation
uillère ou même avant le dépôt jurassique. Les eaux de la
er s'étaient déjà considérablement abaissées ; la température
l'atmosphère avait diminué avec les causes de la grande
leur, les points les plus élevés des continens avaient déjà
obablement une température différente de celle des vallées,
par conséquent, dans une même contrée, cette seule cause
rait produire deux genres de végétation. »

Terrain craïeux.

(§ 129.) Nous venons de voir qu'à la fin de l'époque juras-
ue la portion de la surface de la terre, aujourd'hui émer-
, devait être divisée en un grand nombre de bassins, dont
uns étaient fermés et les autres s'ouvraient du côté de la
r ; c'est dans ces bassins que s'est déposé le terrain craïeux,
si que dans les golfes et les baies du littoral. Dans le même
ment, des portions de ce même terrain se déposaient cer-
nement sur le fond des hautes mers. L'étendue des terres
ouvertes, qui croissait continuellement, était alors devenue
ablement plus considérable qu'auparavant. Quelques oi-
ux et quadrupèdes terrestres vivaient déjà, des eaux douces
lant dans le fond des vallées étaient habitées par un grand

(1). Mémoires géologiques, etc., page 57.

nombre d'êtres organisés, qui étaient souvent entraînés [...]
les courans au milieu des dépôts marins. Sur quelques poi[nts]
il pouvait exister des lacs ou grands amas d'eau douce dan[s les]
quels sourdaient des sources minérales, qui y formaient [des]
dépôts analogues à ceux que nous voyons encore se produi[re]
aujourd'hui dans les mêmes circonstances.

Formation lacustre. C'est dans ces lacs qu'a dû se for[mer]
le groupe lacustre, séparant le terrain jurassique de celui [du]
grès vert, qui n'est développé que dans certaines localité[s...]

Les calcaires marneux, alternant avec des marnes sc[hist]
teuses, prouvent que les attérissemens venaient se mêler [aux]
produits des sources minérales, dont l'action n'avait pas [été]
partout interrompue vers la fin de la période jurassique. [Les]
paludines étaient les coquilles dominantes, car ce sont à [peu]
près les seules que renferme le calcaire de *Purbeck*. Un [fait]
observé en Angleterre (1) prouve qu'il s'est écoulé quelque[fois]
un intervalle assez considérable entre la fin de la période [ju]
rassique et le commencement de la période craïeuse; o[n a]
reconnu dans l'île de Portland et à Lulworthcave, aux [en]
virons de Weymouth, entre le calcaire de Portland et c[elui]
de Purbeck, un lit, *dert-bed*, d'un pied d'épaisseur seulem[ent,]
formé d'une argile noire avec débris végétaux et caill[oux]
calcaires, renfermant des fragmens de troncs d'arbres, d[ont]
les racines sont fixées et s'étendent dans l'argile noire; [ce]
n'est autre chose que l'ancienne terre végétale de la forêt [à la]
quelle ces arbres ont appartenu. Ces végétaux sont à l'é[tat]
siliceux ; ce sont des *zamia*. Leur grosseur annonce qu'il [a dû]
s'écouler un temps assez long entre le dépôt de la forma[tion]
marine et celle d'eau douce, que sépare le dert-bed. C[ette]
forêt paraît avoir occupé une grande étendue; car on [en]
trouve des traces dans plusieurs autres localités de l'A[ngle]
terre, et jusque de l'autre côté du détroit, dans le Boulon[nais.]
Les troncs sont perpendiculaires aux couches qui les ren[fer]
ment. Dans l'île de Portland, ces couches sont horizon[tales]

(1) Transactions de la Société géologique de Londres, tome IV, pag[e]

Mais à Lulworth Cave elles sont inclinées de 45°, ainsi que les bancs, ce qui annonce un soulèvement après la consolidation du calcaire de Purbeck. Ce fait répond victorieusement à toutes les objections que l'on a faites contre la conservation, dans les terrains stratifiés, de couches de terre végétale; il prouve en même temps que des terres émergées pendant une longue période ont pu être replongées sous les eaux et devenir la base de nouveaux dépôts; c'est, du reste, ce que les effets des tremblemens de terre nous montrent tous les jours. Il ne faudrait cependant pas conclure de là que le fond des mers se change en continens, et réciproquement.

Les agens perturbateurs ont troublé la tranquillité des eaux dans les premiers momens de la période craïeuse; car une puissante assise de sables et de grès recouvre immédiatement le calcaire de Purbeck dans les endroits où ce calcaire est développé, et forme la base du terrain craïeux. Dans ceux où il manque (§ 79), ces sables et ces grès étant toujours très ferrugineux et contenant même dans leur intérieur des minces de fer hydraté, il est probable que les agens perturbateurs dont nous avons parlé plus haut ont lancé au dehors des eaux ferrugineuses, qui ont coulé jusqu'à ce que les sources calcaires aient repris leur intensité, ou jusqu'à ce que le calcaire ait remplacé le fer dans les sources minérales. Des masses de végétaux, amenées par les affluens avec les matériaux des grès et des couches de marne, qui alternent souvent avec eux, ont donné naissance à des couches de houille exploitables, accompagnées d'empreintes de *fougères*, de *calamites*, etc. Il y a même souvent une si grande ressemblance entre les roches de ce groupe et celles de la grande formation houillère, qu'on pourrait s'y méprendre. Ce résultat n'a rien qui doive étonner; car les choses se sont probablement passées de la même manière dans les deux cas; il n'y a de différence qu'entre les époques; mais ici cette différence est notable : des coquilles et de grands vertébrés fluviatiles sont nombreux, et les espèces de fougères et de calamites sont bien différentes de celles des houilles de la cinquième épo...

Une masse argileuse (*weald clay*), provenant vraise...
blement des attérissemens, recouvre les sables ferrugin...
les sépare du grès vert. Cette masse argileuse, ne renfer...
non plus que des animaux et des végétaux d'eau douc...
bien certainement été déposée dans le même liquide qu...
deux précédentes.

Grès vert. Dans les endroits où il n'existait pas de gr...
lacs d'eau douce, la partie inférieure du terrain craïeux...
occupée par une masse arénacée, ne renfermant guère...
des restes d'animaux marins avec des végétaux terres...
dont l'accumulation a quelquefois donné naissance à des...
ches de lignite. Les conglomérats, les marnes schisteuses...
sables et les couches régulières de calcaire dont se comp...
ce groupe, montrent encore l'action des forces perturbatri...
dans un liquide où l'éruption des eaux minérales n'avait...
été complètement interrompue. La violence des mouvem...
n'était certainement pas comparable à celle des premiers te...
de la période vosgienne ; car non seulement des couche...
gulières pouvaient se former au milieu des couches aréna...
mais encore des animaux pouvaient vivre dans le liquide...
des végétaux aussi fragiles que les fougères flotter que...
temps sans être anéantis. Si l'on admet, comme il paraît...
trêmement probable, que ces perturbations étaient le rés...
d'éruptions ignées, celles des granites pyroxéniques...
ophiolites ou de toute autre roche, il est évident que ces...
tions n'étaient ni si violentes, ni si générales que celles...
fin de la cinquième époque, ou du commencement de...
riode vosgienne. Encore une nouvelle preuve que l'in...
des actions volcaniques allait en décroissant.

Dans quelques localités, le groupe du grès vert est pr...
exclusivement composé de calcaire ; là les forces perturbat...
n'auraient point agi, ou du moins auraient agi très f...
ment. A cette époque, comme à toutes les autres, il n'y a...
donc point encore eu de cataclysme universel. On cite...

...usieurs contrées où il existe une liaison intime entre les ...lcaires du grès vert et ceux du terrain jurassique.

Le nom de grès vert, donné à cette formation, provient ...une immense quantité de grains verts renfermés dans les ...ches arénacées, qui leur donnent une teinte verte. Ces ...ains sont du silicate de fer, probablement fourni par les ...urces minérales.

Une puissante assise de marne (*gault*, § 78), correspondant ...ne saison pluvieuse, sépare le plus souvent le groupe du grès ...rt de celui de la craie proprement dite ; mais, lorsque cette ...arne manque, ce qui arrive assez fréquemment, on voit les ...ains verts pénétrer dans la matière craïeuse jusqu'à une ...ande hauteur, et former ainsi des glauconies, qui lient intime-...ent les deux groupes. La nature arénacée de cette roche cal-...ire prouve que des sédimens venaient se mêler aux matières ...lines, et qu'elle a dû se déposer dans un liquide agité. Le mou-...ment allait en diminuant, car la craie-tufeau, ou craie mar-...use, contient bien encore des paillettes de mica et quelques ...tres débris des roches anciennes ; mais elle est beaucoup plus ...re et plus compacte que la glauconie, avec laquelle elle se lie ...r des nuances insensibles.

La matière calcaire allait en s'épurant, ou, ce qui revient ...u même, les affluens traînaient de moins en moins le détri-...s ; car le dernier étage de la formation est composé d'un ...lcaire très pur, craie blanche, dans lequel la stratification, ...dinairement irrégulière, ferait croire que les sources mi-...érales étaient alors très chargées de carbonate de chaux, et ...te leurs dépôts n'ont été que très rarement interrompus par ...s agens perturbateurs.

C'est probablement à cette grande abondance de carbonate ...e chaux, apportée par les sources au milieu de la dissolu-...on, qu'est due la texture crétacée que présente ordinaire-...ent le premier étage de la formation craïeuse. Cette texture ...e remarque aussi accidentellement dans quelques autres grou-...es (les calcaires oolitiques du terrain jurassique, par exem-

ple), et, dans ce cas, le calcaire est toujours pur et point
fort irrégulièrement stratifié. Les calcaires compactes,
contraire, très bien stratifiés, portent l'empreinte d'une p
cipitation tranquille dans un liquide où la matière calca
a été tenue quelque temps en dissolution. Quelquef
(Provence, Italie) l'étage supérieur de la craie est un calca
compacte parfaitement stratifié, et qu'avant les observati
de MM. Beaumont et Dufrénoy on rangeait dans le terr
jurassique. Je pense que ce cas correspond à une bien mo
grande quantité de calcaire dans les sources minérales, q
dans le précédent. La formation de la craie, et particuliè
ment l'étage de la craie blanche (§ 78), offre une gran
quantité de silex en nodules de toutes les formes, en l
minces, et formant même souvent la substance des corps
ganisés fossiles. A la manière dont ces silex sont dispos
par lits réguliers alternant avec les strates craïeux, et mê
disséminés dans leur intérieur, il est probable que la sil
était fournie par les sources, en action simultanée avec cel
qui fournissaient le carbonate de chaux ; peut-être les de
substances étaient-elles mélangées dans les mêmes source
Beaucoup de ces nodules siliceux se sont formés autour d'
polypier, d'une coquille, d'un échinite, etc., qui ont joué da
cette circonstance le même rôle que tout corps solide j
dans une dissolution saline très concentrée, autour duqu
la précipitation commence à l'instant, et recouvre bientôt
corps d'une enveloppe dont l'épaisseur est proportionne
au temps du séjour dans la dissolution et à son degré
concentration. Dans les polypiers, les coquilles et les échin
tes, la matière siliceuse a pris la place du calcaire, et cela
même arrivé quelquefois pour les strates, dont de grand
portions se sont changées en silex. Les silex tant des corps
ganisés que des masses aplaties de la craie, et aussi de pl
sieurs autres formations, montrent à leur surface des orbic
les siliceux très remarquables, et sur lesquels M. Brongni

fait des observations curieuses, dont nous ne pouvons nous
dispenser de donner ici un extrait :

1) « Dans la nature, la silice se présente sous deux sortes
de formes : en cristaux réguliers et en masses arrondies,
dont les formes sont limitées par des lignes courbes, dérivant
du cercle avec plus ou moins de régularité. Ce sont les silex
et les agates qui présentent ces formes arrondies. Elles s'é-
tendent depuis les sphéroïdes, les ellipsoïdes et les cylindroï-
des, jusqu'à des anneaux, quelquefois complètement circulaires, que M. Brongniart nomme *orbicules ou anneaux siliceux.* »

« Les silex et agates de divers terrains montrent la tendance de la silice à prendre des contours courbes. Dans la
craie, les silex sont disposés en lits parallèles, tandis que,
dans les terrains trappéens et porphyriques, les agates sont
disséminées sans aucune régularité. La forme des nodules, dans
ces deux gisemens si différens, offre elle-même de nombreuses variétés. »

« Dans le dernier, ce sont des sphéroïdes et des ellipsoïdes
comprimés ; mais surtout des ovoïdes aplatis à une extrémité.
Le volume varie depuis celui d'un pois à celui d'un melon ;
ils sont tous terminés par une queue, comme les masses de
verre fondu qu'on laisse tomber dans un liquide ; les lits si-
lceux, que l'on croit reconnaître dans ces sortes de terrains,
ne sont que des portions d'ellipsoïdes lenticulaires aplatis
très étendus. On voit donc déjà, dans ce mode d'agrégation des particules siliceuses, une disposition à former des
masses à contours courbes, comme, en général, les liquides
abandonnés à eux-mêmes. »

« En examinant la structure de ces nodules, on voit les
couleurs qui ornent souvent les agates, disposées en lignes
courbes très nombreuses, à peu près parallèles entre elles et
à la surface des nodules. Si l'on coupe perpendiculairement à

(1). Extrait des Annales des sciences naturelles, 1831.

l'axe un stalactite de calcédoine, on obtient des cercles
lorés, entourant souvent un point plus obscur, situé dans l'
du cylindre. Cette disposition constitue ce que l'on appe
agate œillée ; elle conduit aux orbicules siliceux. Mais av
d'arriver à ce phénomène, il est utile de mentionner u
autre disposition de couleurs en zones parallèles et courb
qui, malgré sa ressemblance avec celle-ci, en diffère comp
tement : quand on casse des nodules sphéroïdaux ou ell
soïdes d'agate ou de silex, qui doivent évidemment le
forme au frottement, on remarque des zones de couleur pâ
parallèles entre elles, et sensiblement aussi à la surface
nodules. Il est évident que ce phénomène ne peut être attrib
à la même cause que le précédent ; car le mode de formati
des nodules s'y oppose ; il est dû à l'action d'un agent ex
rieur, ayant agi de la surface au centre en altérant la matiè
siliceuse. Les galets de jaspe jaunâtre, qui gisent dans le
pisiforme du duché de Bade, en offrent un exemple ; la te
ferrugineuse s'est appliquée sur la surface usée, polie et e
duite d'une espèce de vernis noir du galet. La dissolution q
a placé en même temps, et dans le même gîte, le fer hydroxy
et les cristaux de quarz hyalin qui tapissent ses cavit
paraît avoir agi sur les galets de quarz, et produit,
changeant l'état d'oxidation du fer qui les colore et s
mode d'agrégation, les zones de diverses nuances qui s'y fo
remarquer. »

« C'est à une cause analogue que l'on peut attribuer
teintes et les lignes ruiniformes du calcaire compacte de Fl
rence, et les veines jaunâtres, semblables à celles du bo
de sapin, que présente le tripoli de Prentegarde, en A
vergne. »

« Voilà donc, dans les silex, des zones colorées courbe
qui, malgré leur analogie apparente, sont dues à des caus
tout à fait différentes ; les premières résultent de la tendan
qu'a la silice, dans un certain état, à s'agréger sphéroïdal
ment ; tandis que les secondes lui sont tout à fait étrangère

ne les mentionnons ici que pour apprendre à ne point confondre. Revenons maintenant aux orbicules siliceux. »

La surface de certaines coquilles fossiles présente des orbicules, ou espèces de lentilles saillantes, composés d'anneaux. Les orbicules siliceux sont souvent si nombreux, qu'ils remplacent entièrement la matière calcaire : quelquefois ils sont dispersés dans le test, et s'y montrent comme des espèces de lettres. L'examen de ces orbicules sur plusieurs coquilles conduit aux faits suivans : »

« Ils sont entièrement siliceux ; la matière siliceuse est ordinairement opaque, non cristalline ; cependant quelques échantillons, exposés à une vive lumière, montrent des facettes brillantes qui indiquent une cristallisation confuse. »

« Les anneaux qui les composent affectent la forme circulaire plus ou moins parfaite ; le plus souvent ils sont incomplets et confluens. »

« Les orbicules sont souvent concentriques à un petit mamelon siliceux, et, lorsqu'ils sont confluens, il y a autant de mamelons centraux que de groupes d'anneaux ; les anneaux, se recouvrant quelquefois, font disparaître une partie des anneaux inférieurs, en sorte qu'on pourrait les croire non circulaires ou incomplets. Mais un examen attentif fait presque toujours découvrir, au dessous du grand anneau, la partie du petit qui semblait manquer. »

« Quelles que soient les altérations que les anneaux éprouvent, ils ne forment jamais de spirales, et, lorsqu'ils en prennent l'apparence, cela tient au recouvrement des petits par les grands. Ils offrent donc, dans leur forme et leur disposition entre eux, une application de la tendance qu'a la silice à prendre des formes courbes. Ces anneaux ne sont pas simples ; on doit les considérer comme des espèces de gouttières circulaires, dont le canal est intérieur et emboîte l'arête des anneaux qu'il entourait, de manière que l'anneau caniculé est non seulement plus grand, mais plus épais que celui qu'il enveloppe, et ainsi de suite jusqu'au mamelon cen-

tral ; en sorte qu'on pourrait définir un de ces orbicules d'…
épaisseur notable, un sphéroïde très déprimé, composé…
couches concentriques, qui aurait été usé parallèlemen…
plan de son grand cercle ou perpendiculairement à son ax…

« L'épaisseur des orbicules est en rapport avec celle du…
de la coquille dans lequel ils sont enfermés. Ainsi, ils…
minces et déliés dans les *Térébratules* ; les *peignes*, le *gryp…*
columba, épais et grossiers, formant même des sphéro…
lenticulaires dans le *gryphæa arcuata*, les *dicérates*, les *ca…*
nes, les *huîtres*, etc. Ces orbicules sont toujours dans le…
même, et d'autant plus enfoncés qu'ils sont plus saillans…
surface. »

« Le phénomène des orbicules ne se présente pas indistin…
ment, dans toutes les coquilles et dans tous les terrains…
que l'auteur prouve par l'énumération des faits qu'il a recu…
lis ; pendant long-temps il n'en a reconnu que sur les cé…
lopodes, *bélemnites*, *arthocères*, *nérinées*, *serpules*, les…
phales, *sphérulites*, *ostrea*, *gryphæa*, *caprina*, *pecten*, l…
terebratula, etc. »

« Dans le phénomène de la pétrification, qui serait mi…
nommé d'épigénie, le corps minéral, ou organique, qu…
changé de nature sans changer de forme, peut avoir épro…
diverses altérations dans sa structure. La structure aucu…
ment modifiée, du moins en apparence, est fort rare ; ca…
structure interne et moléculaire a certainement été chan…
Ce changement a pu avoir lieu de trois manières : »

« 1°. La structure vasculaire, fibreuse ou cristalline, a…
remplacée par une texture compacte ; c'est le cas de quelq…
végétaux du terrain houiller, remplacés entièrement par…
schiste argileux, du fer carbonaté, soit même par un ps…
mite à texture grenue et grossière ; c'est le cas de quelq…
minéraux : le quarz changé en stéatite, le fluorite et le…
caire changés en silex cornés, le feldspath en sable micacé…

« 2°. Ou bien la structure, soit compacte, soit fibreuse…

changée en une structure cristalline, comme dans les bélemnites, les pointes d'oursins; »

« 3°. Ou bien enfin la structure organique a été détruite et
remplacée par cette singulière structure annulaire, que nous
venons de décrire. »

« On voit assez communément les tiges des arbres, les cavités des coquilles et des échinites, remplacées ou remplies par
un silex compacte; mais il est rare de voir le test des coquilles
remplacé par du silex ayant cette même texture; il y en a cependant quelques exemples, mais en petit nombre, comparativement à ceux où le test est remplacé par du silex à structure annulaire, fait que M. Brongniart établit par l'énumération d'un grand nombre d'exemples, de l'ensemble desquels
il résulte que le mode par orbicules est dominant dans les
valves de la famille des ostracées, des rudistes, des bran-
chiopodes, et très rare dans les zoophytes. Le mode en silex
compacte est, au contraire, dominant dans les coquilles à spire
turriculée, et dans les zoophytes. Macquart, dans son *Essai
sur la minéralogie des environs de Moscou* (1789), cite des
orbicules siliceux dans du gypse appartenant à une formation
où se trouvent des *bélemnites* et des *gryphées arquées*, dont
le test est également rempli d'orbicules siliceux. »

« M. Brongniart a vu : 1° sur la surface d'une agate d'Obers-
tein, de nombreux anneaux peu saillans pénétrant même dans
la croûte de l'agate; les uns, isolés et parfaitement circulaires;
les autres confluens et plus ou moins altérés dans leur
forme; »

« 2°. Une agate presque noire, dont la surface présente des
anneaux très peu saillans et souvent déformés par leur con-
fluence; »

« 3°. Des anneaux déliés de calcédoine, offrant plus de
vingt cercles concentriques très réguliers, former des plaques
circulaires, tantôt simples, tantôt doubles et confluentes à la
surface des fissures d'un grès dans des carrières de May; »

« 4°. De petites rosaces de calcédoine, très translucides,

d'une admirable régularité, montrant le globule central;
anneaux concentriques, quelquefois tuberculeux, s'eml
taient comme les anneaux extérieurs des orbicules des
quilles : ces rosaces gisent sur la marne du terrain gyps
des environs de Béziers ; »

« 5°. Des globules de calcédoine translucides, semblabl
des gouttes de graisse qui se seraient figées en tombant
une matière gélatineuse, accompagnant le bitume qui rec
vre les parois des fissures de la wakite de Pont-du-Châte
en Auvergne : la surface convexe de ces gouttes est souv
lisse ; mais un échantillon a présenté à l'auteur des anne
circulaires concentriques, avec le petit mamelon cent
comme dans les coquilles; »

« 6°. Une disposition semblable dans plusieurs nodule
silex-résinite des marnes du terrain gypseux de Calmar,
sud de Paris ; »

« 7°. Enfin, le complément de ces analogies dans une pla
de silex pyromaque venant de la Haute-Égypte. »

« Tous ces exemples prouvent, d'une manière évidente
tendance de la silice à prendre, dans un certain état,
contours arrondis et des formes circulaires ; ils prouvent a
que c'est à cette tendance que sont dus les orbicules silic
des coquilles fossiles. »

Voici maintenant l'explication du phénomène :

« C'est à la propriété que possède la silice de pouvoir
mise souvent dans un état gélatineux, que doivent être attril
plusieurs des phénomènes et des formes qu'elle présente à
la nature. Quand cette substance a été complètement disso
en cristallisant, elle a produit le quarz hyalin ; mais, à l'
gélatineux, elle a produit le silex et surtout les agates e
calcédoines. Cette théorie, sur la formation des concrét
siliceuses, se réduit aux trois points suivans : »

« 1°. La silice qui a formé les agates et les silex pyro
ques n'était pas tenue en dissolution liquide ou aquifor
mais elle était dans un état de gelée ; »

En se solidifiant, elle n'a point cristallisé comme celle qui a été séparée de la dissolution aquiforme et qui a produit le quarz hyalin ; mais elle a pris des formes sphériques et lamellaires, suivant la position dans laquelle elle se trou- vait. »

« 3°. La matière organique paraît avoir de l'influence sur sa sécrétion et sur cette agglomération de la silice. »

« Cet état gélatineux, dont nous avons encore maintenant des exemples dans les eaux minérales de plusieurs contrées et dans les quarz gélatineux de Tortezais, admis par plusieurs observateurs, est indiqué, on peut même dire prouvé, par l'aspect nuageux des calcédoines, les taches et les veines colorées qui y sont répandues, par les dendrites qui les pénètrent, et dont les rameaux courbés et placés sur des plans différens ne sont pas appliqués sur les surfaces des fissures. C'est dans cet état qu'était probablement la silice qui a pris la forme d'orbicules à anneaux et recouvremens que nous venons de décrire. Il est probable que la nature et la structure des corps sur lesquels elle s'est introduite ont eu de l'influence sur son introduction et sur sa forme : cela explique pourquoi les orbicules sont plus fréquens sur les corps organisés que sur les pures concrétions siliceuses. »

« Un grand nombre de faits indiquent cette influence sans pouvoir l'expliquer complétement. »

« On remarque que, parmi les corps fossiles, ceux presque entièrement composés de matière organisée, comme les bois, les rayons, les éponges, etc., sont presque toujours changés en silice : sur deux mille échantillons de bois pétrifiés, il n'y en a peut-être pas un qui ne soit siliceux. Dans le terrain crayeux, les échinites, dont le test est ordinairement calcaire, ont dans leur intérieur un noyau siliceux, remplissant presque toute la cavité, et qui semble quelquefois être sorti à travers les ouvertures naturelles ou fissures de fractures, comme si une matière gélatineuse eût été exprimée par une force violente. »

« Les coquilles et les noyaux siliceux des coquilles, dans l
roches siliceuses, dit, en terminant, M. Brongniart, ne pr
sentent, au premier coup d'œil, rien qui vienne à l'appui
notre théorie; mais lorsque ces corps, entièrement siliceu
se montrent disséminés dans une roche calcaire, comme c
en a de nombreux exemples, il est difficile de se défendre
l'idée que la matière organique a eu de l'influence sur ce
séparation et sur cette agglomération de la silice. »

« Cette théorie semble expliquer pourquoi les orbicules so
beaucoup plus communs dans les coquilles bivalves que da
les univalves, et encore plus communs dans les ostracées.
structure, généralement laminaire et lâche de ces dernière
qui a permis à la matière animale de rester plus abondamme
dans le test de ces coquilles que dans celui des univalve
texture dense, fait voir une sorte d'influence de la matiè
organique sur la sécrétion de la silice; ajoutons à cela qu
dans une coquille bivalve, la partie la plus organisée, apr
l'animale, et la plus résistante à la décomposition, c'est l
ligament; c'est donc aussi la partie qui doit se changer
préférence en silice. C'est, en effet, ce que l'on voit qu
quefois sur des gryphées dont le test est pétrifié en calcai
tandis que le ligament seul est entièrement changé
silex. »

Voilà une théorie, appuyée sur des observations t
exactes, qui nous paraît rendre assez bien compte des p
nomènes que présentent les corps pétrifiés en silex. Reven
maintenant à la formation du terrain craïeux.

L'organisation fossile de la portion marine du grou
annonce un dépôt dans les mers profondes où les polypi
étaient nombreux, mais pas assez, cependant, pour for
des bancs semblables à ceux que nous présente le terrain
rassique. Nous trouvons encore une espèce de gryphée,
columba, dans la partie marneuse de la formation; les g
phées vivaient donc encore là dans des eaux bourbeuses.
fossiles bien extraordinaires de cette époque sont les hip

...es et les sphérulites, qui se montrent en si grande abon-
...nce, dans quelques localités du midi de la France, que la
...he en est vraiment pétrie (§ 78). Ces grandes coquilles
...rculées devaient être fixées au fond des mers dans cer-
...nes localités seulement, où on trouve maintenant leurs
...tes ; elles étaient accompagnées d'ostracées et de nérinées,
... ont quelquefois fait confondre les roches qui les renfer-
...nt avec les calcaires jurassiques.

...e grès vert présente souvent une grande accumulation de
...uilles multiloculaires, qu'on avait crues, pendant long-
...ps, reléguées dans les couches de la troisième époque.
...es sauriens que nous avons vus se montrer dans presque tous
...groupes, depuis le terrain carbonifère, ont aussi laissé de
...rs débris dans le terrain craïeux. Dans quelques localités,
...me à Maestricht, on a même cité des débris de mammifères
...restres dans la craie blanche, ce qui n'est point extraor-
...ire ; car il est probable qu'il en existait dès l'époque ju-
...que.

...Lors de la formation craïeuse, dit M. Boué (1), ou du
...oins à la fin du dépôt, il y avait probablement déjà un
...rtain nombre d'espèces de quadrupèdes particuliers,
...nt les genres sont en partie éteints, comme des *mas-*
...*odontes,* des *cerfs,* des *castors,* des *ours,* des *hyènes,* etc. ;
...fin les animaux marins s'étaient insensiblement rappro-
...és, en genres et en espèces, des êtres marins actuelle-
...ent vivans. » Je ne partage pas tout à fait l'opinion
...M. Boué à cet égard ; je crois comme lui qu'il devait
...exister une certaine quantité de mammifères terrestres;
... c'étaient plutôt des *paléothères* et des *anoplothères* que
... mastodontes, des ours et des hyènes.
...est seulement dans la partie inférieure arénacée du ter-
... craïeux que l'on rencontre en abondance des végé-
... et surtout des plantes terrestres, *fougères, cycadées,*

(1) Mémoires géologiques, page 57.

conifères, et même quelques fragmens de *dicotylédones* 1
caractérisées, partie que nous pensons être le résultat de de
formés sur les rivages de la mer. La grande masse calcair
présente que quelques plantes marines, encore extrêmen
rares, nouvelle preuve de son dépôt dans des mers profon
au fond desquelles les végétaux terrestres, ne pouvant arri
restaient flottans à la surface; il devait en être de même a
des animaux; mais, comme il n'en existe point, ou pre
point, dans les dépôts de delta, j'en conclus qu'ils étaient
core extrêmement rares.

Pendant la formation des terrains de la quatrième épo
les éruptions des masses plutoniques avaient continué, i
cependant avec moins d'intensité qu'auparavant. « Si
grands dépôts arénacés de cette époque, dit M. Boué
nous y décèlent des mouvemens aqueux, les filons (M
vie) et les amas de diorite (Pyrénées), de serpentine, d
photide et de pyroxène en roche (Hébrides, Pyrénées, Ty
et peut-être même de porphyre siénitique métallifère (H
grie, Transylvanie), viennent nous montrer qu'aprè
dépôt du grès vert, certaines contrées ont été percées pa
éruptions et en partie soulevées. Dans ce cas sont les P:
nées, les Apennins de la Toscane et de la Ligurie, et les
pathes occidentales; naturellement le sol ancien a été
crevassé par cet évènement et a donné jour çà et là à
matières ignées (Alpes de Styrie, du Tyrol, du Valais
Briançonnais et de Silésie); ailleurs, c'est le calcaire
jurassique (Villendorf en Autriche), le grès viennois (I
Teschen en Moravie), ou le calcaire jurassique avec le
vert (Pyrénées). »

Ces différentes éruptions plutoniques, produisant ce
nement des soulèvemens, concouraient, avec les sédi
aqueux, à augmenter la quantité de terres émergées
diminuer de plus en plus les espaces liquides dans lesque

(1) *Mémoires géologiques*, etc., page 58.

... aient les dépôts. A la fin de la période craieuse, la sur-
... des bassins et des golfes devait donc être sensiblement
... minuée, et les eaux s'étant, par suite, beaucoup abaissées,
... leurs devaient être circonscrits par une ceinture de ter-
... craïeux. C'est, du reste, ce que l'on observe encore par-
... ment aujourd'hui dans plusieurs de ces espaces, nommés
... bassins tertiaires.

... Les continens devaient être dessinés à peu près tels qu'ils
... sont aujourd'hui, mais leur intérieur présentait un très grand
... nombre de bassins, de grands lacs, qui se sont successive-
... ment comblés.

« Après la formation de la craie, continue M. Boué (1),
l'Europe était un grand continent (2) qui avait un contour
... découpé, et qui renfermait un grand nombre de mers
... intérieures et de lacs d'eau douce. Certaines parties méridio-
... nales de la Suède nous peuvent donner une petite idée ap-
... proximative de la surface de l'Europe à cette époque. »

« Dans le nord de l'Europe, il y avait une immense mer qui
s'étendait du fond de la Russie ou même de l'Asie à travers
le nord de l'Allemagne, presqu'en Angleterre, et qui communiquait avec la mer du Nord, et peut-être aussi avec la mer
... polaire. »

« Néanmoins, la mer qui couvrait la Gallicie et les bords de
la mer Noire doit plutôt avoir été en liaison avec la précédente qu'elle n'en a fait partie, puisque les dépôts tertiaires
... premiers pays sont identiques avec ceux des bords de la
... Méditerranée et un peu différens de ceux de l'Allemagne
... septentrionale. »

« Le milieu de l'Europe présentait une seconde mer intérieure qui couvrait la plaine suisse, la vallée du Rhin et le
... plat de la Souabe, de la Bavière, de l'Autriche, de la
... Styrie et de la Hongrie. Entre ces deux mers, se trouvait

____

(1) Page 61.

(2) Voyez sa carte géognostique de l'Europe.

le grand bassin bohémien qui communiquait avec la [...]
nière. Dans le sud de l'Europe, la mer Méditerranée cou[...]
tous les pays peu élevés qui forment actuellement ses bo[...]
Elle n'avait pas encore percé les colonnes d'Hercule (1) [...]
elle communiquait par des canaux, soit avec la mer Rouge, [...]
avec la mer Noire et le grand bassin de l'Asie occidentale. [...]
France, il y avait encore deux grandes mers : l'une s'éten [...]
entre les Pyrénées, la Saintonge, le Périgord et les montag[...]
du Cantal et de l'Aveyron ; elle était en communication [...]
la mer qui couvrait le Languedoc et la Provence, et ce n[...]
qu'après le dépôt de la mollasse que cette liaison a dû ce [...]
ou devenir moins libre. La digue qui séparait le bassin S[...]
de la France de l'Océan n'existe plus, et la force destruc[...]
des vagues de l'Atlantique a pu être aidée dans ce travail [...]
le grand courant, auquel la baie de la Gascogne doit aus[...]
forme. Une seconde mer couvrait toutes les contrées [...]
élevées comprises entre la Picardie, la Champagne, [...]
Bourgogne, le Limousin, la Vendée, le Mans, la Breta[...]
et la Manche. Enfin, en Angleterre, les environs de Lon[...]
formaient une petite mer environnée de falaises craïeu[...]
et l'île de Wight, et la côte vis à vis, étaient occupées par[...]
bassin particulier, ou faisaient peut-être partie de la gra[...]
mer du nord de la France. »

« Toutes ces mers avaient des niveaux plus élevés que[...]
céan, ou, depuis lors, leurs anciens bassins ont été inég[...]
ment soulevés au dessus de la mer. La séparation de [...]
différens bassins devient évidente par les fossiles littor[...]
tertiaires, qui auraient vécu à des profondeurs de plusie[...]
milliers de pieds, si l'on supposait que tous ces bassins avai[...]
été réunis et n'avaient formé qu'une seule mer. Les soulè[...]
mens que l'Europe peut avoir éprouvés, surtout vers [...]
milieu, nous empêchent de préciser la hauteur relative [...]
différentes mers ; mais, si l'on pouvait se fier à la haut[...]

(1) Cette assertion n'est pas démontrée.

...uelle des bassins, on trouverait que la mer centrale de
...urope était la plus élevée, que le bassin du nord et de
...ngleterre était le plus bas, que la mer Méditerranée ap-
...chait le plus de la hauteur de la mer centrale, et que les
...ssins français avaient une élévation peu considérable. Il
...clair que la hauteur relative des couches de ces bassins ne
...t pas donner une idée du niveau de l'eau, surtout pour
...mer centrale. Ainsi, si l'eau des bassins de Paris, de
...nne, de Hongrie et du nord de l'Allemagne a été à quel-
...s centaines de pieds au dessus de l'Océan actuel, ou que
...contrées aient été soulevées à cette hauteur, il ne s'ensuit
...que l'eau ait jamais atteint la hauteur de certaines mol-
...es de la Suisse, qui s'élèvent entre 3 à 4000 pieds; le
...èvement des Alpes a dû porter à ce niveau ces roches qui,
...urs, ne dépassent pas 800, 1,000, 1,700, tout au plus
...00 pieds au dessus de l'Océan. »

Ges mers communiquaient plus ou moins bien par des
...aux avec un assez bon nombre de petites mers intérieu-
...ou bien avec des lacs d'eau douce. Ces masses d'eau
...ent situées sur les bords de nos mers, ou bien elles étaient
...ermées entre les sinuosités des montagnes, et elles s'é-
...aient dans les grandes mers. Ainsi, la mer du nord de
...rope recevait les eaux des bassins particuliers de la Hesse
...b la Thuringe; le bassin du Rhin et celui du centre de
...rope s'étendaient le long du lit actuel de plusieurs grandes
...res; la mer Méditerranée communiquait avec les bassins
...s élevés de l'Espagne, de la Toscane, et en particulier du
...nois; le bassin du nord de la France était lié avec ceux
...a Loire supérieure et de l'Allier, et celui du sud-ouest de
...rance avec ceux du Tarn supérieur et de la Dordogne;
...l du sud-est de la France avec celui de la Saône, etc.
...tard, ces mers ou ces eaux intérieures se multiplièrent
...re davantage par suite des séparations produites par les
...ts, et quelquefois il arriva que des lacs intérieurs étaient
...t complètement remplis d'eau douce quand la mer inté-

rieure dont ils dépendaient était encore tout à fait sau[...]

Enfin ces mers renfermaient un grand nombre d[...] comme en Bavière, en Hongrie, dans le nord de [...] rope, etc.; et ces îles ont dû augmenter à mesure que [...] s'est abaissée pendant l'époque tertiaire. »

Telles sont les curieuses déductions tirées de la ma[...] dont les terrains de la quatrième époque sont distribu[...] la surface de l'Europe, par un de nos plus célèbres ob[...] teurs, et celui qui, sans contredit, connaît le mieux [...] partie du monde. Il est fâcheux que l'état actuel de la s[...] ne permette pas d'en faire autant pour toutes les a[...] Passons maintenant à la recherche des causes qui ont p[...] les groupes de la troisième époque.

TROISIÈME ÉPOQUE.

(§ 130.) Au commencement de cette époque, la surf[...] notre planète présentait donc déjà de grands continen[...] bablement les mêmes qu'aujourd'hui, environnés de [...] de toutes parts, formant des baies et des golfes pl[...] moins étendus sur les côtes, et dont l'intérieur offrait [...] un grand nombre de caspiennes, dont quelques un[...] vaient communiquer avec l'Océan, et de lacs plus ou [...] étendus. C'est dans l'intérieur de ces caspiennes et de c[...] ainsi que sur le littoral des mers, que se sont form[...] groupes de roches dont l'ensemble compose la troisièm[...] que géognostique. Ce mode de formation correspond [...] tement avec la manière dont nous avons reconnu (§ [...] ces groupes étaient distribués sur le globe.

On a cru pendant longtemps qu'il existait une soluti[...] continuité bien tranchée entre les troisième et qua[...] époques géologiques, et là encore on retrouvait les trace[...] de ces grands cataclysmes généraux, si commodes pou[...] tains faiseurs de théories; mais, heureusement, les [...] observations de MM. Dufrénoy, E. de Beaumont, L[...]

...tte, Murchison, et, tout récemment, celles de **M. Charles
d'**Orbigny aux environs de Paris, ont prouvé que les solutions de continuité n'étaient que locales, et que, dans un
grand nombre de contrées, il y avait liaison intime entre la
troisième et la quatrième époque, non seulement par les
roches, mais encore par les restes organisés fossiles (§ 76);
que, comme partout ailleurs, les opérations de la nature n'ont
donc ne point été interrompues. Des bouleversemens locaux
sont seulement venus les troubler sur quelques points, et les
différences que l'on observe, tant entre les roches qu'entre
les corps organisés fossiles de ces deux époques, proviennent
de changemens lents et continus survenus dans l'intensité
ou forces en action et les milieux ambians.

Quand les nombreux restes organiques, végétaux et animaux, renfermés dans les roches de la troisième époque, ne
viendraient pas nous prouver qu'il existait alors sur la terre
des courans et de grands lacs d'eau douce semblables à ceux
que nous y remarquons aujourd'hui, on serait autorisé à le
conclure de l'étendue des terres découvertes, qui déjà, comme
nous venons de le dire, formaient de vastes continens.
Après cela, on conçoit, à priori, que les courans fluviatiles
charriant à la mer un grand nombre de débris, les dépôts
marins doivent souvent être entremêlés de couches fluviatiles qui peuvent se reproduire à plusieurs niveaux dans leur
intérieur : c'est effectivement ce qui existe (§ 76). D'un autre
côté, des sources minérales venant à sourdre dans les lacs
d'eau douce, comme nous le voyons encore maintenant, et
des affluens y amenant des débris de l'intérieur des terres,
des dépôts nullement marins se sont formés dans ces lacs et
ont fini par les combler.

Enfin l'action volcanique, qui agissait avec une grande
intensité pendant toute la durée de cette époque, venait encore mêler ses produits à ceux de la voie humide, dont elle a
souvent complètement changé la nature. Examinons maintenant la manière dont les dépôts ont dû se produire, et,

pour cela, prenons d'abord le cas le plus général, celui d[u] terrain subatlantique (§ 76).

La partie inférieure de ce terrain est composée d'argile[,] de marnes et de roches arénacées, *macignos mollasses*, prove[-] nant du détritus des roches voisines plus anciennes, charrié[s par] la mer. Au pied des Atlas, des Apennins, etc., qui sont e[n] grande partie composés de roches marneuses (§ 115), le[s] marnes forment, presqu'à elles seules, l'étage inférieur d[u] terrain. Au pied des Vosges et de la Forêt-Noire, dans plu[-] sieurs parties de la chaîne des Alpes, etc., où les roches sil[i-] ceuses dominent, il est composé de mollasses et de poudingue[s] (naguelflues) qui se lient intimement aux marnes bleue[s] dans plusieurs contrées.

Ces masses arénacées renferment des couches de lignit[e] souvent fort puissantes, accompagnées de débris d'animau[x] terrestres et fluviatiles ; ce qui prouve que ces couches sont l[e] résultat de l'accumulation des végétaux amenés par les afflue[ns].

Le premier étage du terrain subatlantique offre des strate[s] de calcaire marneux plus ou moins nombreux, plus ou moi[ns] puissans et plus ou moins étendus ; preuve évidente que l'a[c-] tion des sources minérales n'avait point cessé ; elle avait é[té] seulement beaucoup atténuée par celle des affluens. Par l[e] nombre et l'épaisseur des couches calcaires comparés à ce[lles] des roches arénacées, on peut se faire une idée de l'intensi[té] relative de ces deux actions. Dans la même contrée, dans l[a] même bassin, les strates calcaires, très nombreux sur que[l-] ques points, manquent presque entièrement sur d'autre[s :] sur ceux-là, les affluens n'arrivaient pas, et l'action des sou[r-] ces minérales était dans toute son intensité ; sur ceux-ci, a[u] contraire, elle était paralysée par eux. La présence du gyp[se] et du sel gemme au milieu des marnes de la troisième époq[ue] s'explique parfaitement par la théorie de M. de Dombasle, [le] cas excepté où ces substances se présentent en masses tran[s-] versales non stratifiées, dans lequel on peut attribuer le[ur] présence à des actions plutoniques.

Nous avons déjà eu plusieurs fois occasion de faire remar-quer que l'épaisseur des couches d'attérissement devait être proportionnelle à l'humidité des saisons ; ce qui résulte, d'ailleurs, des belles observations de M. de Dombasle (§ 127). Il est donc probable que, sur la plus grande partie du globe, les pluies ont été abondantes pendant les premiers temps de la troisième époque géologique.

Les marnes bleues et les mollasses, leurs équivalentes géo-gnostiques, ont englobé, ainsi que les calcaires qui alternent avec elles, des êtres marins végétaux et animaux, qui ne furent pas partout également abondans. Parmi les coquilles marines, on cite des gryphées que nous savons se montrer constamment dans les roches marneuses. Les zoophytes, qui aiment les eaux bourbeuses, sont rares et paraissent ne point avoir formé de récifs dans cette partie du terrain, tandis qu'on en rencontre souvent dans l'étage supérieur, où le calcaire domine (calcaire à coraux, § 76). Il est à remarquer que, dans les marnes bleues et les mollasses, les coquilles ma-rines sont souvent rares, et celles qui s'y trouvent générale-ment fort altérées, phénomènes que je crois pouvoir attri-buer aux mouvemens violens occasionés dans les eaux marines par l'arrivée de celles des affluens chargées de débris. La présence des quadrupèdes terrestres dans cet étage est due à la même cause que celle des végétaux qui ont produit les couches de lignite, et cela est si vrai, qu'ils se trouvent sou-vent mêlés ensemble.

Au bout d'un certain laps de temps, comme cela s'est fait pour toutes les dissolutions troublées, le calme s'est rétabli et l'action des sources minérales a repris son intensité. Cepen-dant des charriages avaient encore lieu, car les strates cal-caires ou calcaréo-sableux sont séparés par des bancs de sa-bles, de marnes et d'argiles plus ou moins schisteuses, et quelquefois aussi par des bancs de poudingues.

Les animaux marins ont alors pu vivre en grande quan-tité, car ils sont nombreux dans la partie supérieure du ter-

rain subatlantique. Les zoophytes élevaient alors de nombreux récifs, qui sont représentés par les bancs de calcaire à
coraux répandus depuis le nord de l'Europe jusque sur les
côtes d'Afrique. Dans cette dernière contrée, nous avons
une espèce de gryphées, mélangée avec des huîtres, enfin
dans des couches marneuses.

Un fait extrêmement remarquable, c'est que l'étage supérieur calcaréo-sableux qui recouvre ordinairement les marnes bleues gît, comme elles, dans le voisinage des roches
argilo-marneuses, d'où elles proviennent. Ce fait me paraît
démontrer clairement que les deux étages ne sont pas le résultat des mêmes causes : les marnes proviennent, avons-
nous dit, du détritus des roches charrié à la mer par les eaux
terrestres; les sables, alternant avec les calcaires qui les
couvrent, ont dû être arrachés à son fond et transportés par
les courans sur les marnes; ou serait-ce de la silice rejetée
par les sources minérales? Cela peut avoir eu souvent lieu,
surtout quand cette silice a produit de véritables grès, comme
dans le haut du terrain parisien (§ 76).

Les sources minérales qui ont concouru à la formation de
l'étage supérieur du terrain subatlantique étaient souvent
ferrugineuses; car les sables et même le grès sont fréquemment colorés en rouge par l'oxide de fer. Les attérissemens
ont encore donné naissance à des couches de distance en distance, pendant la durée de cette période de la troisième
époque; car on voit dans cet étage des couches de calcaire
lacustre, de marnes et de sables ne renfermant que des res-
organiques terrestres et fluviatiles; des bancs de lignite, accompagnés d'empreintes végétales et de débris d'animaux terrestres, se montrent encore dans cette partie de la formation.
La présence de ces végétaux s'explique toujours de la même
manière.

Il est à remarquer que les couches de combustible de la
troisième époque, comme celles des époques antérieures,
renferment ordinairement du fer pyriteux en quantité

sible, suivant les contrées, et qui forme souvent la substance des végétaux fossiles. Le fer pyriteux provient vraisemblablement des sources; car nous savons (§ 60) que
plusieurs en apportent encore aujourd'hui à la surface de la
terre (1).

Formation d'eau douce.

A mesure que les dépôts s'élevaient sur le fond des cas-
pennes, des lacs, des baies et même des golfes, ceux-ci se
comblaient et tendaient à se dessécher. Les lacs salés, qui
n'avaient point de communication, ou qui ne communiquaient que par des canaux étroits avec la mer, recevant, par
leurs affluens une quantité d'eau qui surpassait d'autant plus
celle qu'ils perdaient par l'évaporation que leur fond s'élevait davantage, ont dû se transformer peu à peu en lacs d'eau
douce : phénomène que nous voyons encore se produire maintenant sous nos yeux (§ 47). Ainsi, dans la plupart des lacs
marins comblés par les dépôts d'attérissement mêlés à ceux
des sources minérales, la partie supérieure doit être occupée
par des dépôts d'eau douce irrégulièrement distribués; parce
que des perturbations de toute nature devaient rendre le
fond du lac fort irrégulier; et que, par suite de la diminution des eaux, il a dû arriver un moment où il n'en présentait
plus que des flaques, comme nous le remarquons encore aujourd'hui dans les grandes masses d'eau qui se dessèchent.

Les formations d'eau douce, surtout celle qui termine le
grand terrain de la troisième époque, sont ordinairement
composées de calcaires, de marnes, de sables et de silex. Les
calcaires ressemblent beaucoup aux travertins produits encore
actuellement par les sources minérales; les marnes sont un
mélange du calcaire des sources avec les matières argileuses
amenées par les affluens; les sables ont été arrachés aux

____

(1) Il provient vraisemblablement de la décomposition des sels ferru-
meux par les hydrosulfates.

roches siliceuses par les eaux terrestres; mais la silice d..
meulières et autres roches siliceuses paraît provenir évidel..
ment des sources : la liaison intime de ces silex avec les ca..
caires le prouve. Quelquefois la silice paraît s'être substitu..
au calcaire après le dépôt de celui-ci; on voit des portio..
de strate calcaire changées en silex, et au point de co..
tact entre les deux substances, le calcaire devenir siliceu..
On voit souvent aussi les cavités des roches calcaires 1..
pissées de silice, et les cavités des meulières retenir enco..
une certaine quantité de calcaire. Dans la masse siliceuse..
grès de Fontainebleau, on trouve le rhomboèdre du carb..
nate de chaux changé en grès qui fait cependant enco..
effervescence dans l'acide muriatique. Ces faits, et su..
tout ce dernier, prouvent bien que la silice s'est quelqu..
fois substituée à la place du calcaire. Voici comment on pe..
concevoir que cette substitution s'est opérée : les sour..
minérales, qui ont amené la silice sur le calcaire, pouvaie..
contenir une certaine quantité d'un acide plus puissant qu..
l'acide carbonique, l'acide muriatique, par exemple, q..
est produit encore en si grande quantité dans les volca..
brûlans; cet acide, en s'emparant de la chaux, aurait détr..
le calcaire; et la silice, qui pouvait ne devoir sa dissolut..
dans le liquide qu'à sa présence, se sera déposée. Dans ce..
circonstance, l'action galvanique aura bien pu jouer un r..
important, comme, du reste, dans tous les dépôts chimiqu..
ainsi que l'ont prouvé les belles expériences de M. B..
querel (1).

Le remplissage d'un lac marin, tant par les dépôts sab..
que par ceux d'attérissement, présente un phénomène des p..
curieux, et dont les diverses circonstances ont été très b..
analysées par le capitaine Bablaye : la résistance qu'apport..

_____

(1) Cette silice pouvait être à l'état gélatineux, comme le supp..
M. Brongniart (§ 129), et comme on l'observe encore tous les jours d..
nos laboratoires.

eaux du lac, en vertu de leur masse, à celles des affluens
qui viennent s'y jeter, les empêche, surtout si le lac est un
peu grand, de porter les matériaux qu'elles charrient au delà
d'une certaine limite, et la couche qu'ils forment se termine
en s'amincissant. Cette couche n'interrompt donc le dépôt
marin qu'à une certaine distance des rives (pl. xiv, fig. 4),
et quand l'effet des affluens est terminé, elle se trouve recouverte elle-même par ce dépôt. Les choses se passant ainsi
de la même manière à chaque irruption des affluens, et la
masse des eaux marines allant toujours en diminuant, les
eaux douces peuvent s'avancer continuellement de plus en
plus, jusqu'à ce qu'elles se soient enfin emparées du lac. On
comprend qu'on aura ainsi deux grandes formations : l'une
marine et l'autre fluviatile, qui s'enchevêtreront l'une dans
l'autre sur le pourtour du lac, de telle sorte que les couches
d'eau douce s'étendront de plus en plus au fur et à mesure
qu'elles s'élèveront, jusqu'à ce qu'enfin le dépôt marin soit
entièrement arrêté et recouvert. On conçoit de cette manière
le synchronisme des deux espèces de dépôts, et que les couches
d'eau douce sont non seulement d'autant plus anciennes
qu'elles sont plus inférieures, mais encore qu'elles s'avancent moins loin dans l'intérieur du bassin.

« Le remplissage d'un bassin ne se fait pas seulement de bas
en haut, a dit M. Boblaye à la Société géologique (1), mais
aussi de la circonférence au centre, en sorte que les surfaces
synchroniques, étant coupées par des plans horizontaux, des-
sinent des couches concentriques ; il en résulte une disposition
telle, que les dépôts lacustres des bords de ces bassins s'avancent
progressivement vers le centre, qu'ils finissent par envahir, recouvrant ainsi tous les dépôts marins, et l'on a une formation
à peu près horizontale, identique dans sa nature et même
dans ses fossiles, et qui, néanmoins, représente toute la durée
de la période de comblement ; en un mot, il y aurait progres-

____

(1) Bulletin de la société géologique, t. VI, page 82.

sion dans le temps, non seulement de bas en haut, sur la
même verticale, mais aussi de la circonférence au centre. » Pou[r]
appuyer cette opinion dans son rapport sur les travaux de [la]
Société géologique (page 22), il dit : « En Morée, des sab[les]
s'accumulent sur les plages, réunissent les îlots, les bas-fon[ds]
et forment des dunes qui isolent des bassins lacustres dispo[sés]
en lignes parallèles au rivage. Plus tard, les sables réuniss[ent]
de nouveau des îles et des bas-fonds plus éloignés du rivag[e],
les dunes s'avancent progressivement, et, avec elles, les d[é]-
pôts lacustres, qui finissent par atteindre la partie centrale [du]
bassin ; ainsi s'établissent les zones juxtaposées de calcai[res]
lacustres qui représentent, de la circonférence au cent[re],
toute la durée de la période. »

Ce mode de remplissage des bassins explique comment il [se]
fait que l'on trouve, à différentes hauteurs, au milieu de [la]
formation marine de la troisième époque, des dépôts lacust[res]
identiques et qui ne s'étendent que dans une partie du bass[in],
le terrain parisien, par exemple (Pl. 11, fig. 2). Cette c[ir]-
constance, long-temps ignorée, a causé de grandes erre[urs]
et de grandes discussions. Les auteurs de la description géo[lo]-
gique des environs de Paris, qui avaient étudié avec un s[oin]
minutieux toutes les couches de ce bassin célèbre, dans leq[uel]
il n'existe réellement que deux formations, une marine [et]
l'autre d'eau douce, s'enchevêtrant comme nous venons d[e]
dire, ce qu'ils ignoraient, avaient cru y reconnaître de[ux]
grandes formations marines et trois formations d'eau do[uce]
alternant entre elles ; et, pour rendre raison de cette dis[po]-
sition, ils admettaient plusieurs irruptions et retraites d[e la]
mer dans le bassin parisien. Plus tard, M. Prevost reconn[ut]
que les dépôts d'eau douce n'étaient que des accidens dan[s le]
dépôt marin, et enfin, aujourd'hui, on commence à ado[pter]
son opinion et celle du capitaine Boblaye, qui rend si b[ien]
compte de la disposition des choses.

Dans les terrains de la quatrième époque, des dépôts d'[eau]
douce se présentent aussi quelquefois à différentes hauteu[rs]

mais je ne sache pas qu'on ait jamais observé entre eux et les dépôts marins une disposition identique à celle que présentent les groupes de la troisième ; cela résulte de ce qu'aucun des grands espaces marins, où ces dépôts se formaient, n'a probablement jamais été comblé par les attérissemens, comme c'est souvent le cas pour ceux de la troisième époque. Mais les fleuves, amenant déjà des débris, formaient, à leur embouchure, des couches d'attérissement, de véritables deltas, qui ont recouvert les dépôts marins et ont ensuite été recouverts par eux ; telles sont les couches si remarquables de Weald, de Stonesfield, de Burdie-House, etc.

D'après l'explication que nous venons de donner de la formation des dépôts de la troisième époque dans le cas général, on a déjà dû comprendre que, dans les cas particuliers où les circonstances locales, la nature minéralogique des roches, la hauteur des montagnes, la quantité des affluens d'eau douce, la proximité de centres d'éruptions volcaniques, la composition chimique et la nature de l'eau des bassins avaient une grande influence, ces dépôts ont dû présenter des variations extrêmement sensibles, tant sous le rapport de la nature des roches que sous celui des restes organiques qu'elles renferment.

En Provence, la partie inférieure est composée d'un calcaire marneux, compacte, alternant avec des couches de sables et d'argile schisteuse, au milieu desquelles sont renfermés des bancs de lignite exploité depuis long-temps ; au dessus, viennent des conglomérats qui servent de base à la curieuse formation lacustre d'Aix, si riche en insectes, en poissons, en mollusques et en plantes (§ 75).

Dans le terrain parisien, une masse irrégulière, de 10 mètres d'épaisseur seulement, composée de sables et d'argile plastique avec lignite, supporte une puissante assise de calcaire marin, au milieu de laquelle sont subordonnés des dépôts d'eau douce. Ce calcaire est surmonté par des sables et des grès qui représentent assez bien le second étage du terrain subatlantique ;

enfin, le tout est recouvert par des silex et des calcaires d'e
douce.

A Londres, une masse argileuse, renfermant des lits
nodules calcaires *septaria* et quelques couches de grès, rep
immédiatement sur la craie et contient à peu près les mên
coquilles que le calcaire parisien ; elle est recouverte par
sables ocreux, alternant avec des marnes, qui forment le seco
étage du terrain.

En Auvergne, les dépôts de la troisième époque sont d'e
douce seulement : ils se sont effectués dans des lacs non sal
dont les eaux nourrissaient des coquilles, des reptiles, des po
sons, et à la surface dequelles nageaient des oiseaux dont
trouve encore les œufs à l'état fossile ; des quadrupèdes t
restres, errant sur leurs rives, y ont aussi laissé leurs débr
Ces dépôts sont composés de marnes gypseuses, reposant
des argiles rouges et vertes mélangées de bancs d'ark
(§ 75).

« Dans la grande mer de l'intérieur de l'Europe,
M. Boué (1), les rivières ont amené de toutes les côtes
sables et des cailloux, et les vagues de la mer ont entassé
matières le long de ses bords, comme cela arrive encore
jourd'hui ; des liquides chargés de parties calcaires ou silice
ses, et le poids des masses, ont donné à ces roches leur c
solidation actuelle. Ainsi se sont formés la bande calca
qui longe le pied des Alpes du bassin viennois, et tous
grands dépôts de mollasse ou de grès, d'agglomérats et
marne, qui bordent le grand bassin hongrois et transylvai
et qui couvrent tout le pays plat de la Moravie, et tout
pied des Alpes allemandes et suisses. Dans le même temp
des roches semblables, mais plus argileuses, remplissaient
fond de la vallée du Rhin et du bassin bohémien. »

« Il est digne de remarque que les agglomérats allema
n'offrent que les débris des Alpes voisines, tandis qu'en Su

(1) Mémoires géologiques, page 70.

dans Vorarlberg les poudingues sont remplis de roches
presque inconnues dans les Alpes, et n'existant que dans la
Forêt-Noire ou des Vosges, telles que des granites, des porphyres, etc.; différence provenant de ce que les derniers dépôts appartiennent à la base du grès vert, qui a été redressée
lors du soulèvement des Alpes et qui n'est point sur la mollasse, quoique ces roches aient la même inclinaison. »

« Les éruptions plutoniques, qui paraissent avoir été très
continuentes pendant toute la durée de la troisième époque, ont
dû exercer une grande influence sur les dépôts neptuniens
qui avaient lieu dans leur sphère d'activité. M. Boué, le géologue qui connaît le mieux le terrain tertiaire, pense que
c'est immédiatement après la formation craïeuse que les plus
grandes des masses trachytiques et basaltiques ont été élevées.
Lors du dépôt du terrain tertiaire supérieur, dit-il (1),
la plupart des montagnes trachytiques ont été fort dégra-
dées; les débris de leurs roches ont été remaniés (Pest. feldspathique), et des roches basaltiques sont encore sorties çà et là
de la terre. Enfin, après les dépôts locaux d'eau douce, des
volcans ont vomi de grands courans de lave, et une partie de
ces volcans existent encore, comme volcans éteints (Eiffel,
Auvergne), ou bien d'autres cônes brûlans se sont élevés dans
le voisinage (Etna); il a pu se former même encore quelques dômes trachytiques pendant l'époque alluviale. »
« Les trachytes se sont souvent produites dans les lieux
mêmes où les agens volcaniques avaient déjà amoncelé fort
antérieurement des porphyres ou des granites, comme en
Hongrie et en France. Cette position indique qu'une nouvelle
activité s'était développée dans les anciens foyers volcaniques. »

. . . .

« Il est digne de remarque qu'un très petit nombre de ces masses ignées se soient accumulées au milieu des îles de ce temps-
là; dans ce cas sont presque les groupes du Cantal et du Mont-

(1) Mémoires géologiques, page 59.

d'Or ; les autres sont sorties sur la pente sous-marine des
îles ou au pied des chaînes de montagnes dont les cimes
taient seules de l'eau, ou bien dans les bas-fonds des mers
comme en Hongrie, le long du Bosphore, en Italie, en Portugal, en Allemagne et en Écosse. La base de la grande
des Alpes, ou du milieu de l'Europe, a été percée par de semblables éruptions, surtout sur le côté sud-est, dans le Véro-
nais, le Vicentin, le Padouan, le Tyrol méridional et les Alpes
de Lombardie. Dans ces derniers pays, les roches ignées présentent des masses porphyriques et granitoïdes qui éta-
sent complètement l'union intime entre les roches ig-
anciennes et modernes (predazzo). Mais nous nous gar-
rons bien d'en conclure que tous les granites sont d'
époque si récente. D'un autre côté, la grande île alpi
l'île grecque, réunies, sont entourées d'un cercle pres-
complet d'amas volcaniques, qui comprendrait les trach
et les basaltes de la Souabe, de Banow en Moravie, et d'O
Pullendorf en Hongrie ; les groupes trachytiques et ba-
tiques de Feldbach en Styrie, et ceux de la Hongrie et d
Transylvanie ; le grand groupe trachytique de l'Asie min
au nord de Smyrne, et les basaltes du Bosphore ; les
chytes des îles d'Égine, de Santorin, de Milo et de la
daigne ; enfin, les roches ignées du nord de l'Italie. Ce
ces éruptions volcaniques formidables, accompagnées
fendillemens, de soulèvemens et d'abaissemens de ter
qui ont probablement porté les continens à leur hau
actuelle, ou, si l'on veut, qui ont forcé la mer à desce
d'abord au niveau des bassins tertiaires les plus bas (Par
et ensuite presqu'à son niveau actuel. »

A la manière dont les masses trachytiques et basalti
sont disposées à la surface de terre et au milieu des terr
qu'elles ont percés en s'élevant (pl. II, fig. 7, 8, 9 et 10)
peut reconnaître qu'elles sont sorties par des crevasses,
de grandes ouvertures différant notablement du cratèr
nos volcans actuels. Dans ces régions, les trachytes e

...saltes se sont souvent élevés en dômes coniques se ratta-
...nt à un centre d'action principale, comme les porphyres
...es eurites ; dans ce cas, la matière devait être à l'état
...eux. On voit aussi de grandes nappes de basaltes couvrir
...espaces fort étendus (Auvergne). Alors la matière a dû
...un lancée à l'état fluide par des crevasses situées au pied et
...e les flancs des montagnes, et même des masses pâteuses
...t nous venons de parler, qu'elle portait en haut en
...evant. Mais je ne crois pas, et aucun caractère ne prouve
...e les véritables basaltes, ceux qui affectent souvent la
...sion prismatique, aient jamais débordé au dessus d'un
...ère, ou passé par une crevasse de ses flancs, comme les
...is modernes ; cela n'est arrivé que quand les cheminées
...aniques ont été très rétrécies. Alors un cône creux a pu
...ormer autour d'elles d'une partie des matières rejetées, et
...travail qui s'est ensuite progressivement opéré dans ces
...minées a changé le basalte en lave.

...ous avons dit (§ 74) que les testacés terrestres, fluvia-
...et marins, conservés dans les roches de la troisième
...que, étaient les mêmes pour les genres, et bien souvent
...les espèces, que ceux qui vivent encore maintenant,
...u'en général ils offrent de grandes analogies avec ceux
...mers et des grands lacs dans le voisinage desquels ils
...nt. Ceci prouve évidemment qu'à cette époque l'état de
...divers amas d'eau était peu différent de celui qu'ils
...us présentent maintenant, et que la différence des climats
...it déjà sensible sur la surface du globe, puisqu'elle influait
...la nature des animaux marins, à peu près de la même
...anière qu'aujourd'hui. Dans les lacs et les grands bassins
...enés, où le voisinage des volcans maintenait une tempéra-
...ip plus élevée, les habitans des eaux devaient différer
...siblement de ceux des autres contrées. Ce que je viens de
...oe pour les êtres aquatiques peut également s'appliquer
...x êtres terrestres. Dans ceux-ci néanmoins, surtout parmi
...quadrupèdes et les grands végétaux, les variations sont

moins prononcées, et cela se conçoit facilement ; car, ay...
une organisation bien plus robuste que les mollusques, i...
fallu de plus grandes variations dans les milieux ambia...
pour les modifier d'une manière sensible.

Il résulte de là que les dépôts qui se sont formés au mê...
instant physique, dans les différentes parties de la surf...
terrestre, devaient contenir des débris organiques bien di...
rens quant aux espèces, comme cela arrive encore main...
nant, où les dépôts qui se forment en même temps aux p...
et à l'équateur n'enfouissent pas du tout la même populati...
M. Deshayes a donc grand tort de vouloir juger de l'âge...
dépôts de la troisième époque, seulement d'après la nat...
des restes organiques qu'ils renferment. Tout le monde...
met avec lui que, dans une même contrée, les espèces...
males et végétales qui se rapprochent le plus des nôtres gis...
dans les strates les plus modernes ; mais on ne peut lui...
corder que, de deux bassins situés à une certaine distance l...
de l'autre, comme ceux de Paris et de Bordeaux, le der...
rempli soit celui dont la population fossile se rapproche le p...
de la nôtre ; on peut avancer seulement avec quelque ce...
tude que, dans la région de celui-ci, la température diffé...
peu de celle d'aujourd'hui.

Puisque la différence des climats était déjà sensible p...
dant la durée de la troisième époque, il est évident que...
dépôts intertropicaux de cette période doivent offrir...
population fossile qui se rapproche bien davantage de c...
de la quatrième époque que la population des dépôts circ...
polaires identiquement de même âge.

M. Deshayes, qui n'a pas voulu avoir égard à ces p...
cipes, a été conduit aux conclusions les plus singulière...
place le terrain de la Superga au dessus de tous les dé...
parisiens, et M. Brongniart le range dans l'étage du calc...
grossier. Il regarde les marnes bleues subapennines co...
plus modernes que les faluns de la Touraine, de Dax e...
Bordeaux, qui sont, pour lui, de même époque que...

marnes bleues du bassin de Vienne en Autriche, et tous les géologues qui ont étudié le bassin de Vienne et les collines qui flanquent les Apennins admettent entre les deux terrains une identité parfaite d'époque et même de composition géognostiques.

La question de non-simultanéité dans le remplissage des bassins de la troisième époque me paraît tout à fait oiseuse; car qu'entend-on par cette simultanéité de remplissage? A aucune époque de la formation de notre planète, la simultanéité absolue n'a existé dans les dépôts de même nature; une légère perturbation pouvant arrêter l'un et déterminer l'autre; comme nous n'avons aucun moyen de mesurer le temps des époques géologiques, qui certainement a toujours été immense, comparativement à celui des époques historiques, je ne vois pas comment on pourrait établir que, de deux équivalentes géognostiques, l'une a été formée avant l'autre; et rien ne répugne à admettre que les marnes bleues des bords du Danube se soient déposées plusieurs années, je dirai même plusieurs siècles, plusieurs mille ans, avant ou après celles des collines subatlantiques; mais certainement elles se sont, les unes et les autres, déposées dans une grande période géologique, un temps que nous ne pouvons pas mesurer, durant lequel les forces de la nature avaient une certaine intensité. Voilà ce qu'on doit entendre par des dépôts contemporains, ou géologiquement identiques : on n'a d'autres moyens de déterminer l'âge relatif de deux dépôts que ceux fournis par les superpositions, et que nous avons indiqués (§ 42).

Dans les terrains de la troisième époque, comme dans ceux des autres, des formations et des parties de formation manquent; c'est un fait bien constaté. Alors les portions inférieures à celles supprimées occupent leur place; mais on a les caractères géologiques, minéralogiques et paléontologiques, pour classer les masses qui se trouvent dans ce cas. Par exemple, dans les localités où la formation d'eau douce

repose immédiatement sur la craie, aucun géologue n'ir
croire qu'elle représente le calcaire grossier ou les marn
bleues ; mais quand on voit, dans toute l'Italie, la Sicile
l'Afrique, une grande partie de l'Asie et du nord de l'E
rope, les marnes bleues et les mollasses former constammen
la base du grand terrain de troisième époque et se lier, su
plusieurs points, avec le terrain craïeux de la quatrième (§76
je ne puis croire que toute la puissante assise du calcaire pa
risien manque dans ces contrées, et que, par déférence pou
lui, les marnes bleues et les mollasses aient bien voul
attendre qu'il eût pris la place qui lui convenait dans la sér
géologique, avant de se présenter pour occuper la leur.

Je me résume : tous les dépôts marins ou fluviatiles qu
l'on classe dans la troisième époque géologique, celle où
grands mammifères ont commencé à devenir nombreux s
la terre, formés sous l'influence des causes générales, comm
tous les autres, se sont trouvés plus modifiés par les circon
tances locales, parce qu'alors les régions de dépôt étaie
moins étendues qu'auparavant ; et quand ces dépôts ont
avoir lieu sur de grands espaces (midi de l'Europe, u
grande partie des continens africain et asiatique), ils pr
sentent partout les mêmes caractères, sauf les variations i
hérentes à la nature des choses.

Nous avons dit que, pendant la durée de la troisième é
que géologique, la population des eaux était peu différen
de celle d'aujourd'hui ; effectivement, elle nous offre les m
mes genres, et quelquefois les mêmes espèces de végétau
de zoophytes, de mollusques, de crustacés, de poissons,
reptiles, de cétacés, d'amphibies et d'insectes.

Mais la population terrestre différait essentiellement, no
pas pour les végétaux qui ressemblent beaucoup aux nôtre
et dont les diverses classes se trouvaient dans des rappo
peu différens de ceux qu'elles ont aujourd'hui entre elle
mais pour les animaux vertébrés dont, non seulement l
espèces, mais encore les genres, sont entièrement inconn

maintenant ; les *palæotherium*, les *anoplotherium*, les *anthra-
terium*, les *lophiodons*, etc., et même les *mastodontes*, qui
commencent à se montrer dans les couches supérieures, et
seront si nombreux dans toute l'époque suivante, n'ont plus
d'analogues vivans. Cependant, dans certains terrains d'eau
douce, comme ceux de l'Auvergne, les débris de ces animaux
se trouvent mélangés avec d'autres, pachydermes, carnassiers,
rongeurs, ruminans, et oiseaux, qui ne diffèrent pas essentiellement des nôtres ; ce qui prouve bien, comme nous l'a-
vons déjà dit, que l'organisation, et, par suite, la nature du
milieu ambiant, n'était pas la même dans les différentes localités.

L'étude des caractères anatomiques de ces animaux per-
dus est de la plus haute importance pour l'histoire de notre
planète. La nature, qui les avait réunis en grand nombre,
au milieu des roches qui composent le terrain des environs de
Paris, semble avoir créé tout exprès, et amené sur les lieux
mêmes, pour nous révéler les principales circonstances de
leur vie, un de ces génies qu'elle lance quelquefois au milieu
du genre humain, pour reculer les bornes de son intelligence. L'immortel Cuvier, d'après les principes de l'anatomie
comparée, est parvenu non seulement à décrire les antiques
habitans du globe et reconstruire le squelette de plusieurs,
mais encore à deviner leurs mœurs et leurs habitudes. Les
mastodontes, les *palæotherium*, les *anoplotherium*, les *me-
gatherium*, les *megalonyx*, les *pterodactyles*, etc., enfouis
dans les entrailles de la terre, long-temps avant l'existence de
l'homme, et dont on n'a retrouvé que des fragmens, sont,
maintenant, presque aussi bien connus que nos espèces d'a-
nimaux domestiques.

Ces grands résultats découlent naturellement de ce beau
principe d'anatomie comparée : « Tout être organisé forme un
ensemble, un système unique et clos, dont toutes les parties se correspondent mutuellement, et concourent à la
même action définitive, par une réaction réciproque. Au-

» cune de ces parties ne peut changer sans que les a
» changent aussi; et, par conséquent, chacune d'el
» prise séparément, indique et donne toutes les autr
(Cuvier, Discours préliminaire, page XLV.)

Après avoir décrit toutes les parties du squelette du m
donte, Cuvier conclut (1) « que le grand mastodonte,
» l'animal de l'Ohio, était fort semblable à l'éléphant
» les défenses et toute l'ostéologie, les mâchelières excep
» qu'il avait très probablement une trompe, que sa hau
» ne surpassait point celle de l'éléphant, qu'il se nourriss
» peu près comme l'hippopotame et le sanglier, choisis
» de préférence les racines et les autres parties charnue
» végétaux, que cette sorte de nourriture devait l'attirer
» les terrains mous et marécageux, que, néanmoins, il n
» tait pas fait pour nager et vivre souvent dans l'eau, co
» l'hippopotame, mais que c'était un vrai animal terrestre,

Après le rétablissement du squelette de l'*anoplothe*
commune, il dit (2) :

« Ainsi voilà l'ostéologie de notre animal complètement
» construite; toutes les attaches des muscles sont donc don
» et les muscles eux-mêmes peuvent être facilement repl

» Sa hauteur, au garrot, était assez considérable;
» pouvait aller à plus de trois pieds et quelques pouces.
» ce qui le distinguait le plus, c'était son énorme queue
» lui donnait quelque chose de la stature de la loutre.
» probable qu'il se portait souvent, comme ce carnas
» sur et dans les eaux, surtout dans les lieux maréca
» mais ce n'était sans doute pas pour y pêcher, comme lo
» d'eau, comme l'hippopotame. Comme tout le genre
» sangliers et des rhinocéros, notre anoplotherium était
» bivore; il allait donc chercher les racines et les tiges
» culentes des plantes aquatiques. D'après ses habitude

(1) Recherches sur les ossemens fossiles, page 49.
(2) Volume III, page 247.

nageur et de plongeur, il devait avoir le poil lisse comme la loutre ; peut-être même sa peau était-elle demi-nue, comme celle des pachydermes, dont nous venons de parler. Il n'est pas vraisemblable, non plus, qu'il ait eu de longues oreilles, qui l'auraient gêné dans son genre de vie aquatique, et je penserais volontiers qu'il ressemblait, à cet égard, à l'hippopotame et aux autres quadrupèdes qui fréquentent beaucoup les eaux. »

» Sa longueur totale, la queue comprise, était au moins de huit pieds, et, sans la queue, de cinq et quelques pouces. La longueur de son corps était donc à peu près la même que dans un âne de taille moyenne ; mais sa hauteur n'était pas tout à fait aussi considérable.

» Pour le *palæotherium minus*, si nous pouvions ranimer cet animal aussi aisément que nous en avons rassemblé les os, nous croirions voir courir un tapir plus petit qu'un chevreuil, aux jambes grêles et légères. Telle était, à coup sûr, sa figure. Sa hauteur, au garrot, devait être de seize à dix-huit pouces. »

Voilà comment l'étude des restes organisés fossiles peut conduire aux plus importantes découvertes, en nous révélant l'histoire des différentes races du règne organique. Nous avons déjà dit quel parti le professeur Buckland avait tiré de l'observation des fèces fossiles de différens genres d'animaux, pour connaître aussi leurs mœurs ; et, bien que ce savant observateur ne soit venu qu'après Cuvier, il n'a pas moins ouvert encore une nouvelle route aux naturalistes, qui ne peuvent manquer d'arriver à de grands résultats en la suivant.

Des conclusions non moins curieuses et non moins importantes, tirées, par M. Deshayes, de l'étude des zoophytes et des mollusques fossiles, ont conduit ce célèbre naturaliste à déterminer assez exactement la température sous laquelle s'est déposé chacun des trois étages du terrain tertiaire (notre troisième époque), dans lequel il comprend les dépôts marins, avec ossemens d'*éléphans*, de *mastodontes*, etc., que nous avons rangés dans la seconde époque (§ 64).

« Parmi les animaux qui vivent dans la mer, ceux qui ne sont pas doués de la faculté de s'émouvoir facilement, peuvent se soustraire périodiquement à l'influence des saisons, et sont forcés de subir toute cette influence; tels sont les mollusques et les zoophytes, qui se trouvent nécessairement en rapport avec la température moyenne de chaque contrée. Il est parfaitement établi (§ 14) que les mers glaciales, les mers tempérées et les mers équatoriales ont chacune un certain nombre d'espèces de mollusques et de zoophytes qui leur sont propres. »

« Le nombre des espèces augmente en allant des pôles à l'équateur; pour chaque région, il y a toujours un certain nombre d'espèces qui représente la température moyenne, et dans ce nombre, quelques unes qui caractérisent particulièrement la région. »

« La comparaison de toutes les espèces vivantes connues avec toutes celles provenant des diverses formations tertiaires de l'Europe a conduit M. Deshayes aux résultats suivans : »

« 1°. Les terrains tertiaires de l'Europe ne contiennent aucune espèce identique des terrains secondaires sous-jacents; »

« 2°. Les terrains tertiaires sont les seuls qui contiennent fossiles des espèces encore vivantes; »

« 3°. Les espèces analogues sont d'autant plus nombreuses que le terrain est plus récent et réciproquement; »

« 4°. Des proportions constantes, dans le nombre des espèces analogues, déterminent l'âge des terrains tertiaires; »

« 5°. Les terrains tertiaires, sous le rapport de leur zoologie, doivent être divisés en trois groupes ou étages. »

« L'étage supérieur, particulièrement développé en Suède, en Norwége, dans le Danemarck, l'Espagne, l'Italie, la Sicile et le nord de l'Afrique, contenant, à l'état fossile tentes les espèces identiques des mers correspondantes, et même celles particulières à chaque localité, a été déposé lorsque la température de l'Europe était peu différente de celle d'aujourd'hui. »

« Le second étage, qui comprend la Superga, près de Turin, le bassin de la Gironde, les faluns de la Touraine, le bassin de Vienne, en Autriche, la Podolie, la Volhynie, les environs de Moscou et ceux de Mayence, renferme toutes les espèces, propres au Sénégal et à la Guinée, qui représentent le mieux la température de cette partie de la zone équatoriale. »

« Si on tient compte du nombre des espèces et de la quantité d'individus appartenant à chacune d'elles, c'est sur le bassin de la Gironde que doit passer la ligne de plus grande intensité de chaleur ; elle s'étendrait de là jusqu'en Pologne et dans le midi de la Russie. »

« Pour le bassin de Paris, qui, suivant M. Deshayes, est l'étage le plus ancien de l'époque, et qu'on retrouve aux environs de Londres, en Belgique et en Hollande, sur plusieurs points des Alpes, dans quelques parties de la Hongrie et de la Moldavie, on est loin d'avoir un moyen aussi concluant : sur 1200 espèces fossiles, découvertes, jusqu'à présent, dans cet étage, 38 seulement ont leurs analogues vivantes, dont la plupart habitent, il est vrai, la zone torride, mais dont quelques unes se trouvent aussi dans nos mers.

« Si l'on ajoute à cela que ces coquilles sont accompagnées d'ossemens de grands pachydermes, de débris de palmiers, etc., on pourra encore en conclure que, dans les premiers temps de la période tertiaire, la température était au moins aussi élevée que dans les régions les plus chaudes de la zone torride actuelle. De ce que nous venons d'exposer, il résulte que »

« 1°. La première période tertiaire s'est écoulée sous une température équatoriale, et probablement un peu plus élevée que celle de notre zone torride ; »

« 2°. La seconde s'est écoulée sous une température semblable à celle du Sénégal et de la Guinée; »

« 3°. Pendant la troisième période, la température a été
dans chaque contrée, peu différente de celle d'aujourd'hui.

« Ainsi donc, depuis le commencement de la troisième époque
géologique, la température a été constamment en s'abaissant.
Passant, dans nos climats, de l'équatoriale à celle qu'on
observe maintenant, il est facile de mesurer la différence.
(Annales des Sciences naturelles, mai, 1836.)

Nous bornerons ici nos considérations géogéniques sur la
troisième époque : elles sont fort étendues ; mais elles devaient
l'être, parce qu'à partir de là, il existe une chaîne non interrompue entre les différentes parties des règnes organiques
et inorganiques, jusqu'à l'époque actuelle, dont nous sommes
à même de bien connaître tous les phénomènes.

DEUXIÈME ÉPOQUE.

(§ 131). On rencontre, sur un si grand nombre de points
les dépôts de la troisième et de la seconde époque, intimement
liés entre eux (§ 74), qu'il est évident, pour tous les obser-
teurs, qu'il n'y a point eu encore ici de ces grandes révo-
tions qu'on dit avoir bouleversé toute la surface du globe
et que l'action des forces de la nature s'est continuée sans
interruption, en se modifiant, néanmoins. Vers la fin de la
période précédente, ou, si l'on veut, dans les premiers temps
où des animaux assez semblables à ceux qui vivent encore
maintenant, l'homme excepté, ont commencé à pouvoir vivre sur le globe, presque tous les lacs salés, et une grande
partie des caspiennes, restés dans l'intérieur des continents
étaient comblés ou transformés en eau douce. Les mêmes
causes, continuant d'agir, les unes, celles qui prenaient leur
origine dans l'intérieur de la terre, avec une moindre intensité, et les autres, les agens extérieurs, avec une plus grande

mêmes dépôts ont dû continuer; mais les matières d'attérissemens devaient l'emporter de beaucoup sur celles lancées
de l'intérieur de la terre. Sur le littoral des mers, le fond des
golfes et des baies ayant été élevé, les animaux qui y vivaient,
étant beaucoup rapprochés des nôtres, se trouvaient encore
englobés dans les dépôts salins et au milieu des attérissemens.
Les dimensions des laboratoires de la nature, si l'on peut
s'exprimer ainsi, ayant diminué, les produits étaient moins
considérables, et voilà pourquoi les groupes de dépôts chimiques de cette époque sont moins étendus que ceux de la présente; mais, du reste, ils sont à peu près les mêmes, et leur
formation peut s'expliquer comme précédemment.

Dans la troisième époque, nous avons trouvé des couches
et les amas de lignite, dont quelques parties, présentant encore parfaitement l'organisation végétale, étaient accompagnées de tiges, de branches et de feuilles parfaitement conservées. Dans la seconde époque, on voit des masses tourbeuses,
et même de véritables tourbes, renfermant une grande quantité de végétaux ligneux, qui se transforment en lignite, et
au milieu desquels on trouve souvent de véritables couches de
lignite, très semblables à celles de la troisième époque. D'a-
près la manière dont les tourbières et les forêts fossiles de
la seconde époque gisent (§ 68), on est autorisé à admettre
qu'elles occupent encore souvent la place où vivaient jadis les
végétaux qui leur ont donné naissance. Ce sont d'anciens
marais remplis de plantes aquatiques, sur les bords et au
milieu desquels croissaient quelques arbres, *bouleaux, aulnes,
noisetiers*, qui sont tombés d'eux-mêmes, ou qui ont été
renversés par les vents ou des masses d'eau qui traînaient dans
le marais les sables, les cailloux et les marnes qu'on y trouve
maintenant; de vastes forêts peuplées de beaux arbres,
au pied desquels croissaient des fougères, des mousses, une
grande variété de graminées et d'autres plantes délicates,
qui ont été beaucoup plus vite carbonisées que les arbres, en-

core souvent parfaitement conservés, autour desquels el
forment des couches de tourbe plus ou moins épaisses.

Les insectes qui habitaient ces forêts de l'ancien mo
gisent encore, dans les tourbes, avec toutes leurs c
leurs ; on y trouve aussi les cadavres de quelques uns
grands animaux qui en broutaient l'herbe, et de ceux
carnassiers qui leur faisaient la guerre. Tous ces faits étab
sent évidemment une grande analogie entre les forêts de ce
époque et celles de la nôtre.

Quand les amas de végétaux sont recouverts par des m
nes et des sables fins, que les feuilles et les plus petites br
ches sont parfaitement conservées, on peut croire que les
bres sont tombés de vétusté, ou par la force du vent, et qu
ont ensuite été enfouis graduellement dans les attérissem
des eaux pluviales et des rivières ; mais quand ils sont enfo
sous des masses de cailloux roulés, que les arbres sont
brisés, comme c'est le cas dans les grandes vallées, on p
attribuer leur enfouissement au passage de ces grandes mas
d'eau, dont la seconde époque nous offre tant d'exempl
et qui, charriant avec impétuosité une grande quantité de
bris pierreux de toutes les grosseurs, renversaient tout ce
se trouvait sur leur passage. (Dans les vallées du **Rhin**,
Rhône, et de presque tous les grands fleuves.)

Nous savons que, dans les amas recouverts d'une fo
couche d'alluvion, les branches, et même les troncs des
bres dicotylédons, sont très aplatis, ainsi qu'on l'obse
dans les dépôts charbonneux de toutes les époques antéri
res. Cet effet est le résultat de l'énorme pression que les
bres ont eue à supporter après leur enfouissement. Quar
dans ce cas, l'écorce est conservée, on remarque beaucoup
fractures longitudinales qui annoncent l'écrasement.

Les amas de végétaux de la seconde époque géologique
même ceux de la troisième, ne présentent pas des ma
aussi compactes et aussi bien carbonisées que ceux des é
ques antérieures ; ce qui me paraît provenir de ce que

stance des végétaux était plus solide, qu'ils sont enfouis
depuis un temps moins considérable et à une bien moins
grande profondeur, et qu'ensuite l'action des agens chimiques qui ont opéré dans la formation des houilles anciennes
(acide sulfurique probablement) n'avait plus la même intensité; cependant la présence des pyrites, dans presque tous
les dépôts de lignite et dans la plupart des tourbières anciennes, annonce encore des émanations sulfureuses et, par
suite, la présence de l'acide sulfurique; nous savons, du reste,
que cet acide se trouve encore aujourd'hui, en grande quantité, dans la nature (§ 60).

Terrain diluvien. La masse à laquelle les observateurs ont
donné les noms de *diluvium, terrain diluvien,* etc. (§ 63 et
suiv.), est, de beaucoup, la plus étendue et la plus importante
de toutes celles de la seconde époque : nous avons cru devoir
distinguer deux groupes, l'un *terrestre* et l'autre *marin.*
D'après la description que nous avons donnée (§ 63) des caractères géognostiques et minéralogiques du premier, il est
évident qu'il a été formé par des masses d'eau sorties de l'intérieur des chaînes de montagnes, qui entraînaient les débris
des roches constituantes, qu'elles sont allées, en perdant
progressivement leur vitesse, déposer dans les plaines situées
à leur pied, après avoir laissé les plus gros morceaux et les
matières les plus pesantes sur les pentes de ces montagnes et
des collines qui en sont les dernières ramifications.

Des partisans des cataclysmes universels ont prétendu que
cet effet était le résultat d'une violente éruption de la mer sur
les continens, par laquelle tous les êtres organisés qui vivaient
alors auraient été anéantis. Cette hypothèse, plus soutenue
maintenant que par des hommes qui n'ont point étudié la
nature, n'est pas digne d'une réfutation. D'autres prétendent
qu'il a été produit par de grandes pluies, dont les eaux auraient coulé sur les pentes et de là dans le fond des vallées,
comme cela se fait encore aujourd'hui, et par les débâcles
successives de grands lacs, situés à de grandes hauteurs dans

les chaînes de montagnes, dont les digues se seraient ro-
pues par diverses causes. Ces effets-là ne sont que des
particuliers et ont pu ajouter leur action à celle de la ca
générale, qui était assez intense pour remplir de débris ac
mulés tous les espaces plats ou légèrement ondulés, trave
par les plus grands fleuves du monde. De plus, l'examen
la distribution sur les pentes de certaines portions de
grands dépôts démontre jusqu'à l'évidence qu'ils ne peuv
être le résultat ni du passage des eaux pluviales, ni de la
bâcle des lacs. Des observations faites en 1830 sur le gra
dépôt diluvien de la vallée du Rhin (1) (§ 63) m'avaient
bord conduit à admettre que ce dépôt avait été formé pr
cipalement par des masses d'eaux acides, sorties de l'intéri
des deux chaînes qui bordent ce fleuve, en entraînant
débris des roches. Un fait de la plus haute importance, c
que dans la plus grande portion de ce dépôt, qui provi
évidemment du grès rouge vosgien, les sables ont été co
plètement décolorés par le liquide qui les a transportés,
des concrétions et autres productions calcaires, abonda
au milieu des marnes et même des sables, avec cailloux r
lès, annoncent que cet acide devait être l'acide carboniq
A mon retour à Paris, je priai M. Billard, pharmacien
tingué, d'essayer la décoloration des sables provenant
grès vosgien au moyen des réactifs, et, après avoir i
tilement employé l'acide hydrochlorique, les hydrochlor
de soude et d'ammoniaque, l'acide sulfurique et l'acide
fureux, il a complètement réussi avec l'acide carbonique,
en faisant passer, pendant quelques heures seulement,
courant à travers l'eau qui contenait le sable. Ce fait pro
fortement en faveur de la présence de l'acide carboni
dans les eaux diluviennes, confirmée par l'abondance
même acide dans toutes les éruptions volcaniques, et

(1) Mémoire sur le terrain diluvien de la vallée du Rhin, journ
géologie, n° 1.

nd nombre de sources minérales qui sortent de l'intérieur
 globe par les fractures des roches.

Quelque temps après, je vis les cailloux du grand attérissement diluvien de la vallée du Rhône, cimentés par du spath
calcaire identique avec celui des sources incrustantes. Dans
les calcaires de la Provence, je découvris les canaux qu'avaient
faits les eaux acides pour venir des profondeurs du globe,
par les roches environnantes, les sillons qui marquaient
leur passage. En Afrique, j'observai des phénomènes analogues. Enfin, pendant les années 1834, 1835 et 1836, en
parcourant les chaînes du Jura et de la Bourgogne, je reconnus avec joie que la surface des roches calcaires était
souvent coupée, sur des espaces très étendus, par de profonds
sillons, divergeant assez souvent d'un ou de plusieurs trous
verticaux pratiqués dans l'épaisseur des roches (§ 63). Ces
sillons suivent toujours l'inclinaison des strates, et quand
ils partent d'une arête culminante, il y en a deux systèmes
qui prennent des directions opposées. Dans les carrières et
quelques escarpemens, j'ai pu suivre assez loin les trous verticaux, et j'ai reconnu que c'étaient de véritables cheminées
de rois corrodées par un liquide acide, qui se ramifient souvent un grand nombre de fois. Ces cheminées sont quelquefois
tapissées de stalagmites, qui annoncent le passage d'eaux
chargées de carbonate de chaux. Dans la Bourgogne, elles
sont souvent remplies d'un sable siliceux, exploité pour les
verreries, et qui pourrait bien avoir été entraîné, depuis
les marnes irisées par les courans acides, à travers le terrain
jurassique.

Le grand attérissement diluvien qui couvre le fond des
vallées et les pentes de montagnes, jusqu'à une grande hauteur quelquefois, renferme d'énormes masses de travertin,
tantôt pur, tantôt mélangé de gros blocs et de cailloux roulés, et dont la formation, terminée depuis long-temps, n'est
point due à des sources qui sourdent dans le voisinage. Enfin,
dans quelques grandes anfractuosités de rochers, j'ai vu des

débris anguleux, souvent très gros, encore cimentés pa[r le]
même travertin.

Ces différentes masses de travertin représentent le calc[aire]
enlevé aux roches par les eaux acides dans les endroits [mê-]
mes où sont maintenant les sillons, et comme ils gisent [au]
milieu des alluvions anciennes, il est évident que c'e[st à]
cette époque que ces eaux sont sorties de l'intérieur de [la]
terre.

Les cheminées et les sillons sont si nombreux sur to[ute]
la surface des montagnes du Jura et de la Bourgogne, [que]
les masses d'eau sorties de l'intérieur de la terre devaient [être]
très considérables : elles ont dû remplir les vallées jusq[u'à]
la hauteur où s'élève maintenant la masse des alluvi[ons]
anciennes. De fortes pluies, les débâcles de quelques l[acs]
dont les digues étaient brisées par l'effort qui élevait les [eaux]
acides dans les cheminées, ont bien pu venir augme[nter]
accidentellement le volume des eaux ; mais elles n'ont ja[mais]
produit la masse principale.

Cette sortie des eaux acides ne s'est pas faite tout d'un co[up ;]
elle a dû présenter, au contraire, des paroxismes très var[iés,]
comme les éruptions volcaniques dont elle n'est probablem[ent]
qu'un effet.

Les cours d'eau qui sillonnaient alors la surface des [con-]
tinens étaient plus volumineux qu'aujourd'hui, comme [tout]
tend à le prouver. Le volume de leurs eaux, augmenté par [celui]
des eaux qui sortaient de l'intérieur de la terre, acquérait [une]
plus grande vitesse, une plus grande puissance de transp[ort.]
En charriant les débris des montagnes, ils versaient les [uns]
dans les autres et finissaient ainsi par former des masses [très]
considérables, qui remplissaient les espaces compris ent[re les]
chaînes de montagnes ; de grands bassins, comme ceux [com-]
pris entre les montagnes de Bourgogne et celles du J[ura,]
entre les Vosges et la Forêt-Noire, etc., dont le fon[d est]
maintenant couvert d'une puissante assise de terrain [d'al-]
luvion divisée en deux étages (§ 63). Ces espaces pouva[ient]

sans écoulement du côté des mers, et les eaux arrivaient un grand lac, où elles pouvaient s'écouler par les étroites que nous leur voyons encore maintenant (1) et en desquelles il y avait toujours un lac formé. Alors on voit très bien que les eaux qui sortaient des montagnes, leur vitesse en arrivant dans ces lacs, devaient laisser déposer les matériaux qu'elles charriaient. Ce dépôt se fait encore comme aujourd'hui, dans les mêmes circonstances, c'est à dire suivant les lois de la pesanteur : ce qui explique parfaitement la distribution des matériaux qui composent le grand attérissement diluvien. Les commotions qu'a vraisemblablement éprouvées la surface de la terre à cette époque, par suite des nombreuses éruptions basaltiques (§ 70), l'ondulation que devait naturellement entretenir dans les eaux des lacs l'arrivée de celles sorties de l'intérieur des montagnes, empêchaient les marnes et les sables fins de se déposer en grande quantité; mais, vers la fin de la période, le mouvement s'étant beaucoup ralenti, tant par suite de la diminution des commotions souterraines que par celle du volume des eaux affluentes, ces matières, tenues en suspension jusque-là, ont pu se déposer et former l'étage supérieur du terrain diluvien, le *lehm* de l'Alsace, etc.

Au lieu de se rendre dans de grands bassins, les eaux diluviennes se sont aussi étendues sur de grands espaces plats, comme les Pays-Bas, la Hollande, etc. En s'étendant sur ces plaines, elles perdaient encore leur vitesse et laissaient, par conséquent, déposer les débris qu'elles transportaient; seulement ici, les matériaux ont dû être plus mélangés que dans le premier cas, et il n'a dû se former qu'un seul étage, où ces matériaux sont mélangés plus ou moins irrégulièrement : c'est effectivement ce qui a lieu.

On conçoit parfaitement comment les eaux diluviennes,

(1) Le passage de la Saône dans l'intérieur de Lyon, celui de la Durance à Sisteron, etc.

en balayant la surface des continens, ont entraîné les dé
des animaux et des végétaux terrestres et fluviatiles qu'e
ont enfouis au milieu des dépôts qu'elles formaient. J'ai s
vent vu des observateurs très étonnés de l'état parfai
conservation dans lequel se trouvent, au milieu des dé
diluviens, les débris organiques végétaux et animaux.
phénomène ne présente rien, il me semble, qui doiven
étonner : ces débris flottaient à la surface de l'eau ou à i
profondeur bien moindre que ceux des roches avec lesqu
ils étaient transportés, comme on peut l'observer encore
jourd'hui dans nos torrens, nos rivières et nos fleuves. Pa
les quadrupèdes terrestres, dont les restes sont souvent si n
breux et si bien conservés, il y a bien encore une autre rai
de conservation; les os ont pu être transportés couverts de cl
qui amortissait le choc des corps durs; souvent les cadavres
tiers eux-mêmes ont été entraînés (les éléphans et les rhi
céros des bords de la Léna, par exemple); et, après a
flotté longtemps à la surface des eaux, les chairs s'étant
tréfiées, les os sont naturellement tombés au fond, soit d
la même place, alors on trouve tous ceux du squelette mê
gés confusément, soit dans des places différentes, le cad
ayant été transporté, pendant la putréfaction des chairs,
les courans ou par les vents, alors on ne trouve que des
bris isolés. Il faut encore remarquer que, sur la terre,
carnassiers dévorant les herbivores et se dévorant m
entre eux, des membres, des fragmens de cadavres deve
fréquemment être entraînés par les eaux et jetés ainsi au
lieu des dépôts qui se formaient.

Quand les grandes masses d'eau venant de l'intérieur
terres, les fleuves diluviens, tombaient dans la mer, per
leur vitesse en vertu du choc qu'ils éprouvaient et de la
grande surface sur laquelle ils s'étendaient, ils laissaient
poser les matériaux qu'ils charriaient, précisément en ver
cette même vitesse, débris de roches aussi bien que de v
taux et d'animaux ; et voilà pourquoi les portions du gr

...rissement diluvien, qui occupent maintenant la place ...anciens rivages, présentent, au milieu de marnes, de sables ...le galets, un mélange d'animaux et de végétaux marins ...terrestres (§ 64). Ainsi le groupe diluvien marin est le ...sultat des mêmes causes que le groupe diluvien terrestre ; ...lement quelques circonstances locales étaient différentes : ...l'a s'est déposé dans de grands lacs, sur de grands espaces ...s ou moins plats, dépourvus d'eaux marines ; tandis que ...autre, au contraire, s'est déposé sur les bords des mers, et ...mers peu différentes de celles d'aujourd'hui, comme ...annoncent les coquilles et les autres débris d'animaux ma-...res qui y sont enfouis.

...L'abondance des masses basaltiques à la surface de la terre ...nonce que l'action volcanique était très intense pendant ...te la durée de la seconde époque : c'est elle qui a dû lancer ...dehors ces masses d'eaux acides, dont le passage est an-...ncé par tant de faits irrécusables, et qui ont exercé une si ...nde influence sur tous les dépôts de cette époque.

...Ces courans d'eaux acides, en passant sur les roches déjà ...solidées, les ont corrodées et sont souvent venus au de-...rs chargés de calcaire, de fer, etc. Ainsi peut s'expliquer ...formation de plusieurs substances qui gisent au milieu des ...dépôts diluviens. Mais des sources minérales, semblables à ...celles que l'on voit encore dans le voisinage des volcans en ...activité, sourdaient nécessairement autour des foyers basal-...tiques et formaient des dépôs dont la nature variait avec celle ...de leurs eaux : siliceux, ferrugineux, calcaire, etc.

...Parmi ces substances, une mérite particulièrement de fixer ...notre attention ; c'est l'hydroxide de fer, dont on trouve ...en masses irrégulières assez puissantes dans l'étage su-...périeur de l'attérissement diluvien des rives de la Saône, du ...Rhin, etc. (§ 67) ; ces masses sont formées de gros grains ...irréguliers, agglutinés entre eux et avec des graviers par ...l'oxide de fer lui-même. Cette roche ressemble assez bien aux ...roches de grosses oolites que l'on voit dans le calcaire ju-

rassique, et je crois qu'elle a été produite par une ca[…]
analogue, c'est à dire un mouvement oscillatoire dans […]
sources minérales. C'est, si l'on veut, l'oolite ferrugine[…]
de la seconde époque ; dans les mêmes contrées et souv[…]
même immédiatement au dessus de ces masses, gisent […]
amas de fer pisiforme composés de grains non agglutinés d[…]
séminés dans des sables et des argiles, provenant de ces mas[…]
granulaires, attaquées par des agens destructeurs vers la […]
de la formation du terrain. C'est ce dont il est facile de […]
convaincre en observant les masses de fer pisiforme expl[…]
tées dans plusieurs parties de la Bourgogne et quelques u[…]
de celles de la vallée du Rhin.

Le spath calcaire qui se montre en veines et stalactites […]
milieu des marnes diluviennes, ainsi que dans le cim[…]
des cailloux roulés, ressemble tellement à celui produit […]
les sources incrustantes actuelles, que l'on est forcé de […]
attribuer la même origine. Cette substance a été arrachée a[…]
calcaires des époques antérieures par les eaux acides, qui […]
ont corrodés en passant dessus.

Blocs erratiques. En admettant que la surface de la te[…]
a été partiellement bouleversée, à différentes époques, par […]
agens intérieurs, il est clair qu'il doit exister des débris […]
des blocs erratiques de toutes ces époques : ainsi un gra[…]
nombre de masses granitiques soulevées par les roches tr[…]
péennes avant le dépôt du terrain vosgien, et qui n'ont […]
recouvertes par aucun dépôt depuis cette époque, offren[…]
leur surface des blocs erratiques détachés de la grande ma[…]
pendant les commotions qui l'ont élevée. Dans les Vosg[…]
les flancs des montagnes de grès vosgien sont couverts[…]
gros blocs de ce même grès, dont la plupart datent […]
l'époque du soulèvement des montagnes, etc. ; mais il […]
parfaitement établi aujourd'hui (§ 63) que la plus gra[…]
masse de ces blocs appartient à la seconde époque géologiq[…]
Un grand nombre a dû être transporté par les masses d'[…]
sorties de l'intérieur des montagnes et charrié, avec […]

autres débris, dans les plaines, les vallées et les bassins. Ceux que l'on trouve sur les pentes des montagnes, plus ou moins engagés dans le terrain diluvien, sur le contour des bassins et les limites des plaines, sont certainement dans ce cas : ce sont les débris les plus pesans déposés les premiers. Mais il y en a d'autres, comme ceux du versant oriental du Jura, des plaines de la Basse-Allemagne, qui paraissent avoir passé par dessus de grandes vallées, le bassin de la mer Baltique, par exemple, pour venir dans la place qu'ils occupent maintenant, dont on ne peut pas expliquer le transport aussi simplement.

Beaucoup d'hypothèses ont été faites pour rendre compte de ce curieux phénomène : les uns ont supposé que les blocs avaient été lancés comme des bombes par les forces volcaniques, et qu'en retombant dans l'eau, ils s'étaient déposés presque tranquillement ; d'autres ont avancé que les vallées qui les séparent de leurs points de départ avaient été creusées depuis ce transport, qui s'était effectué sur une espèce de plan incliné. Mais on voit ceux du Jura dans le fond du lac de Genève, et ceux des plaines de la Basse-Allemagne venus de Scandinavie, au dessous des eaux de la Baltique. D'autres admettent qu'ils ont été transportés dans le soulèvement des montagnes, arrivé à une époque très récente, par les eaux de la mer recouvrant les points où ces soulèvemens ont eu lieu, et auxquelles les commotions auraient imprimé une grande vitesse.

M. Lyell (1), considérant ce qui se passe encore maintenant dans les régions polaires, où des blocs de pierre tombés sur les glaces, sont transportés par des fragmens qui se détachent de la grande masse à des distances très considérables, conçoit qu'à l'époque où les mers s'étendaient du pied des montagnes scandinaves jusque sur les plaines de la Basse-Allemagne, et remplissaient l'espace qui sépare les Alpes du Jura, etc., dans

(1) Principes of geology, t. I, page 267.

l'hiver, les cimes qui s'élevaient au dessus de la surface g...
de ces mers, venant à s'ébouler en partie, couvraient les...
rons de blocs, qui étaient transportés ensuite sur les gla...
qui se détachaient, par dessus des vallées très profondes ...
à sec depuis.

Voilà certainement une manière ingénieuse et très ...
relle de rendre compte du transport des blocs erratiques ...
comme les autres, elle ne saurait s'appliquer à toutes les circ...
tances du phénomène. Pour les Alpes et le Jura, par ex...
ple, on ne voit pas pourquoi, attendu que ce transport ...
effectué postérieurement au soulèvement de ces chaîne...
que, dans une masse liquide, des courans divers, et ...
ceux produits à la surface par les vents, transportent alter...
vement et même simultanément, sur les deux bords d'un...
nal, les objets flottant à la surface, on ne trouverait pas ...
bien, sur les flancs des Alpes, des blocs de roches jurass...
que l'on trouve, sur ceux du Jura, des blocs de roches...
pines, etc.; pourquoi il n'existerait pas, dans la presqu'île s...
dinave, des débris des montagnes de l'Allemagne aussi l...
qu'il existe, en Allemagne, des fragmens de roches de c...
contrée.

M. Venetz a proposé une autre hypothèse pour expli...
le transport des blocs alpins sur les pentes du Jura, qui ...
exposée, par M. de Charpentier, dans le tome VIII des An...
des mines, et dont voici un extrait très abrégé :

« Les dépôts de blocs erratiques du pied des Alpes pré...
tent un mélange informe de fragmens de toutes les di...
sions, depuis celle d'un grain de sable jusqu'à celle d...
masse de plusieurs milliers de pieds cubes. On voit, su...
pentes du Jura, des blocs aussi volumineux que ceux...
vallées des Alpes; ce qui ne peut s'expliquer en admet...
le transport par l'action des eaux. »

Ces dépôts présentent ordinairement une forme al...
semblable à celle d'une digue, ou des monticules coniques...
lés et disposés en files; ils ne se rencontrent jamais en form...

...pes, comme cela devrait avoir lieu, surtout dans les plai-
...et les grandes vallées, s'ils étaient le résultat de l'action de
...ands courans d'eau. On ne peut pas non plus expliquer, par ce
...yen, le transport des blocs par dessus les lacs et les gran-
...vallées, ni la position de ceux qui se montrent isolés dans
...plaines et sur les pentes des montagnes.

Plusieurs observateurs ont constaté que, dans les Alpes,
...blocs sortis d'une vallée latérale ne se mêlent pas avec ceux
...a grande vallée ou avec ceux sortis des vallées opposées.
...ès avoir encore cité plusieurs autres faits contraires à l'hy-
...hèse du transport des blocs erratiques par une grande masse
...au en mouvement, M. de Charpentier déclare partager
...pinion de M. Venetz, qui attribue ce transport aux glaciers,
...ense que les dépôts de blocs erratiques ne sont autre chose
...des moraines : en les comparant, il montre qu'il y a ef-
...vement une grande ressemblance entre les moraines des
...iers actuels et les dépôts de blocs erratiques des Alpes.
...tes les circonstances que présentent l'existence et la mar-
...des glaciers actuels prouvent que d'autres glaciers, tout
...fait semblables, mais plus considérables, ont bien pu porter
...blocs erratiques dans toutes les positions où on les trouve
...maintenant.

Pour répondre à l'objection contre l'existence de grands
...ciers dans les Alpes, pendant la durée de notre se-
...de époque géologique, où la température était beaucoup
...s élevée qu'aujourd'hui, il suppose que les Alpes n'existaient
...encore, et qu'une action violente, ayant porté ces masses
...ne hauteur considérable, beaucoup plus grande que celle
...elles ont maintenant, la température de la contrée, ayant
...ablement baissé par l'effet d'un soulèvement à une si
...nde hauteur, les Alpes ont dû se couvrir de neiges, qui,
...cendant sans cesse dans les vallées, y ont formé de vastes
...ciers, qui, peu à peu, ont envahi les plaines au pied des
...ontagnes et poussé leurs moraines jusqu'au faîte du Jura;
...masses soulevées ayant ensuite éprouvé un tassement

qui a duré aussi long-temps que les parties mal assises et
loquées ont mis à se consolider complètement. L'étendue
glaciers a diminué au fur et à mesure, le climat s'est pe
peu réchauffé, et il a pris enfin la température qu'il p
sente maintenant.

Puisque M. de Charpentier connaît dans la nature des f
ces assez puissantes pour lancer tout d'un coup, à plus
4,000 mètres de hauteur, des masses comme les Alpes,
m'étonne qu'il aille recourir à une action aussi faible que c
des glaciers, pour expliquer le transport des blocs alpins
les pentes du Jura, surtout quand il est obligé d'adme
qu'un pareil soulèvement, qui est probablement le résu
de violentes éruptions volcaniques, a considérablement aba
la température de la contrée.

Tout ce qui précède montre qu'aucune des explicati
proposées n'est à l'abri d'objections ; on peut dire que to
les causes auxquelles divers auteurs ont attribué le phénomè
ont pu chacune y contribuer : les mouvemens violens
masses liquides souterraines et superficielles, le soulèvem
des montagnes, le mouvement des glaces, etc.

Cavernes et brèches à ossemens.

Dans les diverses commotions que la croûte solide du g
a éprouvées, il s'est produit des fractures dans les roches
ont donné naissance à de grandes fentes et à des vides i
rieurs d'une étendue plus ou moins considérable. Ces ou
tures, ayant ensuite servi à l'écoulement d'eaux et de vap
acides sortant de l'intérieur de la terre, ont été augmen
et façonnées comme nous le voyons maintenant : en exa
nant les parois de la plupart des cavernes et des grandes f
tes, principalement dans les calcaires où elles sont les
communes, on reconnaît effectivement que les parois on
corrodées par un liquide.

M. Schmerling a remarqué qu'aux environs de Li

les cavernes existent généralement dans les endroits où les
grandes calcaires forment des plis, ou dans le voisinage, et que,
partout où elles se trouvent, l'inclinaison des strates est considérablement dérangée.

MM. de Buch, Tournal et Virlet attribuent la formation
des cavernes à des commotions souterraines. Le dernier fait
observer que, lorsqu'un certain nombre de couches superposées ont été infléchies, pliées ou refoulées sur elles-mêmes par
une force quelconque, il a fallu nécessairement, s'il n'y a
pas eu rupture, que les couches glissassent les unes sur les autres, de telle manière qu'il reste, entre quelques unes, des
vides semblables à ceux qui se forment entre les feuillets d'un
livre, quand on les plie en pressant les extrémités : ces vides
seraient de véritables cavernes ; mais ce cas se présente rarement.

Quelques cavernes peuvent provenir de vides formés dans
le dépôt même des masses minérales qui les renferment, soit
par des courans qui les auraient traversées, soit par des amas,
par de grosses bulles, d'air ou de liquide enfermés, et qui se seraient échappés ensuite par des fentes déterminées dans le
desséchement des roches ou par les commotions souterraines.

Nous avons vu (§ 65) que beaucoup de cavernes sont remplies de sables, de marnes et de cailloux roulés, souvent mélangés d'ossemens d'animaux, semblables à ceux du grand
atterrissement diluvien. La cause générale de l'introduction de
ces débris dans les cavernes et les fentes du sol est bien certainement la même que celle qui en a couvert la surface des
plaines et le fond des grandes vallées ; ce sont des entonnoirs
semblables à ceux que l'on voit encore aujourd'hui en Grèce,
dans le Jura, les montagnes de Bourgogne, etc., dans lesquelles les eaux diluviennes se sont précipitées, en entraînant
avec elles les débris qu'elles charriaient, ces débris sont souvent cimentés par du spath calcaire, comme ceux du grand
atterrissement diluvien ; c'est généralement le cas des brèches
osseuses (§ 65) qui présentent des fentes de rochers, remplies

par du travertin englobant des ossemens et des fragmens
pierres. Ce travertin est encore le résultat de l'action d
eaux acides sur les roches calcaires.

De nos jours, les courans d'eau qui s'introduisent dans
cavernes y apportent encore le détritus du sol sur lequel
passent avec les débris des animaux qui l'habitent. Ainsi
n'est donc pas extraordinaire d'y rencontrer des restes d'a
maux vivans en même temps que ceux d'espèces perdues, s
tout quand ils sont enfermés, comme il arrive le plus souve
dans des couches différentes ; les plus nouveaux occupant
partie supérieure. Mais on a découvert, dans le midi de
France et aux environs de Liége, en Belgique, des restes d
nimaux vivans, des ossemens humains et même des obj
d'art mélangés avec les os d'animaux diluviens : d'abord
sait que certaines espèces, actuellement vivantes, chevau
moutons, etc., étaient contemporaines des espèces perdu
puis les débris de celles-ci ont pu rester long-temps sur
sol de la caverne sans être recouverts, et le mélange s'expliq
alors naturellement ; enfin le limon qui renfermait les p
miers ossemens a pu être remanié par les eaux qui ont ame
les nouveaux.

Des ossemens de carnassiers, ours, felix, hyène, se tro
vent très communément dans les cavernes. La prédomina
de ces sortes d'ossemens sur les autres, dans quelques unes,
particulièrement dans celle de Kirkdale, en Angleterre, join
aux autres circonstances que nous avons rapportées (§ 65)
fait avancer à M. Buckland que ces antres avaient servi
repaires aux carnassiers, qui y auraient entraîné, pour les
vorer, les animaux dont on y trouve les débris avec les leu
Cette explication peut convenir à quelques cas particulie
comme ceux cités par le célèbre docteur ; mais elle ne sau
rendre raison du phénomène en général, surtout quand
dépôt qui remplit les cavernes est identique, ou offre
grands rapports, avec l'attérissement diluvien des environ
Les ossemens humains et les objets d'art découverts da

cavernes du midi de la France et de la Belgique ont soulevé une grande question, celle de l'existence de l'homme à l'époque où vivaient tous ces grands animaux, dont les débris sont si communs au milieu du terrain diluvien.

D'abord nous ferons remarquer que presque tous les objets ont trouvés dans le midi de la France ne remontent pas au delà de l'invasion des Romains dans cette contrée, époque à laquelle elle n'était certainement pas habitée par des mastodontes, des éléphans, des ours, etc.

Ainsi l'enfouissement de ces objets est bien certainement postérieur à celui des ossemens d'animaux diluviens. Les ossemens humains trouvés avec les objets d'art sont très vraisemblablement de la même époque ; ajoutez à cela que les cavernes ont pu servir de sépultures, que Jules César y fit murer les Gaulois qui s'y étaient réfugiés, et vous comprendrez facilement l'existence de débris humains dans ces cavernes, sans être obligé d'admettre que l'homme ait vécu avec les carnassiers et les pachydermes dont elles renferment les débris.

Cependant, comme nous avons cité un très grand nombre de faits qui prouvent que les changemens, dans les époques de la nature, n'ont point eu lieu brusquement, et que toutes ces époques sont liées les unes aux autres par des passages insensibles, il n'est pas étonnant qu'à la fin de la seconde époque géologique, quelques hommes aient paru, de même que dans le commencement de l'existence du genre humain, lorsque les sociétés n'étaient point encore organisées, une partie des animaux diluviens ait continué à vivre ; cela est d'autant plus probable que nous voyons encore au milieu de nous, en Asie, en Afrique en Amérique et même en Europe, des animaux du même genre vivre dans l'état sauvage, à côté de l'homme civilisé.

Mais il est complètement impossible de soutenir que, dans les temps géologiques, le genre humain ait pu acquérir un certain développement sur le globe ; car, d'après les habitudes que nous lui connaissons, ce ne sont pas seulement des

ossemens que nous devrions trouver à l'état fossile, mais
instrumens dont il a toujours dû faire usage pour se procu
les choses nécessaires à son existence et se défendre co
les bêtes féroces; enfin, des habitations, desquelles u
réunion d'hommes ne saurait se passer longtemps : les p
ples les plus sauvages que nous connaissons ont tous
habitations plus ou moins grossières.

Ainsi, quoi qu'on en ait voulu dire, tous les faits gé
giques observés jusqu'à présent prouvent d'une man
incontestable que l'homme n'existe sur la terre que de
le commencement de l'époque actuelle, de celle dans laqu
les forces de la nature sont arrivées à l'état d'équilibre st
qu'elles ont maintenant, et qui semble promettre une d
éternelle à l'ordre actuel des choses. Sans avoir égard à
cune des versions faites par tous les peuples pour expliq
la création de l'homme, problème qui n'est ni plus ni m
difficile à résoudre que celui de la création du dernier
misseau, et ne tenant compte que de ce qui est prob
d'après l'ensemble des lois universelles, qu'on réfléchis
toutes les difficultés qu'ont dû avoir à vaincre les soci
avant de pouvoir se former, se défendre contre les bêtes
roces et l'intempérie des saisons, se procurer des instrum
propres à défricher la terre, établir des lois pour vivre
bonne intelligence, etc. ; et ensuite, quand elles ont été
mées, combien il leur a fallu de temps pour cultiver
sciences, qui les ont amenées au point où en étaient les peu
de l'existence desquels nous n'avons aucune espèce de
naissance, qui ont taillé les rochers du golfe du Bengale
ceux qui ont élevé ces monumens dont on retrouve les ru
dans le Mexique, etc., et on sera convaincu que toutes
tentatives faites pour remonter à l'origine du genre hun
doivent nécessairement être infructueuses.

Tous les monumens indiens et égyptiens, ainsi que les ob
vations astronomiques dont nous avons les dates certaines
remontent pas, il est vrai, à plus de trois mille ans ; mais

...vons aucun moyen de mesurer le temps qui s'est écoulé ...nt cette époque historique. Les chronomètres géologiques ...ployés par Cuvier, et ensuite par quelques autres écrivains, ...me l'accroissement du delta, des fleuves, la destruction ...certaines montagnes ou masses de rochers, le creusement ...it des rivières dans des roches dures, etc., sont loin de ...voir servir à résoudre la question : pour les deltas, parce ...leur accroissement n'a pas été exactement mesuré depuis ...temps assez long pour pouvoir en conclure un accroisse- ...ut moyen, ensuite parce que des causes accidentelles, ...me de fortes marées, de grandes pluies, etc., ont pu ...uire ces deltas ou les augmenter considérablement tout ...à coup, sans que nous en ayons aucune idée. Lorsque ...volcans des îles de la Méditerranée étaient en activité, ...mouvemens de cette mer devaient en être très influencés, ...ar suite, les deltas des fleuves qui s'y jettent, considéra- ...ment altérés ; les éruptions répétées influaient certaine- ...et beaucoup aussi sur l'état de l'atmosphère. Pour les ...alemens des rochers, c'est absolument comme si on vou- ...juger de l'époque de construction des monumens anciens ...la quantité des éboulemens qui existent au pied des murs. ...n, pour l'érosion des rochers par les eaux, des parties ...a pierre sont plus tendres que d'autres ; des corps durs ...riés, des substances acides momentanément contenues ...s ces eaux, ont singulièrement modifié cette action.

...ans vouloir fixer l'origine du genre humain en temps his- ...que, ce qui me paraît tout à fait impossible, on peut ce- ...dant assurer qu'elle est très nouvelle comparativement ...lle des autres genres du règne animal. Si l'on réfléchit ...imperfection de nos connaissances sur le globe, au peu ...relations qui existent entre les peuples qui l'habitent et ...ne au peu de temps depuis lequel ces relations sont établies, ...comprendra que l'existence des sociétés actuelles est extrê- ...ment récente ; mais combien d'ordres de sociétés ont pré- ...té le nôtre ?

Fer pisiforme. Les faits que nous avons rapportés dan[s]
§ 67 prouvent qu'une grande partie des amas de fer pi[si]
forme appartiennent à la seconde époque géologique. Beauco[up]
de ces amas proviennent de masses ferrugineuses appar[te]
nant aux époques antérieures, dont les débris ont été entr[aî]
nés par les courans diluviens, et déposés ensuite dans [les]
fentes des rochers, comme les brèches osseuses, et da[ns]
des cavités où les eaux s'engouffraient en perdant l[eur]
vitesse et, par conséquent, leur force de translat[ion]
(Pl. 1, fig. 12 et 13.) Dans la plaine que traverse la Saô[ne]
et dans celle du Rhin, quelques unes des masses origina[ires]
appartiennent au terrain diluvien lui-même : on voit, [au]
milieu du premier étage de ce terrain, des bancs irrégul[iers]
d'un fer pisolitique mélangé de grains de quarz engagés au [mi]
lieu des pisolites. Les fragmens de ces bancs se réduisent, s[ous]
le marteau, en grains tout à fait semblables à ceux des a[mas]
de fer pisiforme, et on rencontre quelquefois ceux-ci im[mé]
diatement au dessus des bancs d'où ils proviennent. [Ces]
bancs, certainement produits par des sources ferrugineu[ses]
ayant eu un mouvement analogue à ceux des sources de [Ti]
voli et de Carlsbad, dans les premiers temps du dépôt [des]
marnes diluviennes, ont été soumis ensuite à l'action [des]
gens destructeurs, qui en ont dispersé les débris dan[s la]
partie supérieure de ces marnes. Les grains ont alors [une]
structure pisolitique, c'est à dire qu'ils sont composé[s de]
couches concentriques; tandis que ceux qui proviennent [de]
la destruction des masses plus anciennes sont des fragm[ens]
plus ou moins arrondis par le frottement, ne présentant p[as]
de structure particulière.

D'après l'explication que nous venons de donner d[e la]
formation des amas de fer en grains, on comprend [qu'il]
peut et qu'il doit même y en avoir dans plusieurs épo[ques]
géognostiques, absolument par la même raison qu'il [se]
trouve des amas et des bancs de cailloux roulés prove[nant]
des roches antérieurement consolidées. Rien ne s'opp[ose]

...ac à ce que quelques uns de ces dépôts appartiennent au
...rain craieux, et même au terrain jurassique, comme l'ont
...ncé plusieurs observateurs.

Roches ignées de la seconde époque.

§ 132.) Les dimensions des bouches ignivomes, diminuent à mesure que les dépôts neptuniens se formaient et que
l'épaisseur de la croûte solide augmentait, pendant la durée de
la seconde époque, ces bouches devaient certainement être considérablement rétrécies; et les matières fondues, venant de l'intérieur, pour se répandre à la surface, obligées de monter
par des espèces de cheminées, dans lesquelles leur ascension
est déterminée par la pression des fluides élastiques, la contraction, par suite du refroidissement, de la croûte solide,
la solidation des matières intérieures, enfin toutes les causes
qui tendaient et tendent encore à diminuer la cavité intérieure, dans laquelle nous supposons que la masse en fusion
est encore renfermée. Si les dimensions de ces ouvertures
semblent diminué, leur nombre paraît avoir beaucoup augmenté,
relativement à ce qu'il était pendant la durée des troisième et
quatrième époques, dans les groupes desquelles les produits
plutoniques sont beaucoup moins nombreux que dans ceux de la
seconde. Tout annonce que, vers la fin de la troisième époque et dans les premiers temps de la seconde, il y a une re-
crudescence des forces volcaniques, entièrement analogue à
celle que nous avons déjà signalée à la fin de la cinquième
époque; comme alors, les commotions souterraines, en
agitant les roches déjà consolidées, ont imprimé des mouvements violens aux eaux de la surface, et poussé au dehors
celles renfermées dans les profondeurs du globe, et un vaste
dépôt arénacé a suivi l'éruption des masses ignées.

Les trachytes, souvent porphyriques, roches dans lesquelles
le feldspath domine, paraissent être les plus anciennes des
masses plutoniques de la seconde époque; on les voit très

souvent au dessous des basaltes, roches homogènes d
lesquelles le pyroxène domine, qui les ont recouvertes
coulant dessus. Mais, dans les contrées où ces deux ge
de roches ont pris un grand développement, en Auverg
par exemple, elles passent les unes aux autres par des nu
ces insensibles d'aspect minéralogique et de composi-
chimique (§ 73). On retrouve là les mêmes rapports
nous avons déjà signalés entre les eurites et les porphy
plus anciens que le terrain vosgien; seulement, comme
trachytes et les basaltes paraissent être venus à la sur
par des cheminées, au lieu d'avoir été soulevés sur
grands espaces comme celles-là, leur disposition
proque n'est pas absolument la même; cependant
cité (§ 73) des localités où cela avait lieu. La n
du Kaiserstuhl, celles des montagnes d'Auvergne
quelques autres contrées, offrent des massifs de
lèvement avec tous les caractères de ceux des porphyr
des eurites, ce qui annoncerait que les basaltes , et surtou
trachytes, sont souvent venus à la surface de la terre, co
les eurites et les porphyres, c'est à dire à l'état pâteux.
les balsates se présentent aussi souvent, au moins
grandes nappes plus ou moins morcelées, couvrant de
paces considérables; quelques unes de ces nappes ont
la forme de coulées. Il est donc probable qu'ils se sont
dus à l'état liquide, sur les surfaces qu'ils recouvrent,
manière des laves actuelles; mais, d'après leur manière
tre, on est forcé d'admettre que les ouvertures d'où ils
sortis différaient notablement de celles des volcans brûl
ce devaient être de grandes fentes, dont plusieurs se trouv
réunies dans la même contrée, comme en Auvergne.
supposition sur l'origine de certains basaltes est d'a
plus probable, qu'ils ressemblent beaucoup aux laves,
sont accompagnés de tufs, de conglomérats, de scories, c
elles, et qu'ils s'y lient intimement, dans toutes les cô
(Sicile, Italie, Auvergne) où ils se trouvent en co

D'après les passages graduels et les liaisons intimes que l'on observe entre les groupes trachytiques et basaltiques, on peut les considérer comme le résultat d'un grand phénomène, qui a été en activité pendant toute la durée de la seconde époque, ayant eu des paroxismes très variés, et qui s'est terminé par des volcans à cratères, qui sont encore en activité. En effet, dans les déjections de ceux-ci, nous trouvons toutes les roches et les minères des groupes basaltiques et trachytiques. Les éruptions basaltiques et trachytiques ont certainement été accompagnées de dégagement de vapeurs acides et de vapeurs bitumineuses, comme celles des volcans modernes. Des masses d'eaux disposées et chaudes ont dû également être lancées au dehors (cependant). Telle est, à notre avis, l'origine de la plus grande partie des eaux diluviennes.

D'autres vapeurs bitumineuses, en s'introduisant dans les masses vaseuses, dont la capacité absorbante était encore augmentée par l'action de la chaleur qu'elles éprouvaient, ont formé les schistes, les calcaires bitumineux, etc., et même des amas de bitume liquide, que l'on exploite dans diverses contrées. Nous reviendrons encore sur ce phénomène en traitant des sources bitumineuses de l'époque actuelle.

Les éruptions volcaniques de la seconde époque ont eu lieu dans le fond des eaux, aussi bien qu'à la surface des terres sèches, comme celles de toutes les autres époques. De là l'explication toute naturelle de l'alternance entre des roches d'origine ignée et des sédimens marins, ou des sédimens lacustres quand les éruptions ont eu lieu dans l'intérieur des masses d'eau douce (§ 70, 71 et 76).

Nous avons parlé (§ 72) de dolomies qui paraissent être formées au milieu des roches stratifiées qui les renferment, à la manière des basaltes et des trachytes; on a objecté que ces roches auraient dû perdre leur acide carbonique, si elles avaient été à l'état de liquéfaction ignée. Certes, cela serait possible, du moins, dans la plus grande partie de la masse, si l'éruption s'était faite au contact de l'air; mais il en aurait

été autrement, si elle a été sous-marine; car les expérie[...]
de Hall ont démontré qu'il suffisait d'un poids de 1700 p[...]
d'eau de mer, pour empêcher le dégagement de l'acide ca[...]
nique dans une masse calcaire soumise à l'influence d[...]
chaleur; et celles de M. Faraday ont prouvé que, si le ca[...]
nate de chaux est parfaitement pur, il peut être fondu [...]
une petite pression, sans que son acide devienne gazeux. [...]
outre, nous avons prouvé (§ 103, 107 et 109) que le calc[...]
spathique forme des veines et des filons dans le terrain pri[...]
et les roches plutoniques anciennes, qui les ont pénétré [...]
bas en haut, comme ceux de quarz, de barytine, ce qu[...]
noncerait une origine ignée. Je suis persuadé que les o[...]
vations ultérieures prouveront que plusieurs carbonates, [...]
se montrent en masses transversales non stratifiées [...]
veines dans les autres roches, y ont été lancés par l'a[...]
plutonique; ce qui n'empêche point du tout que d'a[...]
soient d'origine aqueuse, comme ceux qui se présente[...]
veines et en filons dans tous les calcaires stratifiés.

VOLCANS À CRATÈRES.

(§ 133.) D'après notre manière d'envisager les bouches [...]
vomes, qui, à toutes les époques géologiques, ont vom[...]
matières fondues et embrasées à la surface de la terre, [...]
devons regarder les volcans à cratères, éteints ou brû[...]
comme le reste de ces bouches, dont les dimensions on[...]
jours été en diminuant, jusqu'à ce que cette diminuti[...]
ait fait des canaux étroits, de véritables cheminées, *des* [...]
papes de sûreté, suivant l'expression de M. Tournal fil[...]
où s'échappent les gaz produits dans l'intérieur du glob[...]
les combinaisons qui s'y opèrent continuellement, en [...]
nant avec eux des matières scoriacées, d'où résultent le[...]
dres et les rapilli, et une partie de la matière liquide[...]
en retombant et se déversant, finissent par former, aut[...]
l'ouverture, les cônes creux que l'on a nommés cra[...]

L'histoire du Vésuve et de l'Etna confirme ce que nous avançons ici : les dimensions du cratère de ces deux volcans ont beaucoup diminué, depuis qu'on observe leurs éruptions ; les volcans éteints, si communs sur tout le globe, ont certainement eu leurs canaux obstrués tant par les matières qui se sont consolidées dans l'intérieur que par celles qui ont pu en boucher l'ouverture dans la cavité centrale. Cette théorie, déduite du beau travail de M. Cordier, sur la chaleur centrale, est confirmée par plusieurs observations de ce célèbre géologue.

Nous avons montré (§ 25) que jusqu'à présent tous les phénomènes observés, d'accord avec la théorie mathématique de la chaleur, annoncent que l'intérieur de la terre est pourvu d'une température propre très élevée, et qui lui appartient depuis l'origine des choses.

Cette chaleur est encore aujourd'hui très considérable ; les expériences que nous avons citées (§ 25) ont donné 23 mètres, 19 mètres, et même 15 seulement, pour la profondeur correspondante à l'accroissement d'un degré centigrade à Carmeaux, Littry et Decise. D'autres faites depuis, dans diverses parties du globe, ont donné des résultats analogues. En supposant un accroissement continu pour 25 mètres de profondeur, qui peut être considéré comme un résultat moyen, M. Cordier a trouvé, pour le centre de la terre, une température qui excéderait 3500° du pyromètre de Wedgwood, plus 250000° du thermomètre centigrade, température capable de fondre toutes les roches connues.

D'après cela, la température de 100° du même pyromètre, capable de fondre toutes les laves et une grande partie des autres roches, existe à une profondeur très petite, eu égard au diamètre de la terre. Cette profondeur serait de moins de 5,000 mètres à Carmeaux, de 30 à Littry et de 13 à Decise ; nombres qui correspondent à $\frac{1}{23}$ $\frac{1}{42}$ et $\frac{1}{55}$ du moyen rayon terrestre.

Maintenant, si l'on considère, d'une part, la généralité

» que les observations de Dolomieu, sur le gisement des f…
» d'éruptions, et nos expériences sur la composition des l…
» dit M. Cordier, ont donnée aux phénomènes volcaniqu…
» de l'autre la grande fusibilité des matières que tous les …
» cans de la terre rejettent actuellement, et même d…
» longtemps, on devrait penser que la fluidité intérieur e …
» mence, du moins sur certains points, à une profondeur…
» tablement moindre que celle où réside la tempér…
» de 100° du pyromètre de Wedgwood. »

D'après cela, l'épaisseur moyenne de la croûte solide d…
terre ne doit pas être très considérable ; elle n'excède p…
blement pas 20 lieues de 5,000 mètres ; cette épaisseur …
être fort inégale, ce qui paraît annoncé par les variations…
tables de la température souterraine en passant d'un li…
un autre. La différence de conductibilité peut bien en …
pour quelque chose dans ces variations ; mais elle ne peut …
rendre raison du phénomène ; et, en outre, plusieurs don…
géognostiques portent également à présumer que la puis…
de l'écorce du globe est très variable. Il existe un grand n…
bre de solutions de continuité dans la partie superficielle de…
écorce ; les tremblemens de terre y produisent souvent …
fentes et des soulèvemens ; beaucoup de points sur la su…
de la terre, et notamment le bassin de la Baltique, para…
se soulever d'une manière continue : ainsi, l'écorce du …
jouit vraisemblablement d'une certaine flexibilité. M. Co…
a developpé les élémens de cette propriété singulière dan…
mémoire lu à l'Académie des sciences, en 1816.

Cette flexibilité probable de l'écorce du globe est actu…
ment entretenue par deux causes principales : l'une gén…
et continuelle, qui tient à ce que la diminution pe…
nente de la chaleur n'opère plus aucune contraction sen…
dans les régions voisines de la surface, tandis qu'elle cont…
ses effets dans les profondeurs ; l'autre locale et passag…
qui me paraît tenir aux variations d'équilibre dans la …
en fusion.

C'est cette dernière qui produit les tremblemens de terre en faisant onduler le sol dans un espace plus ou moins étendu, et quand la matière, refoulée par la perturbation, parvient à s'échapper au dehors, les secousses doivent cesser; ce qui s'accorde parfaitement avec les faits.

Les régions les plus épaisses de l'écorce du globe doivent nécessairement être les moins flexibles et, par conséquent, les moins sujettes aux tremblemens de terre; les plus minces, au contraire, doivent en éprouver souvent; c'est effectivement ce qui arrive. Les pays volcanisés sont certainement situés dans les régions de moindre épaisseur; aussi sont-ils très sujets aux tremblemens de terre, qui ne se font sentir, pour la plupart, que dans un espace très limité.

Les phénomènes volcaniques nous paraissent, dit M. Cordier, un résultat simple et naturel du refroidissement intérieur du globe, et un effet purement thermométrique; la masse fluide interne est soumise à une pression croissante, qui est occasionée par deux forces, dont la puissance est immense, quoique les effets soient très peu sensibles : d'une part, l'écorce solide se contracte de plus en plus, à mesure que sa température diminue, et cette contraction est nécessairement plus grande que celle que la masse centrale éprouve dans le même temps; de l'autre, cette même enveloppe, par suite de l'accélération insensible du mouvement de rotation, perd de sa capacité intérieure, à mesure qu'elle s'éloigne davantage de la forme sphérique. Les matières fluides intérieures sont forcées de s'épancher au dehors et sous forme de laves par les events naturels, qu'on a nommés volcans, et avec les circonstances que l'accumulation préalable des matières gazeuses, qui sont naturellement produites à l'intérieur, donne aux éruptions. »

Pour rendre cette hypothèse vraisemblable, l'auteur ajoute qu'ayant cubé à Ténériffe, en 1803, les matières rejetées par les éruptions de 1705 et de 1798, et encore celles de plusieurs autres volcans, il a trouvé le volume des matières pro-

venant de chaque éruption fort inférieur à celui d'un ki-
mètre cube. En prenant un kilomètre cube comme le ter
extrême du produit des éruptions considérées, en général,
en supposant à l'écorce du globe une épaisseur moyenne
100 kilomètres, il suffirait, dans cette enveloppe, d'une co
traction capable de raccourcir le rayon moyen de la ma
centrale de $\frac{1}{494}$ de millimètre, pour produire la matière d'u
éruption. Celle-ci, répartie sur toute la surface du glol
formerait une couche dont l'épaisseur n'excéderait pas $\frac{1}{300}$
millimètre.

Si, en parlant de ces données, on veut supposer que
contraction seule produit le phénomène, et que, par tout
terre, il se fait cinq éruptions par an, on arrive à trouver
la différence entre la contraction de l'écorce consolidée
celle de la masse interne ne raccourcit pas le rayon de c
masse de 1 millimètre par siècle. Il suffit donc d'une action
finiment petite pour produire des phénomènes qui nous par
sent gigantesques.

Cette hypothèse, la plus ingénieuse et la plus satisfaisa
qu'on ait jamais présentée, n'est cependant pas à l'abri
toute objection : on pourrait demander, par exemple,
M. Cordier, pourquoi l'action des deux forces qui détermin
l'ascension de la lave dans les cheminées volcaniques ét
continue, le cratère n'est pas continuellement rempli de la
quand la fumée qui en sort continuellement, comme
Vésuve et à l'Etna, annonce que la communication en
l'intérieur et l'extérieur n'est point interrompue? Si l'aut
avait donné plus de développement à son travail, il aurait p
bablement prévenu la plupart de ces objections; car il
page 77, de son mémoire :

« Ce n'est point ici le lieu de développer l'hypothèse th
» mométrique que je propose pour expliquer les phénomè
» volcaniques, et de démontrer avec quel succès elle s'ap
» que à tous les détails de ces phénomènes. »

M. Cordier déduit très simplement de son hypothèse les causes de la température des eaux thermales, et des principales circonstances qu'elles présentent.

« La plus grande partie des substances que les eaux minérales et thermales contiennent, dit-il, étant analogues à celles qui s'exhalaient, soit des cratères, pendant et après les éruptions, soit des courans de laves, lorsqu'ils cristallisent, soit des solfatares, on doit croire qu'elles proviennent d'un réservoir commun. Leur émission occasione des pertes continuelles à la charge gazeuse intérieure ; ces pertes, qui, d'ailleurs, sont sans cesse réparées par des produits souterrains nouveaux, ont lieu en vertu d'une force d'expansion qui est immense, et par une succession de fissures extrêmement étroites. L'eau est fournie par les causes superficielles qui alimentent les sources ordinaires. L'altération de certaines parties des conduits, surtout près de la surface, peut quelquefois occasioner le remplacement de certains principes par d'autres. Dans ce système d'explication, on conçoit sans difficulté la permanence des sources, leur température à peu près invariable, la singulière nature de leurs produits, et comment plusieurs jaillissent en sortant de terre.

« Plusieurs phénomènes me paraissent prouver qu'elles étaient beaucoup plus nombreuses dans les temps antérieurs à la période géologique actuelle ; ce qui s'explique par la moindre épaisseur que l'écorce de la terre avait alors, et par l'activité plus grande du refroidissement. »

Théorie de M. de Buch.

§ 134.) La théorie du célèbre géologue prussien diffère notablement de celle que nous venons d'exposer ; mais le grand nombre d'observations qui lui servent de base, la haute réputation de son auteur, et la chaude discussion à laquelle elle a donné lieu dans ces derniers temps, exigent que nous l'expo-

sions avec tous les détails que peuvent admettre les bornes
cet ouvrage (1).

«Souvent on applique le nom de volcan aux ouvertures
donnent passage à des coulées de lave, sans cependant pré
dre désigner par là le siége de nouveaux phénomènes vol
niques; et ce n'est que par abréviation que l'on empl
ce terme, au lieu de l'expression propre *bouche d'éruption vol*
nique : ainsi, lorsque l'on appelle volcan soit les Bocche-Nu
qui, en 1774, ont détruit Torre del Greco, soit le Monte-Ro
qui a recouvert, en 1669, une grande partie de Catania
produits volcaniques, on est loin de penser que ces phéno
nes soient autre chose que des éruptions du Vésuve ou
l'Etna.»

«Il en est de même à Ténériffe : les traditions qui parlent
volcans de Guimor, de Garachico, de ceux de Chio et
Santiago ne désignent par ces noms que, des érupti
isolées du pic. On doit concevoir facilement que, quan
s'agit de la cuve d'un haut-fourneau, on ne peut consid
comme des cuves isolées tous les vides qui, produits p
chute d'une brique, donnent passage à quelques fumerole

«Il suit de là que le pic (cône volcanique) est, de même
tout volcan principal, le point central autour duquel se
les éruptions ; et la disposition de toutes ces éruptions au
du pic (2) montre clairement que ce cône est la princi
communication entre l'intérieur du volcan et la surfac
globe. On remarque généralement que, lorsqu'une érup
est terminée, celle qui lui succède immédiatement se m
feste sur une partie située du côté opposé du pic; ce qui pr
évidemment que les phénomènes se rattachent constam
à ce centre, et se manifestent autour de lui. »

Les éruptions volcaniques sont très rares dans les îles (

(1) Extrait de la traduction de M. Boulanger, de la description ph
des îles Canaries, par M. de Buch, page 319 et suivantes.

(2) Ce qui est prouvé par un grand nombre de faits consignés d
partie descriptive de l'ouvrage cité.

; mais le petit nombre qu'on en connaît montre clairement ces oscillations autour du volcan principal, qui est le pic
Teyde; on irait cependant trop loin si l'on voulait rattacher
toutes ces îles à un tout unique, et ne les considérer que comme
les débris d'un grand continent bouleversé et brisé en diverses
parties par les actions volcaniques. Chaque île forme en elle-
même un tout bien déterminé, auquel il ne manque rien d'essentiel ; chacune d'elles présente en son milieu un *cratère de
soulèvement* (Pl. XIV, fig. 5) d'une étendue considérable, sur
les flancs duquel se relèvent de toutes parts les couches basaltiques. Cette disposition est surtout très évidente dans les îles
de la Grande-Canarie et de Palma. A Fuertaventura et Lance-
rotte, les cratères de soulèvement sont moins bien caractérisés.»

Il résulte de là qu'on ne doit considérer les îles Canaries
comme un groupe d'îles qui ont été isolément soulevées du
fond de la mer, par une force qui a dû longtemps se concen-
trer dans le sein de la terre, avant d'acquérir une intensité
suffisante pour vaincre la résistance que les masses supérieures opposaient à son action ; mais, alors, cette force
a brisé les couches de basalte et de conglomérat qui se trouvent au fond de la mer et sur une certaine épaisseur dans
l'intérieur, et les a soulevées jusqu'au dessus de la surface des
eaux sous forme d'immenses cratères (1). Après le soulèvement d'une masse aussi considérable, une partie au moins re-
tombe sur elle-même et ferme bientôt l'ouverture par laquelle
l'action volcanique s'était frayé un passage. De ce soulèvement
il ne résulte donc point de volcan proprement dit ; mais, au
milieu d'un de ces cratères de soulèvement, s'élève un cône
immense de trachyte, qui forme le pic : une communication
permanente est alors ouverte entre l'atmosphère et l'intérieur
de la terre (2), et par cette ouverture s'échappent incessam-

---

(1) Aucun des faits cités dans l'ouvrage de M. Buch ne prouve ce qu'il
avance ici.

(2) Il est à remarquer que l'auteur ne dit pas comment le cône devient
creux pour donner passage aux vapeurs.

ment des masses considérables de vapeurs qui, lorsqu'
nouvel obstacle s'oppose à leur sortie, peuvent se frayer
passage au pied du volcan, ou à une petite distance, en
traînant avec elles des coulées de lave, sans qu'il soit néc
saire alors que l'action de ces matières soit assez puissa
pour déterminer un nouveau soulèvement. Le volcan qui
peut être obstrué que vers son sommet, et jamais dans les p
ties inférieures, par le refroidissement et la chute des matiè
fluides, reste le point central autour duquel se coordonn
tous les phénomènes. »

« Tous les volcans de la surface du globe peuvent être ran
en deux classes essentiellement différentes : *les volcans c
traux et les chaînes volcaniques.* Les premiers forment t
jours le centre d'un grand nombre d'éruptions qui ont l
autour d'eux dans tous les sens, d'une manière régulière.
volcans de la seconde classe se trouvent, le plus souven
peu de distance les uns des autres dans une même directic
comme les cheminées d'une grande faille, et ils ne sont p
bablement rien autre chose. On compte quelquefois jusq
trente volcans ainsi disposés, et ils occupent souvent
étendue considérable à la surface de la terre. On les voit s'
ver du fond de la mer sous forme d'îles et comme des cô
isolés ; alors on observe, à côté et dans la même direction,
chaîne de montagnes primitives dont la base semble indiq
la situation des volcans, ou bien ils s'élèvent sur la crête
montagnes primitives et en forment les plus hautes s
mités. »

« Ces deux espèces de volcans ne diffèrent pas les uns des
tres dans leur composition et leurs produits. Ce sont pres
toujours, à peu d'exceptions près, des montagnes de trachyt
les produits solides qui en dérivent participent toujours d
nature des roches trachytiques. »

« Si l'on considère les chaînes de montagnes comme des m
ses qui se sont élevées à travers une grande faille, on compr

facilement ces deux modes de gisement des volcans. Dans
un des cas, la masse volcanique trouve une fissure toute
formée par laquelle elle peut se répandre à la surface de la
terre, alors les volcans forment le sommet de la chaîne primitive ; dans l'autre, les masses primitives qui recouvrent la
lave opposent un obstacle trop considérable à la sortie des
matières volcaniques. Le mélaphyre, comme cela arrive ordinairement, se fait alors jour par une fissure qu'il détermine
au pied de la chaîne primitive. Lorsque les matières qui cher-
chent à se faire jour jusqu'à la surface ne trouvent aucune
issue par laquelle elles puissent facilement se frayer un passage,
ou lorsque la résistance que les masses primitives opposent à
la fracture est trop considérable, l'action volcanique ainsi com-
primée au dessous de la croûte du globe s'accroît et augmente
d'intensité jusqu'à ce qu'elle soit capable de vaincre cette résistance et de briser les masses qui lui font obstacle. Il se forme
alors une nouvelle fissure qui, lorsqu'elle est assez considérable, établit une communication permanente de l'intérieur
à l'extérieur ; il s'est produit un volcan central. Toutefois l'action volcanique produit rarement de semblables effets,
avant de s'être d'abord frayé un passage, en déterminant la
formation d'une île avec un cratère de soulèvement. »

Ce dernier mode de formation ne paraît exiger aucune réunion extraordinaire de circonstances favorables ; il ne demande
pas un état particulier de la surface terrestre, comme, par
exemple, la formation d'une chaîne de montagnes. L'action
volcanique peut donc toujours se manifester de cette manière,
et c'est ce qui paraît arriver en effet. Nous avons vu sous nos
yeux des îles se soulever du fond de la mer, et si l'on suit les
nouvelles découvertes des navigateurs dans la mer du Sud, où
l'on étudie les descriptions intéressantes que M. de Chamisso
a données des îles de cette mer, on ne pourra se refuser de reconnaître qu'il s'est produit, de nos jours, un nombre considérable d'îles nouvelles qui se sont soulevées jusque près de la

surface de la mer, ou même jusqu'au dessus de cette su[r-]
face (1). »

« M. de Buch énumère ensuite les principaux volcans de [la]
surface de la terre en les réunissant en deux classes : bouch[es]
volcaniques centrales et chaînes volcaniques. »

Bouches volcaniques centrales.

« 1. *L'Etna.* Cette montagne, la plus haute de la Sicile [et]
même de l'Italie, a une forme si régulière et si frappante ([un]
dôme légèrement aplati), qu'on est forcé d'y voir un indivi[du,]
pour ainsi dire, parvenu à sa perfection dès sa naissance. C[e]
volcan ne peut être rattaché à aucun système de montag[ne]
volcaniques; il paraît placé à l'extrémité d'une immense fa[ille]
qui parcourt la Sicile du sud-ouest au nord-est. Le Val [di]
Bove, qui rappelle d'une manière frappante l'enfoncement [du]
Val de Taoro au pied du pic de Ténériffe, serait le crat[ère]
de soulèvement. Une des particularités qui distinguent l'E[tna]
des autres volcans, c'est la grande hauteur à laquelle l'act[ion]
volcanique peut élever la lave : il est certain que plusie[urs]
courans se sont fait jour sur le bord du grand cratère. »

M. Carlo Gemellaro a prouvé qu'à l'Etna, comme dans [les]
les autres volcans, l'effet des éruptions est de former de gran[des]
crevasses dont la direction prolongée passerait par la cime [du]
grand cratère. Les premiers cônes d'éruptions qui se mont[rent]
sur cette crevasse sont le plus rapprochées de la cime, et [suc-]
cessivement il s'en forme d'autres plus bas, jusqu'à ce q[ue la]
violence du courant pressé par la masse supérieure emp[êche]
l'ouverture de se boucher et la force de rester ouverte jus[qu'à]
la fin de l'éruption. »

« 2. *Iles Lipari.* Ces îles sont situées au milieu de la sp[hère]

---

(1) Il est vrai que beaucoup d'îles sont sorties de la mer par suit[e d'é-]
ruptions volcaniques ; mais aucune de ces îles n'a été reconnue pou[r une]
véritable masse de soulèvement. Ce sont généralement des masses d'[érup-]
tions composées de scories et de cendres entassées.

branlement de la Méditerranée, d'après M. Hoff. Strom-
est le volcan central; il donne issue à une éruption cons-
de gaz enflammés, ce qui l'a fait nommer *Phare de la
Méditerranée* par les navigateurs. »

M. Hoffmann a remarqué que les couches d'une dolérite à
grains descendent vers la mer en suivant la pente du
même et entourent un enfoncement circulaire qui est le
cratère de soulèvement, du centre duquel s'élève le pic. C'est
au fond de ce cratère que des éruptions continuelles de vapeurs
ont jour par de petits cônes qui changent souvent de
place. »

3. *Vésuve et champs phlégréens*. La Somma est le cratère de
soulèvement du Vésuve, quoiqu'elle n'entoure pas toute la
montagne; les couches qui la composent s'étendent sur un
espace si considérable en largeur, qu'elles perdent les caractères
du courant. D'après plusieurs faits rapportés (page 342),
l'auteur conclut que la grande éruption de Pline fut
l'origine du volcan, et qu'il n'existait point de Vésuve auparavant; ce cône, tel qu'il existe encore aujourd'hui, est sorti de
l'intérieur et du milieu du cratère de soulèvement de la
Somma, et les parois sud et sud-ouest de cette grande montagne
ont dû céder pour faire place à la nouvelle communication
établie entre l'intérieur et l'atmosphère, communication qui,
depuis, n'a pas cessé de se manifester comme un des volcans les
plus actifs. Le volcan est sorti tout formé du sein de la terre;
il ne s'est point élevé par l'écoulement successif des courans
de lave, ce que M. de Beaumont a démontré impossible. »

Les champs phlégréens n'ont point de volcan; on n'y trouve
qu'un amas de cratères de soulèvement et d'éruptions isolés; mais
jamais ces éruptions n'ont eu de rapport avec un centre commun. Il existe probablement une communication de ces contrées avec le Vésuve : lorsque les forces volcaniques ont agi
près de Pouzzol, le Vésuve est resté en repos, et, au contraire, lorsque ce dernier continue à être en mouvement, les
environs de la baie de Baja sont fort peu agités. »

« 4. *L'Islande*. Cette île est tellement recouverte de bouc[
volcaniques dans toutes ses parties, qu'on est accoutumé à [
considérer dans toute son étendue comme un vaste volca[
Les phénomènes volcaniques sont principalement renferm[
dans une large bande qui traverse l'île du sud-ouest au nord-e[
cette bande, sillonnée dans toutes les directions par d'immen[
crevasses, est recouverte par des masses de lave tellement éte[
dues en longueur et en largeur, qu'on n'en trouve d'aussi c[
sidérables dans aucune autre contrée volcanique. Ce n'est[
par ces ouvertures que se produisent les éruptions, mais[
les volcans Krabla, Leirhunkur, Trolladyngur, l'H[
cla, etc., qui établissent la communication continue de l'in[
rieur avec l'atmosphère. »

« La forme de cette bande est très remarquable, de par[
d'autre, ses bords sont formés de dômes arrondis trachytiq[
qui suivent tous la direction générale et se maintiennen[
une hauteur de 500 pieds d'une mer à l'autre ; on peut se[
présenter cette bande comme une immense voûte de trach[
qui aurait percé les couches basaltiques. Ces dômes trach[
ques peuvent être regardés comme formant deux bourre[
qui encaissent une vallée profonde au milieu. C'est à cette val[
que se trouvent limités tous les phénomènes d'une action v[
canique continue : les fontaines d'eau bouillante, le gey[
le stroïti, etc., les solfatares, les sources acidulées, les dépôt[
soufre. Rien de tout cela n'est visible du côté basaltique[
bourrelets, et moins encore dans la partie basaltique [
même. Plusieurs de ces dômes peuvent être regardés com[
des cheminées par lesquelles une communication avec l'atm[
phère est constamment maintenue. »

Cette vallée est probablement le cratère de soulèveme[
mais l'auteur n'en parle pas, non plus que du volcan princi[

« 5. *Les Açores*. Dans ce groupe d'îles, c'est le pic de [
Pico qui doit être considéré comme le volcan principal. C[
montagne s'élève à une hauteur tellement considérable,

[a]utres îles disparaissent, pour ainsi dire, à côté d'elle; ce [ell]e trouve dans un cratère de soulèvement. »

[T]outes les îles Açores sont alongées du sud-ouest au nord-[es]t situées l'une derrière l'autre exactement dans la même [dire]ction, ce qui fait reconnaître dans cette disposition une [fen]te volcanique analogue à celle de l'Islande, une immense [fente] remplie par des roches à peu près cachées dans les pro-[fond]eurs de la mer.»

5. *Iles Canaries*. Les trois cratères de soulèvement des [îl]es plus considérablés du groupe des Canaries, Grancana-[rie] Ténériffe et Palma, se trouvent exactement placés dans [la mê]me direction, du nord-est au sud-ouest. »

[C]ette disposition est probablement le résultat d'une action [intér]ieure, et l'on peut très bien admettre que cette action est la [mêm]e que celle qui a déterminé la sortie du trachyte; l'inté-[rieur] de la Caldera de l'île de Palma est entièrement composé [de tr]achyte; cette roche forme aussi toute la partie du pic de [Tén]ériffe, qui est isolée du cratère de Saule-Vencent, et dans la [Gran]de-Canarie elle se présente aussi et forme les montagnes [les p]lus élevées et les plus considérables de cette île. »

[6]. *Iles du cap Vert*. L'île de Fuego est le volcan principal [de c]e groupe ; elle est beaucoup plus élevée que toutes les au-[tres]. Ce volcan paraît avoir été autrefois, comme Stromboli, [en ér]uption continuelle.»

[7]. *Iles Gallapagos*. C'est un groupe fort remarquable de [volca]ns en activité; l'île de Narborough, la plus occidentale [de tou]tes, est probablement le volcan principal. Elle forme [elle-mê]me un pic qui s'élève au milieu d'Albemarle et est en-[touré]e par cette île comme par un cratère de soulèvement.»

[8]. *Iles Sandwich*. La nature physique de ces îles est encore [peu c]onnue; celle d'Owaihi, la plus considérable et la plus [haut]e de toutes et même de toutes celles de la mer du Sud, est [presqu]e cinq fois aussi grande que l'île de Ténériffe. Il paraît [très p]robable que le mont Mowna-Roa est un dôme trachytique [et le v]olcan central, l'île étant la principale du groupe entier.

Les autres îles s'étendent dans la même direction du no[rd-]
ouest, et plus elles s'éloignent du point de départ et moin[s la]
hauteur des montagnes est considérable, ce qui confirme [en-]
core l'opinion qui fait regarder Owaïhi comme le centre p[rin-]
cipal de l'action volcanique. Il existe un grand cratère [à la]
base du Mowna - Roa ; c'est une solfatare immense de 1[5 à]
16 milles anglais de pourtour. On distingue dans ce cratère [plu-]
sieurs étages dont les plus inférieurs sont dans une surprena[nte]
activité : une grande quantité de petits cônes rejettent des [va-]
peurs aqueuses et sulfureuses, et souvent les flancs du crat[ère]
s'entr'ouvrent et donnent passage à des coulées de lave [qui]
s'en échappent et coulent vers l'intérieur. »

« 10. *Iles Marquises*. L'île Domenica (Ohiwana), la [plus]
considérable et la plus élevée du groupe, pourrait bien être [un]
volcan central trachytique contenant un cratère. »

« 11. *Iles de la Société*. L'île d'Otahiti, la principale pa[r sa]
grandeur, renferme le mont Tobreonu qui est le volcan p[rin-]
cipal, et établit une communication permanente de l'intéri[eur]
avec l'atmosphère ; un cratère se trouve au sommet de c[ette]
montagne. »

« Les îles Huahèin, Otaha, Ulietea, Borabora et Mara[i,]
dont la surface est fort inégale et parsemée de rochers éle[vés,]
appartiennent au groupe d'Otahiti ; elles sont disposées [les]
unes derrière les autres, à partir de cette île, suivant une li[gne]
dirigée au nord-ouest. »

« 12. *Iles des Amis*. Ces îles sont extrêmement basse[s ;]
n'y a guère que le volcan isolé de Tofua qui parvienne à [une]
hauteur considérable. Ce volcan paraît être continuelle[ment]
en éruption. »

« 13. *Ile Bourbon*. Cette île, qui renferme un volcan [bien]
caractérisé, ne fait cependant partie d'aucun groupe ; [on a]
beaucoup cherché, sans aucun fondement, à la rattac[her,]
suivant la loi commune, à diverses lignes arbitraires de [vol-]
cans ou d'autres îles basaltiques, mais inutilement. Le vo[lcan]
de Bourbon est un des plus considérables du globe ; il off[re]

cratère à son sommet : les éruptions de lave se font généralement sur la base de la montagne et rarement par le cratère
supérieur. »

M. de Buch range dans les volcans centraux les suivans,
placés dans l'intérieur des continens et encore peu connus :

1°. Le *Démavend*, très probablement le point culminant
de la chaîne de l'Elbars, entre la mer Caspienne et la plaine
de Perse. Cette montagne rejette quelquefois une grande quantité de fumée par son sommet.

2°. L'*Ararat*, dont l'isolement, la hauteur et la forme particulière rendent très vraisemblable la supposition qu'elle recèle dans son intérieur un des principaux canaux de communication volcanique, supposition appuyée par les phénomènes
qui se manifestent de tous côtés à la base de cette montagne,
et qui paraissent en relation avec elle ; tels sont les tremblemens de terre que l'on ressent en Géorgie, auprès d'Erivan
et de Tauris.

3°. Le *Seiban-dagh*, à l'extrémité du lac Van, est une montagne immense dont le sommet est constamment couvert de
neige, et le pied entouré de coulées de lave sur une étendue
considérable.

4°. Les montagnes de la Tartarie, à l'ouest de la Chine,
qui ont été décrites par Abel Rémusat ; on peut avec autant
de raison ranger au nombre des volcans les montagnes brû-
lantes qui dégagent du sel ammoniac, dans la Sibérie, à Cha-
maga, dans la partie septentrionale du cours du Jenisey et à
l'origine du fleuve Wilui. M. de Humboldt a fait connaître
un autre volcan dans l'intérieur de l'Asie, l'Arafsaubé, haute
montagne conique qui s'élève au milieu du lac d'Alakoul.

5°. Il faut encore ranger au nombre des volcans centraux
les montagnes volcaniques de Kardafan dont a parlé M. Rap-
pel dans ses relations sur Dangola.

Il résulte d'un grand nombre de faits consignés dans le
travail de M. de Buch, et que les bornes de notre ouvrage ne
nous permettent pas d'énumérer, que tous les volcans cen-

traux s'élèvent au milieu d'une enceinte basaltique, tan[...]
que leurs cônes sont, au contraire, entièrement formés [...]
masses de trachyte. On ne remarque dans ces volcans aucu[...]
trace de roches appartenant à d'autres formations, surtou[...]
aucun indice de roches primitives. Les chaînes volcanique[...]
au contraire, ou s'élèvent au milieu des montagnes primiti[...]
et sortent de leurs crêtes, ou bien le granite et les roch[...]
analogues se trouvent à peu de distance, ou recouvrent mê[...]
les flancs des montagnes volcaniques, lorsque la chaîne d[...]
volcans se présente au pied d'une chaîne primitive, ou à [...]
base d'un continent.

Chaînes volcaniques.

«1. *Iles de la Grèce.* Ces îles sont les seules en Euro[...]
qu'on puisse, avec quelque certitude, classer dans les chaîn[...]
volcaniques; elles ne sont, pour ainsi dire, que le résultat d[...]
efforts effectués dans l'intérieur pour produire de véritabl[...]
volcans; car ceux-ci ne se sont pas encore ouverts d'une m[...]
nière durable. Ces îles ne sont pas dispersées isolément da[...]
la mer; elles ne sont pas non plus rassemblées en un group[...]
Les chaînes de montagnes du continent se continuent sur c[...]
îles avec la même direction et la même nature de roches, ju[...]
que dans les parties les plus éloignées; elles ont absolume[...]
la même constitution géognostique que le continent de[...]
Grèce, qui est traversé, depuis le golfe de Paras jusqu'à [...]
pointe de Cerigo, par plusieurs chaînes parallèles qui coure[...]
nord-ouest sud-est. D'après la composition minéralogique [...]
ces diverses îles, qui est en rapport avec les chaînes des co[...]
tinens, l'auteur conclut qu'aucune de ces îles n'est isolée[...]
distincte des autres, situées sur le même prolongement d'u[...]
chaîne du continent, par la nature des roches qui la comp[...]
sent, et qu'ainsi aucune d'elles, pas même Délos, n'a pu s[...]
lever isolément du fond de la mer.»

«L'île de Santorin, appartenant à la chaîne volcanique q[...]

oche presque l'isthme de Corinthe, présente à la fois toute
l'histoire des cratères de soulèvement et des îles volcaniques.
Aucun point de la surface du globe n'offre un cratère
mieux déterminé, plus régulier et plus complet que celui qui
est entouré, sur plus de la moitié de son contour, par l'île
courbe de Santorin, et qui se trouve entièrement complété
par l'île de Thérasia. Les tentatives de l'action volcanique
pour former un volcan au centre de ce cratère de soulèvement paraissent s'être succédé d'une manière non interrompue depuis les temps jusqu'où remontent les traditions,
500 avant Jésus-Christ. La petite île d'Hierara (Palaio Kameni)
se souleva au milieu du cratère, en 1427 : cette île s'accrut
considérablement. La petite Kameni se forma en 1573; de 1707
à 1709 se souleva la nouvelle Kameni, par laquelle se dégagent
continuellement des masses de vapeurs sulfureuses (Pl. XIV,
fig. 6). Toutes ces îles sont trachytiques; mais aucune ne présente de cratère ouvert : Santorin n'est donc encore qu'une
île de soulèvement. Il est reconnu que le fond du cratère de
Santorin s'élève peu à peu, et que bientôt une nouvelle île
paraîtra à la surface des eaux, près des rochers des Kameni. »

« Milo diffère peu de Santorin; cette île présente aussi un cratère de soulèvement, entouré par des couches de conglomérat
et le tuf trachytiques. »

« Ce qui rapproche surtout les îles grecques des chaînes volcaniques et rend plus complète leur analogie avec elles, c'est
l'absence du basalte et des roches basaltiques dans toute leur
étendue, circonstance qui les distingue essentiellement des
volcans centraux. »

« 2. *Chaîne située à l'ouest de l'Australasie.* Toutes les îles de
la mer du Sud, situées à l'ouest du méridien, de la Nouvelle-
Hollande, offrent un caractère tout particulier et très différent
de celui des autres îles : au lieu de présenter la forme ronde
et élevée des montagnes coniques, combinées avec d'autres îles

moins élevées, formant avec elles divers groupes isolés les u
des autres, ces îles paraissent étroites et alongées comme d
chaînes de montagnes, et elles se trouvent toutes si exacteme
dirigées suivant une même ligne, quoiqu'un peu recourb
qu'on ne peut se dispenser de les réunir et de les considérer comm
les diverses parties d'un tout unique. Ainsi, il est évident que
Nouvelle-Zélande, la Nouvelle-Calédonie, les Nouvelles-Héb
des, les îles Salomon et de la Louisiade, jusqu'à la Nouvelle-Gu
née, et cette île immense elle-même jusqu'aux îles Moluques, a
partiennent à la même chaîne ; les relations de toutes ces îl
deviennent encore plus frappantes quand on remarque q
la courbe formée par cette chaîne reproduit presque exact
ment, sur un très long espace, la configuration de la Nouvell
Galles du sud. Enfin, à cette différence de forme vient enco
se joindre une différence de composition : sur presque tous l
points, on trouve les roches primitives et très peu d'îles b
saltiques. Les volcans ne paraissent plus, dans ces contrées
comme les points principaux de certains groupes ; ils sont, a
contraire, tous placés sur la crête de cette chaîne australe, tou
jours dans le voisinage et à peu près constamment au pied d
montagnes primitives. Cette chaîne volcanique se rattache
l'ouest de la Nouvelle-Guinée, avec des autres chaînes extr
mement remarquables, qui se réunissent à elle en formant un
sorte de nœud ; ce sont la chaîne des volcans des îles de l
Sonde à l'ouest, et celle des volcans des îles Philippines
des Moluques au nord. »

« 3. *Chaîne des îles de la Sonde.* Les innombrables volcan
des îles de la Sonde s'étendent jusqu'aux îles les plus élo
gnées de Sumatra et de Java, et vont se perdre dans le golf
du Bengale.

« 4. *Chaîne des Moluques et des îles Philippines.* De l
même manière, la chaîne des Moluques et des Philippin
s'élève vers le Japon et entoure le continent d'Asie, du côt
de l'est (1). »

(1) Voyez, dans l'ouvrage de M. de Buch, l'énumération de tous le

5. *Chaîne du Japon et des îles Kurilles.* La force et la fréquence des tremblemens de terre qui se font sentir dans l'île Formosa peuvent faire croire que la chaîne volcanique des Philippines se perd sous le continent de la Chine. Après une longue interruption, on voit paraître une nouvelle série de volcans qui commence à l'île sulfureuse du groupe de Kumi-achoo. »

« Les volcans du Japon sont distribués sur toute la surface de ce continent, qui est comme Quito, Java, Gilaco et Luçon, le principal siége de l'action volcanique. »

6. *Volcans du Kamtschatka.* La plus grande partie de cette presqu'île est traversée, dans toute sa longueur, par deux chaînes de montagnes qui diffèrent beaucoup d'aspect et de composition. La chaîne du côté de l'ouest s'élève peu au dessus de la limite des arbres; elle ne présente point de pics marqués, point de volcans, et conserve presque partout la même hauteur. La chaîne orientale, au contraire, celle qui regarde l'Amérique, n'est formée que de cônes et de pics gigantesques, souvent sans liaisons entre eux, mais dont la plupart sont des volcans actifs; d'autres présentent tout à fait les caractères des formes volcaniques, ils se rapprochent de la mer et y forment des côtes escarpées. On saisit admirablement cette série de pics et leurs formes particulières dans les belles vues qu'en a données l'amiral Krasenstern dans l'atlas de son voyage; ils ressemblent parfaitement à de grandes cheminées ouvertes aux vapeurs, sur l'immense crevasse qui parcourt l'intérieur de cette partie du globe. Cette chaîne renferme treize volcans, dont plusieurs sont très grands. »

7. *Chaîne des îles Aleutiennes.* Suivant M. de Hoff, la série volcanique de Kamtschatka ne commencerait, pour s'étendre ensuite vers le sud, que dans les parties où cessent les îles Aleutiennes ou plutôt les îles de Behring, qui en sont la continuation. Cependant les volcans des îles Aleutiennes et ceux qui composent ces chaînes, et celle des curieux phénomènes qu'ils présentent.

sont déjà, depuis longtemps, cachés au dessous de la surfa...
avant d'atteindre les côtes de l'Asie. Cette chaîne offre on...
volcans. »

« 8. *Chaînes des îles Marianes*. Il est évident, d'après...
situation de ces îles, qu'elles appartiennent à une même chaîn...
et Chamisso dit expressément que cette chaîne est volcaniqu...
Toutefois, les volcans qui la composent sont complèteme...
inconnus. »

« 9. *Chaîne du Chili*. La plupart des volcans de la chaîne...
Chili, quoique très élevés et souvent dans une grande ac...
vité, nous sont encore absolument inconnus. Ces volcans so...
au nombre de vingt-quatre. »

« 10. *Volcans de Boliva et du Haut-Pérou*. La série d...
volcans, qui se continue depuis la pointe méridionale de l'Am...
rique, se termine tout à coup avec le volcan du Coquimb...
et il reste un espace de plus de 8 degrés de latitude, sans a...
cune trace d'actions volcaniques. Ces volcans sont au nomb...
de dix; leur série se termine avec l'imposant Nevado ...
Chuquibamba. M. Pentland assure n'avoir vu dans cet...
chaîne ni basaltes, ni laves pyroxéniques. »

« La Cordillière, formée par ces volcans, est séparée de la m...
par deux autres petites chaînes de montagnes, dont la pr...
mière est composée de diorite, et la dernière, celle qui e...
baignée par la mer, d'un granite à gros grains. Le grani...
forme presque partout le pied des Andes. »

« 11. *Volcans de Quito*. M. de Humboldt regarde comm...
très probable que la plus grande partie de la haute contr...
de Quito, ainsi que les montagnes voisines, sont formées p...
un immense dôme volcanique qui s'étend du nord au sud...
et embrasse un espace de plus de 60,000 mètres carrés. I...
Cotopaxi, le Tunguragua, l'Antisana, le Pichineha s'élève...
au dessus de cette même voûte, comme les diverses sommi...
d'une même montagne, des masses de matières enflammé...
s'échappent tantôt par l'un, tantôt par l'autre de c...
volcans. »

« Cette voûte volcanique, à laquelle commence une nouvelle série de volcans, est séparée de ceux du Pérou par un espace de 14 degrés de latitude. Cet espace est occupé par la chaîne des Andes, qui est une des plus élevées de la surface du globe. Les volcans de la chaîne de Quito sont au nombre de dix-sept. Il serait possible que cette chaîne établît une liaison entre la chaîne volcanique des Andes et la série des volcans des Antilles. »

« 12. *Volcans des Antilles*. Cette série volcanique se présente avec des caractères particuliers qui méritent une attention particulière ; il est probable qu'elle est en relation immédiate avec les montagnes primitives de Caraccas : au moins, les tremblemens de terre qui se faisaient sentir dans cette contrée ont tout à fait cessé depuis que le volcan de Saint-Vincent a fait éruption, et on observe généralement le même fait dans les contrées qui avoisinent un volcan isolé. S'il en est ainsi, cette relation doit s'établir par les îles de Tortuga et de Margarita ; cette chaîne est recourbée. Les îles volcaniques, qui ont un cratère, sont disposées sur un arc et se terminent à une nouvelle chaîne primitive dans les points où cet arc a pris la direction de la chaîne de Silla-Caraccas. Les montagnes bleues de la Jamaïque, les protubérances granitiques de la partie sud de Saint-Domingue, de Porto-Ricco, s'élèvent parallèlement à la chaîne de Silla, et cependant on reconnaît, d'un coup d'œil sur la carte, qu'elles forment la continuation de la série volcanique des Antilles. »

« Les volcans de cette série ne sont pas très élevés ; 6,000 pieds le maximum de leur hauteur. Cependant ce sont de véritables volcans actifs et non pas de simples solfatares, comme on le croit communément. »

« Les îles volcaniques sont disposées à la suite les unes des autres sans aucune interposition d'îles non volcaniques. Au contraire, du côté de l'est, vers le grand Océan, se présente une autre série d'îles sur lesquelles on voit à peine des traces de phénomènes volcaniques ni aucun véritable volcan : la Grenade,

Saint-Vincent, Sainte-Lucie, la Martinique, la Dominique,
la Guadeloupe, Montserrat, Nièves, Saint-Christophe, Saint-
Eustache sont des îles volcaniques. A la chaîne calcaire appartiennent les îles moins élevées de Tabago, la Barbade, Ma-
rie-Galante, Grande-Terre, la Désirade, Antigua, Barbude,
Saint-Bartholoméo et Saint-Martin. »

« **13.** *Volcan de Guatimala.* Ces volcans sont encore très
mal connus ; mais leur position le long de la côte a constamment excité l'attention des navigateurs, parce que les
montagnes gigantesques s'élancent du fond de la mer même
pour s'élever jusqu'au delà de la région des nuages, et désignent ainsi, jusqu'à une grande distance, les parages dans
lesquels on se trouve. Ces volcans, au nombre de vingt-huit,
sont disposés très régulièrement sur une ligne dirigée du sud-
est au nord-ouest, parallèle à la direction générale de la côte ;
c'est probablement la direction d'une immense crevasse par
laquelle les forces intérieures se sont fait jour, en élevant ces
cheminées gigantesques au dessus de cette crevasse. »

« **14.** *Volcans du Mexique.* D'après les observations de
M. de Humboldt, ces volcans sont tous rangés sur une même
ligne dirigée de l'est à l'ouest et qui coupe obliquement le
continent. Cette direction présente si peu de conformité avec
toutes celles observées jusque-là, lesquelles ne traversent jamais les chaînes de montagnes, qu'on est porté, malgré l'é-
tendue de cette série volcanique, à ne la considérer que comme
une faille subordonnée, qui ne s'étend pas sur les flancs des
grandes failles générales et qui ne se prolonge pas au delà
du continent de Mexico ; ce serait alors une fracture oblique
analogue à celle des volcans de Java. Ces volcans sont tous
basaltiques ; ils sont au nombre de cinq. »

Telle est la célèbre théorie de M. de Buch sur les phénomènes volcaniques. Quoique nous soyons entré dans beaucoup de détails sur cette théorie, nous sommes loin d'ap-
procher du nombre de ceux consignés dans l'ouvrage dont elle
est extraite. Cet ouvrage renferme une foule de faits cu-

eux et dont la plupart appuient fortement la théorie ; mais en serait-il pas ainsi, ces faits, seulement par eux-mêmes, méritent d'être connus, et c'est pourquoi j'engage tous ceux qui ne l'auraient pas fait à lire l'ouvrage du célèbre géologue russien.

On sait à combien de controverses la théorie de ce géologue a donné lieu et quelle discussion animée elle a tout récemment soulevée. Cette discussion a montré non seulement que cette théorie n'est pas à l'abri d'objections, mais encore que plusieurs points sont faibles, et même que plusieurs des faits cités en sa faveur peuvent être invoqués contre elle. Nous allons donner un abrégé de cette discussion qui servira encore à jeter une nouvelle lumière sur les phénomènes volcaniques, dont la connaissance parfaite est de la plus haute importance pour l'histoire des révolutions qui ont bouleversé la croûte solide de notre planète.

On ne s'occupait guère en France de la théorie de M. de Buch publiée seulement en allemand, ce qui faisait qu'un très petit nombre de personnes pouvaient l'étudier, lorsqu'en mai 1832, M. de Montlosier écrivit de Randanne à la société géologique à l'occasion d'une communication de M. Hoffman, qui annonçait avoir trouvé des cratères de soulèvement en Italie, dans les montagnes d'Albano ; et que le val del Bove était bien un cratère de soulèvement. M. de Montlosier désirait ne point admettre l'expression de *cratère de soulèvement ;* à quoi il avait été conduit par un grand nombre d'observations faites en Auvergne, en Italie et sur les bords du Rhin, qui lui avaient fait reconnaître deux espèces de cratères : les cratères d'éruption ordinaires et des cratères d'explosion, *cratères-lacs.* Ces derniers offrent un orifice d'une dimension énorme, comparativement à celle des cratères ordinaires, avec absence de lave et de matières violemment raréfiées.

Dans la même séance, M. Cordier, en protestant fortement contre l'existence des cratères de soulèvement, déclara qu'il

n'avait jamais pu reconnaître dans les volcans brûlans
éteints que trois espèces de cratères; savoir :

1°. Cratères dans lesquels les gaz seuls ont été en action
ont opéré à la surface du terrain à la manière d'une explosion
de mines de guerre. Ces cratères ont peu ou point de saillie;
ils affectent la forme d'un entonnoir irrégulier, dont les
bords sont formés des couches mêmes du sol qui a été percé.

2°. Cratères dans lesquels l'éruption du gaz, amenant de
l'intérieur du globe de la lave liquide et incandescente, a pro-
jeté en l'air cette lave à l'état de déjections incohérentes, de
volumes divers, et qui se sont successivement accumulées sous
forme de montagne conique autour de la cheminée éruptive.

3°. Cratères qui, après avoir été formés comme les précédens, ont fini par dégorger de la lave liquide, qui, en s'é-
panchant, a plus ou moins échancré leur contour. La formation de chacun de ces différens cratères, la percée du sol,
est un phénomène purement local, qui n'affecte, pour ainsi
dire, qu'un point de la masse du terrain traversé, qui opère
sans soulèvement aucun de cette masse, qui s'effectue par une
série de fentes très peu étendues et dont les effets paraissent
excessivement minimes quand le bruit a cessé.

MM. de Beaumont et Dufrénoy, en soutenant la théorie de
M. de Buch contre M. Cordier, ont communiqué à la société
un grand travail sur les groupes du Cantal et du Mont-d'Or,
qui les amène à conclure que ces deux groupes présentent
chacun un cratère de soulèvement bien caractérisé : la crête
circulaire de celui du Cantal comprend les cimes du Plomb-
du-Cantal et du Puy-Mary, dont les vallées de Mandailles, de
Vic, de Murat, de Dienne et de Falghoux forment les crevasses de déchirement, et dont le point central est occupé par
une masse de phonolite tabulaire. La vallée Dordogne et celle
de la Tranteine forment les crevasses de déchirement du cratère du Mont-d'Or, et sa crête circulaire comprend le Puy-
Gris, le Puy-de-l'Aiguoller, le Puy-Ferrand, le Puy-de-la-
Grange, le Plateau-de-la-Cadogne, le Roc-de-Cuzeau, le Puy

...u-Cliergue et le Pont-de-la-Grange, et dont le point central est occupé par la réunion de filons de trachyte.

M. Cordier répondit que, dans les vallées plus ou moins convergentes du Mont-d'Or et du Cantal, dans les cirques qui terminent ces vallées, dans les massifs et les mamelons centraux, dans les longs plateaux à gradins qui séparent les vallées, dans les gibbosités à surfaces planes qui sont disséminées sur quelques plateaux, dans les chapeaux de lave isolés qui correspondent aux mêmes plateaux, il ne voit que les résidus d'une immense accumulation de courans de toute espèce, alternant avec des couches de déjections incohérentes, accumulation qui s'élevait autrefois en forme conique plus ou moins surbaissée, comme les grands volcans brûlans actuels, que des filons et des amas colonnaires de lave de toute espèce avaient successivement traversée à mesure que les tremblemens de terre formaient des fentes, et que les laves, pressées dans des sens divers, pouvaient s'y introduire, et qu'enfin la grande érosion diluvienne était venue dénuder, démanteler et sillonner à des profondeurs aussi variables que les résistances : toutes les couches volcaniques remontent, avec une pente de quelques degrés, vers le centre du massif de montagnes, parce que c'est de ce centre ou des points qui en étaient voisins, qu'elles sont sorties pour s'étendre au loin ou pour couler en rayonnant vers les plaines. Dans tous les grands volcans brûlans, l'Etna, le Vésuve, etc., les couches sont naturellement relevées vers un centre commun et disposées précisément comme dans le Cantal et le Mont-d'Or. Si une grande érosion venait à atteindre ces grands systèmes de volcans, l'effet de cette catastrophe serait incontestablement d'entamer chaque système, de manière à produire toutes les modifications de relief que présentent non seulement les grands massifs démantelés de l'intérieur de la France, mais encore toutes celles qui caractérisent l'aspect particulier de ceux de l'archipel grec, de Lipari, de Madère, des Canaries, etc.

Plus tard , M. Virlet vint annoncer que l'île de Santorin
citée par M. de Buch comme un des plus beaux exemples d
cratère de soulèvement (Pl. xiv, fig. 6), et dont il avait e
occasion d'étudier la constitution géognostique pendant so
voyage en Grèce, était un véritable *cratère d'éruption* d'u
volcan encore aujourd'hui brûlant, dont l'action puissan
paraît avoir perdu de son intensité première et ne se man
feste plus qu'à de longs intervalles ; que le grand cône d
volcan a sans doute été détruit à la suite d'une grande cata
trophe, comme le sommet de l'Etna le fut en 1444 par u
tremblement de terre qui laissa un immense cratère dont
reste encore une partie du segment. Depuis, le cône de l'Etn
s'est en partie rétabli au milieu du cratère, et celui de San
torin tend aussi à se rétablir (voyez, page 177), mais bea
coup plus lentement. Suivant le même géologue, les chaîn
volcaniques établies par M. de Buch dans les îles de l
Grèce n e sont pas plus réelles que le cratère de soulèvemen
de Santorin.

En partant des dimensions du cratère de Santorin et cher
chant par le calcul le rayon de la base soulevée et la hauteu
du soulèvement, M. Virlet a trouvé que cette hauteur aurai
dû être de 26 lieues et que l'action aurait dû s'exercer su
une surface circulaire de 1,037 lieues de diamètre, ce qu
est évidemment impossible. Mais, faisant observer que le
dénudations ont pu augmenter beaucoup les dimensions d
ce cirque, il suppose que son diamètre ait été primitivement d
1,000 mètres seulement, au lieu de 6,500 qu'il a réellement
il trouve encore un rayon de soulèvement de 399,010 mé
tres et une élévation de 19,955 ; résultats également inad
missibles, et que l'auteur regarde comme infirmant complète
ment la théorie des cratères de soulèvement. Il ajoute ensuit
que l'examen raisonné des cartes de Ténériffe et de Palma
dressées par M. de Buch, suffirait seul pour faire douter de s
théorie.

M. Boblaye a objecté à M. Virlet que, dans ses calculs, i

a négligé de tenir compte de l'épaisseur de la croûte terrestre au moment du phénomène, donnée très essentielle, dont l'introduction dans la formule change notablement les résultats quand on les applique aux phénomènes naturels.

En supposant les redressemens d'une portion de la croûte terrestre, ou sur un prisme triangulaire isocèle, ou sur un cône droit dont la section serait la même, M. Boblaye a cherché les relations qui doivent exister entre E, épaisseur de la croûte terrestre, O, l'angle du soulèvement, R, le demi-diamètre du cône soulevé pris sur la surface du globe, D le demi-diamètre de l'écartement des couches supérieures, et H la hauteur du soulèvement, c'est à dire du prisme ou du cône tronqué ; et il est arrivé aux deux équations :

$$D = 2 \sin \tfrac{1}{2} o \left(R + 2E \cot o \right),$$

$$H = \sin o \left(R - 2E \tang \tfrac{1}{2} o \right),$$

qui montrent qu'on ne peut négliger l'épaisseur de la croûte terrestre.

De ces deux équations on tire :

$$E = \tfrac{1}{2} \cos o \left(R - \frac{H}{\sin o} \right) \text{ et } E = \frac{D}{2} \cot \tfrac{1}{2} o - \frac{H}{2},$$

et donneraient l'épaisseur de la croûte terrestre au moment du soulèvement, si R, H et D ont été bien mesurés.

Pendant le cours de la discussion, MM. Hoffman et C. Prévost, qui venaient de visiter tout récemment Naples et la Sicile avec des idées favorables à la théorie de M. de Buch, déclarèrent qu'ils n'avaient rien vu ni au Vésuve, ni dans les îles Lipari, ni à l'Etna, qui pût confirmer cette théorie. M. Prévost déclara en particulier que l'île Julia, produite au milieu des eaux par une éruption volcanique (§ 54), ne lui avait présenté rien autre chose qu'un cratère d'éruption formé

par une masse de scories, de cendres et de sables rejetée t
autour de la bouche volcanique. MM. Beaumont et Dufré
ont défendu avec beaucoup de chaleur et de talent la thé
de M. de Buch contre ses adversaires; et, par des descripti
du Cantal et du Mont-d'Or, de l'Etna et du Vésuve, qu
étaient allés visiter tout exprès, ils ont répondu avec suc
aux principales objections de MM. Montlosier, Cordier, P
vost, Virlet, etc., et ont montré qu'il n'était pas aussi fac
de détruire l'édifice construit par le célèbre Prussien qu
l'avait d'abord cru (1). M. Boué, l'un des géologues qui
le plus observé, ne prit part à la discussion que lorsqu'e
était presque terminée, et il annonça avoir reconnu dans
montagnes, des enfoncemens ou cirques cratériformes qu
compare au renflement des filons, en leur attribuant la mê
origine ; des accidens de fendillement ou d'écroulement,
sultats du soulèvement de la masse inférieure et de l'écar
ment des parties supérieures. Il a vu, en Carinthie, le terra
schisteux traversé par des filons granitiques et siénitiques da
le fond des vallées de formations appartenant à la quatriè
époque, dont la disposition des couches concorde parfai
ment avec la définition rigoureuse d'un cratère de soulè
ment.

On se rappelle que nous avons observé dans le Jura (§ 8
beaucoup de cirques semblables à ceux cités par M. Bo
et que nous avons également considérés comme très an
logues aux cratères de soulèvement. Ces cirques présente
une cavité autour de laquelle les strates sont relevées, et d'o
partent plusieurs vallées divergentes dont la plus grande la
geur se trouve être précisément dans les parois de la cavit
en outre, le terrain inférieur, qui est souvent l'argi
oxfordienne, forme une ou plusieurs protubérences dans l'i
térieur du cirque.

Si les forces volcaniques eussent agi dans le voisinage, il e

(1) Voyez le Bulletin de la Société géologique, t. III et IV.

...bable que ces cirques se trouvant être des régions de moin-
... résistance, des cônes d'éruption seraient venus s'ouvrir
... us leur intérieur ; mais je ne vois pas la nécessité que la
...part des volcans à cratères d'éruption se trouvent dans la
... ion d'un cratère de soulèvement, comme semble l'indiquer
...éorie de M. de Buch. En effet, on conçoit bien que les ma-
...es volcaniques puissent monter par des fissures naturelles,
...éritables cheminées établies antérieurement, sans avoir be-
... de soulever le sol environnant, action qui supposerait
... force dont l'intensité dépasserait tout ce que notre imagi-
...on peut raisonnablement concevoir ; car, depuis l'exis-
...e des volcans actuels, l'épaisseur de la croûte solide du
...e est au moins de 70,000 mètres.

...ans les régions volcaniques, les commotions violentes qu'a
...uvées et qu'éprouve encore à chaque instant le sol en ont
...ainement brisé des parties qu'elles ont même quelquefois
...ées à une grande hauteur, comme en Amérique (§. 55) ;
... que toujours, pour produire un volcan, une immense ca-
...circulaire se soit ouverte pour donner subitement passage
...cône tout formé, uniquement destiné à établir la communi-
...on de l'intérieur de la terre avec l'atmosphère, cela me paraît
...tant moins probable que nous n'avons aucun exemple de
...ait extraordinaire dans toutes les bouches volcaniques qui
...nt ouvertes sur la terre et au milieu des eaux, depuis les
...os historiques.

...ous avons déjà dit que les dimensions des bouches vol-
...ques tendent continuellement à diminuer d'étendue : à
...époque très reculée, les plus anciennes de ces bouches
...aient donc être beaucoup plus considérables qu'aujour-
...hui ; et les coulées qui s'accumulaient autour, en formant
...couches inclinées, toutes relevées vers le centre d'érup-
..., lorsque le cratère a eu pris les dimensions qu'il nous
...ente aujourd'hui, ont dû offrir l'apparence de masses
...evées circulairement. Maintenant, les commotions inté-
...res qui précèdent toujours les éruptions ont brisé les

anciens cratères; les eaux atmosphériques et celles reje[...]
par le volcan lui-même ont corrodé les débris de cette m[...]
en ruine et ont pu lui donner l'aspect démantelé qu'elle [...]
sente maintenant (Pl. xiv, fig. 5). Dans les commotion[...]
cône d'éruption, le dernier cratère lui-même a pu [...]
anéanti, comme cela est déjà plusieurs fois arrivé au Vés[...]
Le volcan s'étant éteint ensuite, il n'est plus resté q[...]
espace à peu près circulaire, couvert de débris, et dans le[...]
l'on ne distingue plus de véritables coulées. Voilà ce qui [...]
arriver; mais, comme je n'ai point encore eu occasion [...]
tudier les volcans à cratères, je ne donne cela que co[...]
une conjecture.

Si l'existence des cratères de soulèvement, tels que [...]
comprend M. de Buch, peut être infirmée, il n'en est [...]
de même de toutes les parties de sa théorie; il est admis [...]
tous les observateurs qu'il existe des volcans en group[...]
des volcans en lignes, sans que l'on regarde comme ra[...]
définitivement dans ces deux classes tous ceux que l'au[...]
y a compris. Les massifs de soulèvement que j'ai rece[...]
exister dans les chaînes de montagnes composées de ro[...]
plutoniques anciennes ressemblent beaucoup aux gro[...]
volcaniques ou volcans centraux, comme je le montrerai [...]
la théorie des soulèvemens (§ 140).

Nous ne pousserons pas plus loin la critique de la th[...]
de M. de Buch, et nous terminerons en engageant le lec[...]
à lire attentivement cette théorie, et dans le Bulletin [...]
Société géologique (1), tout ce qui a été dit pour et co[...]
elle.

Théorie de Davy et Gay-Lussac.

(§ 135.) Quoique cette théorie ne compte plus aujourd[...]
qu'un petit nombre de partisans, la célébrité de ses aut[...]
nous empêche de la passer sous silence.

(1) Tomes III et IV.

Davy, ayant considéré la grande quantité de vapeurs aqueuses, de gaz hydrogène sulfuré, de sel marin, de sel ammoniac, etc., produite dans les déflagrations volcaniques, vit que l'eau jouait un grand rôle dans ce phénomène, et en attribua la principale cause à la décomposition de ce corps par les métaux à l'état simple, qui doivent exister au dessous de l'écorce oxidée du globe. Ces métaux, n'ayant aucune communication ni avec l'air, ni avec l'eau, décomposent instantanément ce liquide lorsqu'il vient à être en contact avec eux. Il se produit alors une chaleur assez considérable pour fondre les roches environnantes, et la pression des fluides élastiques suffit pour élever les matières fondues jusque dans le cratère. On a objecté au chimiste anglais que, si les choses se passaient comme il le disait, il devrait se dégager dans les éruptions une grande quantité d'hydrogène gazeux, tandis que les produits volcaniques n'ont jamais offert que de l'hydrogène sulfuré, de l'acide hydrochlorique, etc. Pour répondre à cette puissante objection, M. Gay-Lussac dit que ce n'était point à l'action de l'eau pure sur les métaux à l'état simple que l'on doit attribuer les phénomènes des produits volcaniques, mais bien à l'action de ce liquide sur les chlorures de ces métaux, ou à celle de l'eau de la mer sur ces mêmes métaux; enfin il a démontré que le fer oligiste, si commun dans les laves et les parties caverneuses des volcans, ne peut guère être attribué qu'au perchlorure de fer. La position des volcans actifs sur les côtes et dans les îles, liée à la nature de leurs produits liquides et gazeux, prouve en faveur de l'opinion de M. Gay-Lussac; on conçoit que la mer puisse pénétrer par des fissures dans les foyers volcaniques, puisqu'elle baigne le pied des volcans, et, en se décomposant, oxider les métaux qui s'y trouvent. Mais, outre qu'on ne pourrait pas expliquer de cette manière les éruptions des volcans de l'Amérique du sud, situés sur le dos de la grande Cordillière, fort loin de la mer, et de ceux reconnus récemment dans l'intérieur de l'Asie, rien ne prouve que l'eau de

la mer pénètre dans les foyers volcaniques, et quand elle
pénétrerait, il faudrait absolument pour la continuation d[es]
phénomènes, ou que les amas de corps simples se reformasse[nt]
après chaque éruption, ou que toute la surface supérieure [de]
la cavité oxidée fût enlevée, afin de mettre à découvert l[es]
parties non oxidées qui sont dessous, ce qui n'est pas du to[ut]
probable.

Tremblemens de terre.

(§ 136.) Nous avons prouvé (§ 55) que la plupart d[es]
tremblemens de terre étant intimement liés aux phénomèn[es]
volcaniques, ils devaient être un des effets de la grande cau[se]
universelle qui produit ces phénomènes, et l'on a vu (§ 13[6])
avec quelle clarté et quelle simplicité l'hypothèse de la ch[a-]
leur centrale explique ces singulières perturbations.

Quelques observateurs ayant remarqué qu'il y avait souve[nt]
eu un grand dégagement d'électricité pendant la durée d[es]
tremblemens de terre, et que souvent aussi l'état électri[que]
de l'atmosphère avait éprouvé de grandes variations, ont a[t-]
tribué ces phénomènes à l'électricité du globe : on conçoit, [en]
effet, que des perturbations ayant lieu soit dans la directi[on]
des courans électriques que l'on suppose exister à une pe[tite]
profondeur dans la masse du globe terrestre, soit dans l'i[n-]
tensité de quelques uns de ces mêmes courans, il en résult[e des]
mouvemens ondulatoires dans certaines directions, d'aut[ant]
plus considérables que la perturbation électrique aura é[té]
plus grande. S'il existe réellement des courans électriques [dans]
l'intérieur du globe, comme les expériences d'Ampère te[n-]
dent à le prouver, il est certain qu'ils doivent souvent oc[ca-]
sioner des tremblemens de terre.

M. Boussingault attribue les tremblemens de terre [des]
Andes à une cause bien différente de celle que nous veno[ns]
de faire connaître (1), aux éboulemens qui auraient lieu d[ans]

____

(1) Bulletin de la Société géologique, t. IV, page 52.

intérieur de ces montagnes, par suite d'un véritable tassement, qui est une conséquence nécessaire de leurs éboulemens ; car elles sont composées de fragmens entassés les uns
sur les autres, et dans lesquels il doit nécessairement se produire des éboulemens.

« Ces tassemens des Cordillières, dit-il, qui ont dû être si
communs immédiatement après leurs soulèvemens, se continuent encore de nos jours. Je n'hésite pas à leur attribuer
la plupart des grandes commotions souterraines qui ébran-
lent si souvent les montagnes ; c'est encore par eux que
j'explique ces bruits sourds qui accompagnent toujours les
tremblemens de terre, bruits que les montagnards améri-
cains désignent, dans leur langage expressif, par le nom de
bramidos (rugissement). Ce bruit est aussi connu des mineurs, car c'est celui qui se fait entendre lorsque des éboulemens considérables ont lieu dans l'intérieur des travaux
souterrains.

« Si réellement les tremblemens de terre sont occasionés,
dans beaucoup de cas, par un tassement des masses soulevées,
les chaînes de montagnes, dans lesquelles ce phénomène se
répète fréquemment, doivent tendre à s'abaisser ; c'est ce
qui paraît avoir lieu dans les Cordillières : on a, en effet, plusieurs raisons pour penser que ces montagnes diminuent de
hauteur. Il y a un siècle que les académiciens français, qui se
trouvaient à Quito (pour la nature des degrés terrestres),
furent très embarrassés dans leur station de Guagnapichis-
qua, par la neige qui encombrait leur signal. Depuis longtemps on n'aperçoit plus de neige sur ce pic.

« L'affaissement des montagnes très élevées n'a, en définitive, rien qui puisse répugner à notre esprit. Le fait, bien
constaté, de l'exhaussement du sol solidifié de la Suède,
exhaussement qui se fait, pour ainsi dire, sous nos yeux, présente un fait bien plus étonnant et bien plus difficile à
expliquer.

« Une conséquence de l'hypothèse que je propose, c'est

» que les tremblemens de terre devraient être d'autant plu
» fréquens, dans une chaîne de montagnes, qu'elle aura é[t]
» soulevée plus récemment. »

Il peut bien se faire que, dans quelques cas particuliers, le
tremblemens de terre soient produits par des éboulemens
mais, suivant moi, ce serait une grande erreur d'attribue
tous les tremblemens de terre à cette cause.

Sources thermales.

(§ 137.) L'existence des sources thermales et tous les phé
nomènes même qu'elles présentent s'expliquent assez sim
plement par la théorie de la chaleur centrale. Nous avons di
que M. Cordier admettait que l'eau leur était fournie par le
causes superficielles qui alimentent les sources ordinaires. S'i
en était ainsi, la température et le volume d'eau de ces sour
ces présenteraient des variations analogues à celles que l'o
observe dans les fontaines ordinaires, tandis que cela n'a pa
lieu : la température et le volume de chaque source thermal
restent constans, depuis un temps immémorial, dans toute
les saisons de l'année ; l'eau leur vient donc d'autres lieu
que ceux qui fournissent aux sources ordinaires. Si , comm
il est extrêmement probable, d'après les produits gazeux de
éruptions volcaniques, il s'opère de grandes réactions chi
miques dans les entrailles de la terre, rien n'empêche d'ad
mettre que des masses d'hydrogène et d'oxigène, se comb[i]
nant, donnent naissance à de l'eau, qui, se trouvant exposé
à une haute température, se réduit spontanément en vapeur
et arrive à la surface de la terre en suivant des fissures natu
relles et se chargeant, sur son chemin, de plusieurs matièr[e]
salines qu'elle apporte avec elle.

De cette manière, on explique non seulement la perm[a]
nence de tous les phénomènes que présentent les sources m
nérales et thermales, mais encore l'existence de sources d'e[a]
ordinaires et toujours d'une excellente qualité, jusqu'au

sommet de montagnes très élevées, le plus souvent composées de granite ou d'autres roches plutoniques : ces sommets peuvent être considérés comme des chapiteaux d'alambic dans lesquels la vapeur d'eau vient se condenser, et le liquide coule ensuite au dehors par les fissures latérales. Les sources de cette nature ne doivent point être influencées par les circonstances extérieures, et c'est le cas de la plupart de celles qui se trouvent dans le voisinage des sommets formés de roches plutoniques.

Nous savons que plusieurs sources thermales jaillissent fortement en sortant de terre. Ce fait s'explique parfaitement par l'énorme pression que les vapeurs, qui se développent à chaque instant dans la masse liquide, lui font éprouver dans les canaux étroits par où elle est obligée de passer pour arriver au dehors. Ce phénomène est absolument le même que celui que présente la machine de Papin quand on débouche l'orifice.

Quelques-unes de ces fontaines, les geysers, par exemple (56), offrent des paroxismes assez semblables à ceux des éruptions des volcans dans le voisinage desquels ils gisent. Voici comment M. Lyell explique ce phénomène :

« Il est parfaitement démontré que l'eau de la surface de la terre pénètre jusqu'à une certaine profondeur dans l'intérieur, soit par les fissures qui existent dans les roches, soit en filtrant au travers des masses perméables. Si l'eau s'introduit ainsi dans une cavité souterraine communiquant avec l'extérieur par un canal étroit, semblable à celui des geysers, et qu'en même temps de la vapeur à une haute température, comme celle qui s'échappe souvent des courans de laves qui se refroidissent, pénètre aussi dans la même cavité, par un autre système de fissures (Pl. xiv, fig. 7), la température de l'eau, qui occupe le fond de la cavité, se trouvant élevée par le passage de la vapeur, la partie supérieure sera bientôt remplie de vapeurs qui, exerçant une pression toujours croissante sur la surface de l'eau, la forcera à monter rapidement dans le canal, précédée par une colonne de vapeur qui s'échappera avant elle

en vertu de sa moindre densité. L'éruption ayant diminué
tension de la vapeur intérieure, le jet s'arrêtera, et une par
de la colonne soulevée retombera dans le réservoir, en entr
nant avec elle une certaine quantité de vapeur condensée. I
choses se trouvant alors dans le même état qu'avant l'éru
tion, il est évident qu'au bout d'un temps plus ou moins lon
la force élastique de la vapeur qui s'accumule dans le haut
la cavité déterminera une nouvelle ascension, et ainsi
suite.

Cette explication, très ingénieuse, est parfaitement applic
ble aux geysers qui gisent dans le voisinage de volcans actil
mais je ferai remarquer qu'il n'est pas besoin d'admettre q
l'eau vienne de la surface de la terre; car si la cavité est à u
certaine distance du foyer volcanique, comme tout porte à
croire, une partie des vapeurs qui arrivent dans cette cavi
se condense, produit de l'eau qui tombe au fond, et se trou
ensuite chassée dans le tube lorsqu'il y en a une assez grand
quantité.

M. Herschel a fait une expérience qui représente assez bie
ce qui se passe dans les geysers : après avoir porté au rou
le tuyau d'une pipe à tabac, il remplit le réservoir avec
l'eau froide; en inclinant un peu la pipe, l'eau coule dar
le tuyau, et alors il se produit une série d'explosions viole
tes, dans lesquelles un jet de vapeur précède toujours le j
d'eau. L'intervalle des explosions dépend de l'intensité d
la chaleur et de l'inclinaison du tuyau; leur durée dépend d
son épaisseur et de son pouvoir conducteur. La difficulté d'a
pliquer cette expérience à l'explication du phénomène d
geysers consiste en ce qu'on est obligé d'admettre que l'ea
ou les vapeurs d'eau, qui filtreraient au travers des parois d
la lave, atteignent subitement une fissure dans laquelle les p
rois soient portées au rouge.

Barégine. On remarque, dans presque toutes les eaux the
males, une substance glaireuse et transparente qui nage à l
surface; cette substance paraît amenée par ces eaux de l'int

bour de la terre, sans qu'on ait encore pu assigner la profondeur d'où elle provient. Quelques naturalistes l'ont considérée comme une végétation qui se développerait dans ces eaux, comme les *conferves* et les *algues* se développent dans les eaux ordinaires. Mais des expériences toutes récentes, de M. Sétier (1), tendraient à faire considérer cette substance comme étant de nature animale.

Ce savant ayant examiné au microscope plusieurs échantillons de barégine recueillis dans les eaux de Bagnères-de-Luchon, dont chacun lui présenta une texture différente, eut l'idée d'étudier jour par jour un même échantillon, pour s'assurer si les différences qu'il avait remarquées entre les premiers observés ne provenaient pas de changemens dans chacun, après un temps plus ou moins long. Il prit donc de la barégine sur les parois d'un des bassins, et après s'être assuré qu'elle était bien composée de fragmens moniliformes, ainsi qu'elle se présente à l'état organique, il l'abandonna, pendant plusieurs jours, dans un vase découvert rempli de l'eau des sources. Des observations quotidiennes lui ont révélé les différens états par lesquels passe cette substance pour arriver à être tout à fait amorphe.

1er *jour*, tubes moniliformes enlacés au milieu d'un liquide transparent ;

2e, 3e et 4e *jours*, à peu près le même état ;

5e *jour*, léger changement : les filamens commencent à paraître visqueux et plongés dans un liquide qui semble devenir légèrement trouble ; à cette époque, un développement d'animaux infusoires assez nombreux se fait remarquer.

Les jours suivans, l'état de viscosité augmente progressivement.

Enfin, le 15e *jour*, la barégine ne forme plus qu'une masse opaque qui paraît glaireuse ou gélatineuse. Que cette substance soit de nature végétale ou animale, sa constitution

______

(1) Communiquées à l'Académie des Sciences, le 21 novembre 1836.

organique n'en est pas moins incontestable. Si elle ne vie[...]
toute formée de l'intérieur du globe, avec les eaux ther[...]
elles en ont du moins apporté le principe organique,[...]
qu'elle se développe dans leur intérieur. Ce n'est do[...]
tout à fait sans raison que nous avons avancé (§ 119) [...]
force vitale se trouvait dans la masse du globe, comme [...]
les autres, depuis l'origine des choses, et que ses effets s[...]
manifestés au fur et à mesure que la matière s'est tr[...]
dans des circonstances favorables. Il y a bien d'autres p[...]
mènes qui n'ont point encore été bien observés, dont [...]
men sort de notre sujet, et qui conduiraient à la même[...]
séquence.

Sources bitumineuses.

(§ 138.) On a émis plusieurs opinions sur l'origin[...]
bitumes minéraux dont nous avons fait connaître les p[...]
pales sources dans le § 59 ; nous allons exposer que[...]
unes de ces opinions, quoique la plus probable, suivant [...]
soit celle qui lie ces sources aux phénomènes volcaniqu[...]

M. le docteur Reichenbach ayant remarqué qu'il exista[...]
grande analogie entre le pétrole et l'huile de térében[...]
mit dans une cornue de fer 50 kilogrammes de houille p[...]
versa dessus autant d'eau que la cornue en put tenir, e[...]
tilla ensuite jusqu'à ce que l'eau fût tout évaporée, ma[...]
ayant soin de s'arrêter assez de temps pour ne pas pro[...]
un commencement de carbonisation. La matière aqueus[...]
tillée présentait une pellicule d'huile à sa surface, et, l'app[...]
ouvert, il s'en exhala une forte odeur de pétrole; l'[...]
rience répétée huit fois, l'huile séparée et rectifiée [...]
à 150 grains, d'où M. Reichenbach conclut que, par [...]
procédé, on peut retirer une once d'huile d'un quinta[...]
houille ; cette huile possède les propriétés physiques et ch[...]
ques du pétrole pur. Ayant substitué dans la distillatio[...]
lignite du grès vert à la houille, il n'obtint aucune tr[...]
d'huile.

M. Reichenbach conclut de ses expériences qu'il faut re-
[non]cer à l'idée émise depuis longtemps, que le pétrole est
[un] produit de l'action de la chaleur sur les corps combusti-
[bl]es : cette huile existe, au contraire, toute formée dans les
[ho]uilles, et doit être admise comme un de leurs principes
[co]nstituans; le pétrole ne serait pas à l'état de combinaison
[da]ns la houille, mais simplement mélangé ou disséminé en
[pe]tites parties.

Cherchant ensuite comment s'est formé le pétrole, et
[po]urquoi il prend son origine dans les houilles, il compare
[cet]te huile fossile avec celle de térébenthine, en faisant sur
[l'u]ne et sur l'autre de nombreuses expériences, desquelles il
[est] résulté qu'elles ont une grande analogie entre elles. Les
[ho]uillères étant remplies de restes de végétaux auxquels la
[ho]uille doit probablement son origine, il pense qu'il en est
[de] même du pétrole, qui ne serait autre chose que l'huile de
[tér]ébenthine des conifères du monde primitif.

Le pétrole des sources ne serait donc pas le résultat de l'in-
[fla]mmation des matières combustibles, mais bien le produit
[de] la chaleur souterraine : les houilles pouvant atteindre le
[po]int de l'ébullition de l'eau sans être situées à une bien
[gr]ande profondeur, elles peuvent être lentement distillées,
[et] le pétrole prendra peu à peu le chemin de la surface du sol
[pa]r la fissure des roches, ou s'accumulera dans des réservoirs,
[co]mme les puits de la Perse, des Indes, etc.

De toutes ses observations, le savant allemand tire encore
[ce]tte conclusion remarquable : que toutes les houilles ne sont
[pa]s un produit charbonneux à demi carbonisé par la chaleur,
[c]omme on l'a cru; car, si elles avaient été soumises à une tem-
[pé]rature élevée, leur pétrole se serait volatilisé avant toute
[au]tre chose.

M. Fournet, s'appuyant sur ce qu'un grand nombre de
[su]bstances huileuses et bitumineuses ont des gisemens bien
[é]loignés des couches de houille, le terrain d'eau douce en
[A]uvergne, le muschelkalk et le lias aux environs de Wissem-

bourg, même dans les roches primitives, soutient que la nature n'a pas besoin de recourir à la destruction des matiè[res]
organiques pour produire des combinaisons analogues au pé[-]
trole, puisque les sources qui sortent du granite amène[nt]
à la surface une grande quantité de *glaizines* (barégine).

M. Virlet, après avoir observé les nombreuses sources bi[-]
tumineuses de la Grèce, et lu tout ce qui a été écrit sur cell[e]
des autres contrées, regarde ce phénomène comme intimeme[nt]
lié à celui des exceptions volcaniques aussi bien que les éma[-]
nations gazeuses, les feux perpétuels, etc.

Les célèbres sources de naphte de Zante, connues depu[is]
la plus haute antiquité, font quelquefois entendre un bru[it]
sourd, comme s'il existait des cavités sous le sol qui les ren[-]
ferme; quand on creuse aux environs, une source d'eau o[u]
d'huile de pétrole s'élève en bouillonnant. Autour des min[es]
du bitume d'Albanie, qui sont abandonnées depuis plusieu[rs]
siècles, on rencontre du soufre mélangé avec du gypse, d[e]
l'alun, etc., et les habitans assurent que l'on voit souvent
dans la nuit, des flammes paraître au dessus. M. Virlet re[-]
connaît à tous ces caractères le *nymphæum* des anciens, d'o[ù]
s'échappaient continuellement des sources de feu, sans nuir[e]
à la verdure environnante. En Auvergne, c'est des vakites e[t]
des pépérites que découle ordinairement le bitume, souven[t]
accompagné d'eau salée. On voit aussi cette substance nage[r]
à la surface des eaux dans les contrées volcaniques, au Vésuve[,]
aux îles du cap Vert, etc.; le bitume du lac Asphaltite, s[i]
répandu dans le commerce, paraît avoir aussi une origin[e]
volcanique; car, suivant le docteur Clarke, il existe un vol[-]
can éteint sur les bords de ce lac. Les îles Lipari fournissen[t]
une grande quantité de bitume accompagné de soufre et d'a[-]
lun; la salse de Bakou, qui s'ouvrit en 1827, fournit plu[-]
sieurs éruptions gazeuses et boueuses, qui paraissaient liée[s]
à de nombreuses sources de naphte et à des lacs salins dont l[e]
pays est couvert; il existe des feux perpétuels non loin d[e]
cette salse.

Après avoir cité un grand nombre de faits semblables, dans la Bavière, l'Asie-Mineure, le Caucase, la Perse, la Chine, etc., M. Virlet calcule que, d'après l'hypothèse du docteur Reichenbach, il aurait fallu 174,000,000 kilog. de houille pour produire la masse de bitume qu'on a retirée des sources de Zante depuis le temps d'Hérodote jusqu'à nous, quantité que toutes les mines de houille de l'Angleterre n'auraient pu fournir; ce qui lui fait rejeter cette hypothèse.

Quoique je partage l'opinion de M. Virlet sur l'origine de la plupart des bitumes minéraux, je ne puis m'empêcher de rendre justice à la belle découverte du savant allemand et de dire qu'une partie de ces bitumes a bien pu être produite comme il le pense. L'idée que le pétrole n'est autre chose que l'huile de térébenthine des conifères du monde primitif se trouve confirmée par le grand nombre de débris de ces végétaux que l'on a découverts dans le terrain houiller de plusieurs contrées de la terre, et tout récemment dans celui d'Autun (Saône-et-Loire) (1).

La manière dont l'asphalte se trouve distribué dans les calcaires du groupe corallien et la mollasse qui les recouvre au Val-Travers, à Pyrimont près Seyssel, au pied du versant occidental du Jura, où l'on voit cette substance, qui s'est infiltrée dans le calcaire et la mollasse, former des veines qui se ramifient plusieurs fois, nous a fait supposer qu'elle y avait été introduite par l'action volcanique (2).

Ici l'époque de l'introduction du bitume étant postérieure au dépôt de la mollasse, on peut présumer qu'elle correspond à celle des éruptions basaltiques que plusieurs faits annoncent avoir été souvent acompagnées de matières bitumineuses sublimées de l'intérieur du globe. C'est à la même époque que l'on s'accorde à placer généralement la dernière commotion qui a changé

____

(1) Cette découverte a été faite par les professeurs du séminaire d'Autun, et vérifiée ensuite par la Société géologique réunie dans cette ville.

(2) Bulletin de la Société géologique, t. VII, page 139.

le relief des Alpes et du Jura; en brisant les roches d[...]
fragmens forment aujourd'hui des masses puissantes q[...]
sont recouvertes que par les dépôts de l'époque actuel[...]
peut objecter qu'aucune roche basaltique ne paraît dans [...]
l'étendue de la chaîne du Jura; à cela je répondrai qu'[...]
trouve dans le voisinage, en Bourgogne et dans les V[...]
et que, pour occasioner des changemens à la surface d[...]
soit par des fractures, soit par le dégagement de certaine[...]
peurs, les roches plutoniques n'ont pas besoin de sortir [...]
hors : peut-être dans le fond des vallées du Jura, sont-[...]
une très petite profondeur.

Salses.

(§ 139.) Les faits que nous avons rapportés (§ 57), e[...]
nant la description de ce phénomène, prouvent qu'il n[...]
pend pas immédiatement de la cause universelle qui pr[...]
les déflagrations volcaniques. Toutes les circonstances q[...]
accompagné la formation des nouvelles salses et les éru[...]
des autres peuvent s'expliquer en supposant des amas d[...]
dans des cavités situées à une petite profondeur au dess[...]
la surface de la terre, dont la pression, toujours croissante[...]
par devenir assez intense pour écarter les roches en les [...]
vant un peu, et ouvrir des fissures par lesquelles s'échapp[...]
gaz en entraînant la vase qui se trouvait dans la cavité, et [...]
qu'ils rencontrent sur leur passage, mêlée de sel, de bitume[...]

Quand quelques uns des gaz se trouvent combusti[...]
comme l'hydrogène carboné, l'hydrogène phosphoré, [...]
drogène sulfuré, etc., ils s'enflamment au contact de l'a[...]
la grande chaleur que la pression a développée, et de [...]
flammes qui se sont montrées dans la formation de quel[...]
salses. Les pierres rejetées l'ont été par la force élastiqu[...]
gaz, comme les boulets le sont des canons par les gaz q[...]
développent dans l'inflammation de la poudre. Les parox[...]
des salses sont le résultat de dégagemens de gaz qui entraî[...]

ec eux, par les fissures des roches, de la vase très liquide, comme celle que rejettent toutes les salses.

Les observations faites sur la salse de Sassuolo confirment tre théorie (1). Ordinairement, cette salse est tellement tranquille, qu'à peine voit-on se dégager, de temps à autre, quelques les qui soulèvent avec elles de la boue grisâtre. Ces bulles a vase qu'elles entraînent se font jour à travers les fissures d'un terrain solide, tout brisé et composé de ses propres oris. Il n'y a pas de canal prolongé, ce dont on peut s'assurer en essayant d'enfoncer un bâton dans un de ces trous : il ne pénètre pas à 4 ou 5 décimètres sans être arrêté par des gmens de pierres. Ces roches sont des macignos solides ement recouverts et enveloppés de boue, qu'on a de la ne à en reconnaître la nature.

Émanations gazeuses.

§140.) Nous avons fait voir dans le § 58 qu'un grand nombre de produits gazeux sortaient de l'intérieur de la terre, surtout dans le voisinage des volcans à cratères éteints ou encore en ivité. Ces gaz, l'acide carbonique, les acides sulfureux, hysulfurique et hydrochlorique, l'hydrogène carboné, etc., t, bien certainement, les résultats du travail souterrain qui oère continuellement à une grande profondeur au dessous da surface; il pourrait se faire que le carbone, combiné avec elques uns de ces gaz, fût le produit de la décomposition matières organiques entraînées dans l'intérieur par les ux qui filtrent à travers les fissures des rochers; mais le carce de fer si commun dans le terrain primitif, et le calcaire -même qui s'y rencontre souvent en grandes masses, us prouvent que la nature n'a pas besoin d'avoir recours x substances organiques pour se procurer du carbone, et e toutes les matières se trouvent rassemblées dans ses labooires, où elle les combine à son gré.

(1) Brougniart, article *Salse* du Dictionnaire d'histoire naturelle.

Les observations que nous avons rapportées (§ 58) et
grand nombre d'autres prouvent que des courans de gaz
chappent souvent à la surface par des ouvertures, absolum
comme les eaux, et l'on voit, de plus, que les matières liqui
et gazeuses se montrent souvent mélangées. Cette émanati
continuelle de gaz de l'intérieur à l'extérieur exige évide
ment qu'il y en ait une grande fabrique dans les profonde
du globe ; car, à cause de leur pesanteur spécifique, on ne p
supposer qu'ils y retournent par infiltration comme les eau
Ceci nous force d'admettre qu'il s'opère de nombreuses ré
tions chimiques au dessus de la croûte oxidée ; conséquenc
laquelle plusieurs sortes de faits nous ont déjà conduit.

Le dégagement d'une grande quantité d'azote toujours
compagné d'un peu d'oxigène et d'acide carbonique, prin
palement par les canaux des eaux minérales et thermales,
été clairement démontré par les belles expériences de M. D
beny. Ce savant rend compte du phénomène en supposa
que, dans l'intérieur du globe, il s'opère, sur les corps simpl
une oxidation lente alimentée par l'air atmosphérique.

Nous avons admis, dès le principe, que la partie liquid
supposée exister au dessous de la croûte solide de la terre,
renfermait que des corps simples, dont l'oxidation con
nuelle et progressive formait des couches qui diminuaient
capacité de la cavité intérieure en même temps qu'elles au
mentaient le rayon de la portion déjà solidifiée. On voit q
les observations du savant anglais conduisent au mê
résultat.

D'après la loi que suit la densité de l'air dans l'atmosphè
il n'est pas étonnant que ce fluide pénètre, seulement p
son propre poids et en suivant les fissures naturelles, j
que dans les entrailles de la terre, et que là, se trouv
en contact avec des corps simples, il leur cède son oxigèn
et que l'azote et l'acide carbonique restans soient rame
par les eaux thermales, ou dilatés par la forte chaleur qu'
ont éprouvée, reviennent d'eux-mêmes à la surfac

pendant, comme la température croît rapidement avec
les profondeurs, l'air qui viendrait de la surface, entraîné
seulement par son poids, serait tellement dilaté, bien avant
d'arriver vers la masse fluide, qu'il remonterait de lui-même
avant de l'atteindre. Si donc l'air pénètre jusqu'à cette masse,
il faut qu'il y soit porté par un appareil hydraulique semblable
à ceux dont on se sert comme soufflets dans plusieurs forges.

Or, comme nous savons qu'il existe de grands courans
d'eau dans l'intérieur du globe, et surtout si l'on admet, avec
M. Cordier, que l'eau des sources thermales est fournie par
les causes superficielles qui alimentent les autres sources, on
voit que cette supposition n'est pas tout à fait gratuite.

Puits artésiens.

§ 141.) Ce sont de véritables fontaines jaillissantes que
l'on obtient dans certaines localités, en forant avec la sonde
un trou plus ou moins profond : on les a nommées *puits artésiens*, parce que c'est en France, dans l'Artois, où l'on en obtient très facilement, que l'on s'est le plus spécialement occupé
de ce genre d'industrie ; car il est démontré que des puits de
cette espèce étaient parfaitement connus des anciens, et qu'on
les perce en Chine depuis fort longtemps (1).

Les sondages que l'on a exécutés dans les différentes parties
de l'Europe ont prouvé que les eaux jaillissantes ne se trouvent pas indistinctement dans toutes les couches de terrain ;
ce n'est guère qu'au contact d'une masse sableuse et d'une
masse argileuse qu'on a rencontré jusqu'à présent des nappes
d'eau jaillissantes.

Aux environs de Paris et de Londres, dans la plaine du
Roussillon, etc., ces nappes gisent dans la partie inférieure
du terrain tertiaire. Dans la Touraine et à Dresde, en Saxe,

(1) Voyez la notice sur les puits forés, insérée par M. Arago dans l'Annuaire du Bureau des longitudes pour 1835.

c'est dans la partie inférieure de la craie, où se trouvent l
couches sableuses reposant sur des masses argileuses. D
d'autres contrées, on en a rencontré dans les marnes et
sables du terrain jurassique, dans les groupes des marnes
sées, du muschelkalk, du grès vosgien, dans le terrain car
nifère, aussi bien dans la formation houillère que dans c
du calcaire anthraxifère qui la supporte; enfin, en Ang
terre, on en a trouvé jusque dans le granite, au milieu d'
banc de sable qui gît sous cette roche.

On comprend bien, d'après la manière dont les grou
géognostiques sont disposés à la surface de la terre, que
profondeur à laquelle il faut creuser pour obtenir des sour
jaillissantes doit varier, non seulement en passant d'une c
trée à une autre, mais encore dans les différentes part
d'une même contrée.

Aux environs de Tours, la profondeur va de 112 à 1
mètres.

La fontaine la plus profonde du département du Pas-de-(
lais, située entre Béthune et Aire, vient d'une profond
de 150 mètres. Dans le département de l'Oise, on a obten
des sources jaillissantes à 20, 30, 42 et 50 mètres.

Un puits creusé à Rouen, à 57 mètres, a donné une c
lonne d'eau jaillissante sensiblement salée.

Dans le Roussillon, on a obtenu de très beaux résultats
des profondeurs de 26, 47 et 52 mètres. En cherchant
la houille, à Saint-Nicolas-d'Aliermont, on rencontra,
333 mètres de profondeur, une nappe d'eau qui remonta ju
qu'à la surface.

En Angleterre, les puits forés atteignent jusqu'à 189 m
tres; ceux de Dresde, en Saxe, dépassent 200 mètres; enf
les Chinois poussent jusqu'à 584 mètres les trous de sond
à l'aide desquels ils vont chercher les eaux salées, dans la pr
vince de *Kia-ting-fou*.

Les eaux que l'on ramène ainsi de l'intérieur de la ter
jaillissent souvent avec une grande force; quelquefois el

s'élèvent que de quelques centimètres au dessus de la surface, d'autres fois elles viennent seulement tout près, et restent même de plusieurs décimètres au dessous. Dans le forage,
on rencontre souvent différentes nappes d'eau qui s'élèvent à
des hauteurs différentes.

Dans un puits creusé par M. Degousée, au dessus de Tours,
à 12 mètres, on obtint une source jaillissante qui don-
na 100 litres d'eau par minute, à 115, une seconde nappe
donnait un jet qui s'éleva de 8^m,75 au dessus du sol, en donnant 300 litres par minute.

Dans le percement des puits de la gare de Saint-Ouen,
près Paris, MM. Flachat rencontrèrent cinq nappes d'eau
distinctes et susceptibles d'ascension :

à	36,	mètres de profondeur.
à	45,50	
à	51,50	
à	59,50	
à	66,50	

Dans le Roussillon, on a vu des colonnes s'élever à plus
de 4 mètres en sortant de terre ; la force d'ascension de ces
eaux est si considérable, que des boulets de canon qu'on avait
introduits dans le canal ont été rejetés assez loin au dehors.
Les eaux artésiennes, surtout celles qui viennent d'une
profondeur un peu considérable, sont toujours d'une excellente qualité : elles peuvent être employées pour les besoins
domestiques, pour ceux de l'agriculture et des usines de
tout genre.
On sait que l'on pouvait prévoir à l'avance, d'après la loi
que suit la température propre du globe à mesure que l'on
s'enfonce, c'est que la température des sources artésiennes,
qui dépasse toujours celle de la surface du sol aux points où
elles sont établies, est d'autant plus considérable que les puits
sont plus profonds.

A Paris, la température moyenne du sol à la surface
de   10°, 6.

La température de la fontaine de la gare de
Saint-Ouen, qui vient de 66 mètres de pro-
fondeur, est de   12°, 9.

Dans les départemens du Nord et du Pas-de-
Calais, dont la température moyenne est de   10°, 3,
on a obtenu sur trois points différens les résultats suivans :

1°. Fontaine de Marquette, 56 mètres de
profondeur   12°, 5.

2°. Fontaine d'Aire, 63 mètres idem.   13°, 5.

3°. Fontaine de Saint-Venant, 100 mè-
tres id.   14°, 0.

A Tours, dont la température moyenne est de   11°, 5,
l'eau d'une source artésienne, qui vient de 140
mètres de profondeur, a une température de   17°, 5.

Les observations faites dans les autres parties de la Fran
et même de l'Europe, ont donné des résultats analogues. I
puits artésiens fournissent donc aussi de nouvelles preu
à l'appui de la théorie de la chaleur centrale.

La quantité d'eau que fournissent les fontaines artésien
est considérable :

A Bages, près Perpignan, une située dans la propri
de M. Durand donne 2,000 litres par minute.

Le puits du quartier de cavalerie à Tours fournit 1,1
litres par minute. Parmi les fontaines artésiennes de l'A
gleterre, c'est, suivant M. Arago, celle de Merton en Sur
qui est la plus abondante ; elle donne 900 litres par minu
Celle de Lillers (Pas-de-Calais) donne 700 litres par minu
Depuis l'année 1126, époque du creusement du pui
cette quantité d'eau n'a pas varié, et la colonne s'est co
stamment élevée à la même hauteur au dessus du sol.

La fontaine artésienne du monastère de Saint-André par
n'avoir pas non plus varié sensiblement depuis un siècl

fin, un grand nombre de celles ouvertes dans ces derniers temps ont offert une constance remarquable dans leurs profits; mais quelques unes ont cependant éprouvé des variations assez singulières.

Le puits de la Rochelle a présenté, depuis le mois d'août 1833 jusqu'au 2 février 1834, une série de dépressions et d'ascensions dans laquelle on vit la colonne baisser de 144 pieds dans l'intérieur du puits et reprendre enfin son niveau ordinaire.

Dans l'été de la même année, on vit le niveau des puits artésiens de Tours baisser en même temps que celui de la Loire; ce qui a fait penser que l'eau de ces puits pourrait bien provenir d'un courant souterrain, alimenté par l'infiltration des eaux de la Creuse, au milieu des sables du grès siliceux qui se montrent dans les berges du lit, en amont, à 40 mètres au dessus du niveau de la Loire à Tours. Suivant les observations de M. Baillet, le niveau de la source jaillissante de Noyelle-sur-Mer (Somme) monte et baisse avec la marée. Le même phénomène a été observé dans les puits forés aux environs d'Abbeville, à Fulham, près de la Tamise, dans une propriété de l'évêque de Londres, un puits foré à 97 mètres de profondeur, donne 363 ou 273 litres d'eau par minute, suivant que la marée est haute ou basse.

Maintenant, pour nous rendre compte de la cause générale qui détermine l'ascension de l'eau dans les puits artésiens, rappelons-nous ce qui a été exposé dans les § 15 et 17, où nous avons montré qu'il existait dans l'intérieur du globe de grands courans d'eau, dont les sources gisent vraisemblablement dans l'intérieur des chaînes de montagnes. Les sondages exécutés pour la recherche des eaux jaillissantes ont constaté l'existence de plusieurs de ces courans:

En perforant le terrain près de la barrière de Fontainebleau, la sonde s'enfonça brusquement de 7 mètres et elle oscillait fortement; en la retirant, l'eau jaillit avec une grande rapidité.

A Saint-Ouen, MM. Flachat ont reconnu que la 3° [...]
cinq nappes liquides ascendantes, dont leurs travaux con[...]
tèrent l'existence, coule dans une cavité de 0^m, 5 de haut[...]
la sonde, après être tombée de 0^m, 35, oscillait fortem[...]

A Cormeilles (Seine-et-Oise), la sonde arrivée dan[...]
plâtres à 72 mètres au dessous du sol oscillait, dit M. [...]
gousée, comme le balancier d'une pendule.

« Voici, dit M. Arago, auquel nous avons emprunté[...]
grande partie des faits cités (1), une preuve démonstra[...]
de l'existence d'une rivière souterraine sous la ville de To[...]
Le 30 janvier 1831, le tuyau vertical de la fontaine[...]
lissante de la place de la cathédrale ayant été raccourci d'[...]
viron 4 mètres, le produit en liquide, comme de raison, [...]
vint aussitôt plus grand. L'augmentation fut d'environ[...]
tiers ; mais l'eau, auparavant très limpide, ayant reçu[...]
accroissement subit de vitesse, pendant plusieurs heures[...]
amena, de la profondeur de 109 mètres, des débris de [...]
gétaux parmi lesquels M. Dujardin reconnut des rameaux [...]
pines, longs de quelques centimètres, noircis par leur séjo[...]
dans l'eau ; des tiges et des racines, encore blanches, [...]
plantes marécageuses ; plusieurs espèces de graines, d[...]
l'état de conservation ne permettait pas de supposer qu'el[...]
eussent séjourné plus de trois ou quatre mois dans l[...]
Parmi ces graines, on remarquait surtout celle d'un [...]
lait qui croît dans les marais ; on y trouvait enfin des co[...]
lacustres et terrestres. Tous ces débris étaient semblab[...]
ceux que les petites rivières et les ruisseaux laissent sur l[...]
rives après un débordement. Ces faits ne peuvent s'expli[...]
qu'en admettant que les eaux se meuvent librement dan[...]
véritables canaux. »

Nous avons aussi montré (§ 15) que les eaux superfici[...]
qui s'engouffrent dans les cavités naturelles forment[...]
courans souterrains qui, souvent, après avoir parcouru[...]

____

(1) Annuaire du Bureau des longitudes pour l'année 1835.

un espace dans l'intérieur de la terre, ressortent au dehors.

Ainsi, l'existence de grands courans d'eau dans l'intérieur de la terre, et à une très petite profondeur au dessous de la surface, comparativement à la longueur de son rayon, est une chose parfaitement démontrée. Plusieurs de ces courans, ayant une grande rapidité, doivent couler sur un sol très incliné, c'est à dire, qui offre une grande différence de niveau entre sa source et un point situé à une grande distance. Or, si en ce point A on perce un trou (Pl. xiv, fig. 8), d'après un principe d'hydrostatique parfaitement connu, l'eau s'élevera dans le trou à une hauteur un peu moindre que celle de la source d'où elle est partie. Si la surface du sol au point A est beaucoup au dessous de l'origine du courant, l'eau jaillira au dessus, et la hauteur de la colonne jaillissante sera d'autant moindre qu'il y aura moins de différence de niveau entre l'orifice du trou et l'origine du courant. On conçoit, d'après cela, que les choses peuvent être tellement disposées, que la colonne d'eau ascendante n'arrive qu'à la surface et même qu'elle reste au dessous, ainsi que cela se voit assez souvent.

Comme dans la série des terrains stratifiés il existe plusieurs couches de sable placées entre des couches argileuses disposées les unes au dessous des autres, on conçoit que plusieurs courans d'eau souterrains peuvent aussi se trouver placés les uns au dessus des autres; de là l'explication de la succession des nappes d'eau que l'on a trouvée aux environs de Paris, à Tours, aux environs de Dieppe, etc.; toutes ces nappes d'eau n'ont pas jailli à la même hauteur, précisément parce que leurs sources n'étaient pas également élevées au dessous de l'orifice des puits. Les nappes qui ne donnent point de colonne ascendante sont celles dont l'origine est beaucoup au dessous de l'orifice du puits; l'appareil des puits artésiens doit donc être un véritable siphon. Or, d'après ce que nous savons de la manière dont les couches des terrains stratifiés sont disposées sur les flancs des chaînes de montagnes, il est évident qu'il peut s'établir entre ces couches des courans d'eau disposés

comme ceux de la fig. 8. Ces courans ou nappes d'eau, qui
peuvent parcourir un long espace souterrain, ont certainement une largeur déterminée; le plus souvent, ils doivent
même être très étroits; en sorte que, quand on a foré un
puits, pour en obtenir un second, si on ne marche pas bien
dans la direction du courant, on ne réussira pas; ceci explique
pourquoi deux forages très voisins ne donnent pas toujours le
même résultat, et pourquoi l'un réussit, tandis que l'autre
échoue complètement.

L'explication que nous venons de donner du phénomène
des sources artésiennes appartient à M. Héricart de Thury;
elle a été admise par tous les géologues, et par M. Arago,
dans la notice déjà citée. Nous pensons, avec ce savant astro-
nome, que l'ascension des eaux artésiennes ne peut pas être
attribuée à la pression de gaz renfermés dans les cavités souterraines, comme celles des geysers; car chaque éruption oc-
casionant des pertes à la masse gazeuse, les jets seraient intermittens au lieu d'être continus pendant des mois, pendant
des années entières, comme c'est le cas pour les fontaines artésiennes.

M. Arago et plusieurs autres observateurs pensent que
tous les courans souterrains sont alimentés par les eaux de
l'atmosphère, qui s'infiltrent dans les couches perméables de
différens groupes géognostiques jusqu'à ce qu'elles soient ar-
rêtées par une masse compacte. Cette explication, qui paraît
d'abord très naturelle, s'applique très bien aux courans, dont
le volume des eaux varie avec l'état de la surface de la terre;
mais pour ceux sur lesquels sont établis les puits de Lillers et
Saint-André, dont le volume des eaux et la hauteur du jet n'ont
point présenté de variations sensibles depuis des siècles, elle est
loin d'être satisfaisante; et ici, comme pour les sources minérales et thermales, les eaux pourraient bien prendre naissance
dans les profondeurs du globe, ce qui n'empêcherait pas, du
reste, qu'elles formassent des courans, comme celles provenant
de l'atmosphère.

Maintenant que nous avons prouvé que les sources artésiennes doivent leur existence à de grands courans d'eau souterrains, il est facile de rendre compte des phénomènes particuliers présentés par quelques unes.

M. Lefebvre pense que les oscillations de la colonne d'eau, remarquées dans le puits foré de la Rochelle, sont le résultat d'une communication entre ce puits et un courant souterrain ; les changemens de niveau lui paraissent dus à des causes purement atmosphériques, comme l'abondance ou la rareté des eaux pluviales.

Pour rendre compte de l'effet des marées sur quelques fontaines artésiennes, effet dont nous avons parlé plus haut, M. Arago fait remarquer que, si l'on pratique, dans la paroi d'un vase rempli de liquide, une ou plusieurs ouvertures tellement petites que leurs dimensions ne pussent pas être comparables à celles du vase, l'écoulement qui s'opérera par ces ouvertures n'altérera pas sensiblement l'état initial des pressions. Mais si les dimensions deviennent comparables à celles du vase, tout sera changé : les dimensions qu'on leur donnera régleront la pression en chaque point ; et si l'une des ouvertures diminue de grandeur, la vitesse d'écoulement augmentera aussitôt dans les autres.

Si maintenant on admet que la rivière souterraine qui alimente une fontaine artésienne se décharge, par une ouverture un peu grande, dans la mer ou dans un fleuve sujet au flux et au reflux, la haute mer venant obstruer l'ouverture par laquelle cette rivière souterraine se décharge, l'écoulement dans le trou de sonde doit donc devenir plus rapide.

Emploi des eaux des fontaines artésiennes (1).

A Ganéhem près Béthune, quatorze trous percés dans une même raie, à 40 mètres de profondeur, ont fourni une assez grande

(1) Extrait de l'Annuaire du Bureau des longitudes pour 1835.

quantité d'eau pour faire tourner les roues d'un mouli[n]
d'autres destinées à battre le beurre.

A Saint-Pol et à Fontès, près d'Aire, plusieurs mou[lins]
sont également mis en mouvement par les eaux de font[aines]
jaillissantes.

Un puits artésien de 140 mètres de profondeur met [en]
mouvement tous les métiers de la manufacture de soi[e de]
M. Champoiseau à Tours. Dans le Wurtemberg, M. B[u]-
mann a employé les eaux à $+ 12°$ de plusieurs fontaines ar[té]-
siennes pour échauffer des ateliers dont, par ce moyen, i[l a]
entretenu la température à $+ 8°$, pendant qu'à l'extéri[eur le]
thermomètre marquait 18° au dessous de zéro. Ces eaux port[ées]
sur les roues des moulins ont empêché la glace de se form[er]
autour.

Les eaux artésiennes sont aussi employées pour chauffer [des]
serres, établir des cressonnières artificielles très producti[ves.]
Dans les étangs, le poisson meurt, l'hiver, par l'excès du fr[oid]
et, l'été, par l'excès de la chaleur; en y versant les eaux d'[une]
source artésienne, on prévient les variations extrêmes de c[ha]-
leur que les saisons amènent.

Un grand nombre de faits géognostiques, ainsi que le for[age]
de plusieurs puits dans lesquels la sonde était tombée tou[t à]
coup de plus d'un mètre, ayant démontré l'existence de g[ran]-
des cavités dans l'intérieur de la terre, on a eu idée de pro[fiter]
de ces cavités pour se débarrasser des amas d'eau superfic[iels.]
M. Mullot, ingénieur civil, a foré à Villetanneuse, près S[aint-]
Denis, un puits jusqu'à certaines couches terreuses absorba[ntes,]
dans lequel il a dirigé l'eau sale d'une fabrique de fécul[e de]
pomme de terre, et 80,000 litres ont été absorbés par j[our]
sans qu'après plus de six mois, le puits ait été moindrem[ent]
obstrué.

Un autre puits creusé à la Voirie de Bondy débarr[asse,]
toutes les vingt-quatre heures, de plus de 100 mètres cubes d[e]
qui gênaient beaucoup les travaux.

Avant le roi René, la plaine des Paluns, près de Mars[eille,] it un grand bassin marécageux, presque inculte; ce prince fit creuser un grand nombre de trous ou puisards, nommés, en provençal, *embugs* (entonnoirs), qui jetèrent et jettent encore aujourd'hui, dans des cavités souterraines ou des couches perméables, les eaux qui rendaient la contrée improductive; les habitans de quelques vallées du Jura employaient aussi le même procédé pour se débarrasser des eaux accumulées sur certains points par les pluies ou la fonte des neiges.

Les personnes qui s'occupent du dessèchement des marais devraient toujours essayer ce procédé avant tout autre; car c'est le moyen le plus prompt et le plus économique pour se débarrasser des eaux qui dorment dans les cavités de la surface du sol.

A Saint-Denis, on a fait une application très ingénieuse des puisards. Une fontaine creusée sur la place de la Poste-aux-Chevaux était, en été, un excellent moyen de propreté; mais, en hiver, elle couvrait de glace la voie publique; alors, pour obvier à ce grave inconvénient, M. Mullot imagina l'appareil suivant :

De l'eau d'une excellente qualité, provenant d'une couche située à 65 mètres de profondeur, est amenée à la surface par un tube métallique d'un certain diamètre; un tube notablement plus grand enveloppe le premier et va saisir, à 55 mètres, une nappe d'eau très potable, mais moins bonne cependant que la première. C'est uniquement dans l'espace annulaire compris entre ces deux tubes que l'eau de la seconde nappe peut monter. Enfin, un troisième tube d'un diamètre notablement plus grand que celui du second descend, en l'enveloppant, jusqu'à la profondeur d'une couche absorbante, l'espace compris entre les deux derniers tubes ne donne rien, et, en hiver, il sert à ramener, dans l'intérieur de la terre, la partie non employée des eaux des deux nappes ascendantes qui, en se répandant sur le sol, auraient formé une épaisse couche de glace.

Les exemples que nous venons de citer suffisent pour fa...
comprendre à combien d'usages différens on peut emplo...
les eaux des fontaines artésiennes, et le parti que l'agric...
ture et l'industrie peuvent tirer des puits forés. La recher...
de ces fontaines étant une des plus belles et des plus utiles...
plications des études géologiques, nous allons exposer succi...
tement les principes qui doivent la diriger.

Tous les sondages exécutés jusqu'à présent ont démon...
que c'était au milieu de couches sableuses reposant sur...
masses argileuses (la partie inférieure des terrains tertiaire...
craïeux, jurassiques, les marnes irisées, etc.), que se trouve...
établis les courans souterrains dont les eaux jaillissent à la su...
face par des ouvertures artificielles. Ce n'est donc que da...
l'intérieur des groupes géognostiques, où de semblables co...
ches se trouvent réunies, que l'on peut tenter des recherch...
avec quelques chances de succès. Ainsi, la première chos...
faire avant d'entreprendre un percement, c'est de voir...
parmi les groupes géognostiques qui se montrent au jour da...
la contrée où l'on veut opérer, un ou plusieurs présentent d...
couches sableuses reposant sur des masses argileuses, comme ce...
se voit souvent dans le terrain vosgien, à la partie inférieure...
presque tous les groupes du terrain jurassique, à la base du te...
rain craïeux et à celle du terrain tertiaire. La découverte de sem...
blables couches faite, il faudra bien déterminer le sens d...
inclinaisons et la direction dans laquelle elles se trouven...
parce que c'est dans ce sens et dans cette direction que les co...
rans doivent être dirigés; par exemple, si les couches se rel...
vent sur le flanc d'une chaîne de montagnes et qu'elles plonge...
vers la plaine (Pl. xiv, fig. 8) perpendiculairement à l'axe...
cette chaîne, ce n'est qu'à une certaine distance du pied d...
montagnes et sur le prolongement supposé de la couche s...
bleuse que l'on doit sonder.

Si, dans quelque localité, on voyait des eaux s'infiltrer da...
le sol et que certains faits fissent présumer que ces eaux re...
sortent à une certaine distance, ce qui arrive souvent dans

...ra et quelques autres chaînes calcaires, on aurait des proba-
...tés pour l'existence d'un courant souterrain , qui, rencon-
... par la sonde, donnerait certainement des fontaines jaillis-
...ntes, surtout s'il y avait une grande différence de niveau
...tre le point où l'eau s'infiltre dans le sol et celui où elle res-
...t.

...Si des couches perméables se montrent dans le lit d'une
...ère, il y a des chances pour obtenir, en aval, des sources
...issantes, qui proviendraient alors de l'infiltration des eaux
...i la rivière dans ces couches.

...L'étude approfondie du sol sur lequel l'on veut opérer four-
...ra une foule de remarques du même genre, qui serviront de
...ides aux entrepreneurs des puits forés; mais si on entreprend
...s sondages avant d'avoir soigneusement étudié le terrain sur
...quel on se propose d'opérer, on s'exposera à faire des dépen-
...s inutiles. Toutes les personnes qui veulent s'adonner à la re-
...rche des sources jaillissantes doivent donc être versées dans
...connaissances géognostiques.

THÉORIE DES SOULÈVEMENS.

§ 142.) Les faits que nous avons rapportés dans le § 55
prouvent que, pendant la durée de l'époque actuelle, et même
de nos jours, des portions de terrain ont été soulevées à une
assez grande hauteur par les tremblemens de terre, intimement liés aux phénomènes volcaniques. Au nord de l'Europe,
nous voyons la Scandinavie se soulever lentement et progressivement dans le même moment que la côte du Groenland,
qui lui est opposée, s'abaisse d'une manière sensible. Ainsi
la preuve du soulèvement, même sous nos yeux, de portions
de terrain est donc parfaitement établie.

Quand nous n'aurions pas des preuves palpables de soulèvemens opérés à la surface de la terre, on pourrait encore établir ce fait d'une manière incontestable par l'observation :
lequel est le géologue qui, en parcourant une masse de monta-

gnes dont les strates des roches sont fortement inclin
comme dans les Alpes, les Pyrénées, etc., n'est pas per
que ces couches ont été bouleversées par quelque agent inter
qui, en les soulevant, les a sorties de leur place primiti
La disposition de ces strates les uns par rapport aux au
les contournemens bizarres qu'ils présentent, la disposi
fréquente en forme de voûtes souvent très élevées, annon
une action puissante de bas en haut (Pl. XII, fig. 3).

Ceux qui refuseraient de se rendre à l'évidence de ces
nombreux seraient néanmoins obligés de convenir que
couches parfaitement régulières, qui se trouvent dans une p
tion très inclinée, n'ont pu se former dans cette positio
et même que la force qui les a relevées n'a agi qu'après la
consolidation; car, autrement, les couches auraient été be
coup plus épaisses dans le bas que dans le haut et n'aurai
même présenté qu'une masse informe.

Les couches de poudingue très inclinées, comme cell
la Valorsine, prouvent encore mieux le redressement que
de toutes les autres espèces de roches; les cailloux elliptiqu
souvent fort alongés, qui composent ces poudingues, ont to
jours leur grand axe parallèle aux plans de joint des strate
ont, par conséquent, la même inclinaison qu'eux. On ne p
pas révoquer en doute que, quand les cailloux se sont dép
leur grand axe n'ait été horizontal, ou, du moins, sensible
horizontal. Ce fait frappa tellement Saussure, qui avait d
bord cru que des couches régulières avaient pu se former
une position inclinée, qu'il abjura sur-le-champ son erreu
proclama que toutes les couches régulières très incli
avaient été redressées.

En observant les masses de montagnes dans lesquelle
couches sont redressées, on remarque dans les unes une gra
régularité, des étendues de terrain considérables relevées
le même sens, et dans lesquelles on ne voit point ou très pe
couches contournées; dans d'autres, au contraire, les cou
inclinées dans tous les sens sont brisées, contournées

manière la plus bizarre ; enfin tout annonce une action violente, comme une éruption volcanique, ou un fort tremblement
de terre. Cette différence dans les résultats en annonce évidemment aussi une très marquée dans les causes : une action lente
et une action violente. Dans ce qui se passe aujourd'hui sous nos
yeux à la surface de la terre, nous voyons absolument les mêmes
choses : pendant que la Scandinavie et quelques autres contrées, où ce phénomène n'a pas encore été aussi bien constaté,
se soulèvent tranquillement et, pour ainsi dire, d'une manière insensible, au Mexique, une étendue de pays considérable se soulève brusquement après de violentes secousses, des
tremblemens de terre et au milieu d'éruptions volcaniques ;
au Chili, une secousse violente élève de plus d'un mètre tout
un rivage, sur une longueur de cent milles ; dans les Calabres,
le sol se crevasse, des montagnes sont soulevées, et des masses
de rochers transportées à plusieurs milles de distance par un
tremblement de terre qui ravage cette malheureuse contrée.

Deux espèces de soulèvement se trouvent donc parfaitement
établies par ces faits : l'une, lente et continue, dont la Scandinavie nous offre un exemple vivant, si l'on peut s'exprimer
ainsi ; l'autre violente et passagère, qui est due à l'action des
agens volcaniques, puisque nous avons admis qu'ils produisent les tremblemens de terre. Examinons maintenant la manière dont chacune de ces causes a dû agir, et les effets qui
ont dû en résulter. Nous verrons ensuite si les faits observés
confirment notre théorie.

Nous avons admis dès l'origine (§ 123) que l'oxidation des
corps simples, formant la masse liquide du globe avant le
commencement de la consolidation, aidée par le refroidissement, a donné naissance à la première pellicule solide qui
s'est formée sur le bain métallique. Les fragmens de cette
première pellicule brisée ont dû nager comme des scories à
la surface jusqu'à ce que ces divers fragmens agglutinés entre eux aient formé un grand tout. Cette action se continue
encore au dessous de la croûte solide, à la surface de ce même

bain. Les oxides qui se forment occupent un plus grand
pace que les métaux d'où ils proviennent. Les couches soli
qui en résultent intérieurement, par la double action
refroidissement et de l'oxidation des métaux, doivent,
comprimant la masse liquide, tendre à soulever la croûte c
solidée, c'est à dire augmenter le rayon du sphéroïde,
solument comme les couches de liber, qui se forment chaq
année sous l'écorce d'un arbre, tendent à pousser et pouss
effectivement cette écorce au dehors. Dans le même mome
que les couches intérieures, en voie de formation, tenden
dilater l'écorce du globe, la portion extérieure de celle
continuant à se refroidir, se contracte. Cette double acti
de contraction et de dilatation, à laquelle elle est soumi
la force nécessairement à se rompre dans certaines parties q
sont des régions de moindre résistance, où s'établissent
grandes crevasses des failles, comme la suite de la mer
Nord et du bassin de la Baltique, de la mer Noire, de la M
diterranée, etc., qui, se croisant dans diverses directions, o
ainsi divisé la surface de la terre en grandes plaques devenu
presque indépendantes les unes des autres (Pl. xiv, fig. 9
Ces crevasses et ces plaques sont tout à fait analogues à cell
que l'on remarque sur l'écorce des arbres et qui sont produit
absolument de la même manière. Chacune de ces plaque
continuant à être poussée en haut par l'action intérieure len
et continue, se soulève lentement et graduellement;
comme, dans ce soulèvement, elle a pu tourner autour d'u
charnière, en s'avançant lentement, car l'action n'est p
égale dans toute son étendue, la portion située dans le vo
sinage de la charnière doit s'enfoncer sous les eaux qui
baignent. Ceci expliquerait l'abaissement du Groenland
correspondant au soulèvement de la Scandinavie.

Les grandes plaques formées, continuant à être soumises
l'action des mêmes forces, ont dû se diviser elles-mêmes e
un certain nombre d'autres, de dimensions très variable
et voilà pourquoi on trouve des espaces très étendus présentai

suite de masses soulevées, toutes dans le même sens et avec une régularité vraiment remarquable. L'intérieur de l'Asie offre plusieurs de ces plaques. L'action dont nous parlons ayant commencé aussitôt qu'une croûte solide, dont la surface était nécessairement fort irrégulière, a eu recouvert tout le globe, sauf les ouvertures par lesquelles la matière liquide continuait à sortir, c'est de cette époque aussi que datent les soulèvemens, et comme l'épaisseur de la croûte solide était alors fort irrégulière, il a dû y avoir aussi une grande irrégularité dans le soulèvement de chaque partie, irrégularité qui a donné naissance à cette suite d'exhaussemens et de dépressions que nous présentent les montagnes formées de roches primitives. On voit donc que l'action lente et continue à elle seule a pu produire des montagnes. Ce doit même être elle qui a formé le premier relief de toutes les chaînes ou de presque toutes les chaînes de montagnes. Quand nous disons que des portions de la croûte du globe ont été élevées, nous ne voulons pas dire qu'elles ont été portées au-dessus des eaux, on sait bien qu'il existe des chaînes sous-marines, mais seulement qu'elles ont été éloignées du centre de la terre. On ne doit pas être étonné qu'il y ait des chaînes de montagnes sous la mer quand on sait qu'elle couvre les 0,75 de la surface du globe, et que la hauteur de la montagne la plus élevée n'est guère que la millième partie du rayon terrestre.

Les premières montagnes ainsi formées, sous-marines ou en partie émergées, ont ensuite été recouvertes par les dépôts de sédiment que celles qui ont été élevées au dessus des eaux ont apporté avec elles, en continuant à être soulevées lentement par l'action continue intérieure. Les autres qui n'étaient point assez élevées, et celles qui se sont trouvées dans le voisinage de la charnière des plaques, sont restées submergées, et dans quelques unes, les principaux sommets, poussés au dessus des eaux, forment des archipels ou simplement des îles placées à une assez grande distance les unes des autres.

Mais, bien que l'action lente à elle seule ait pu donner naissance à toutes les masses de montagnes, il y a certaine...
plusieurs de ces masses, ou des portions de masses, qui so...
résultat d'actions violentes et répétées, comme les comm...
volcaniques.

On comprend bien que les crevasses résultant de la ...
ration des grandes plaques dont nous venons de parler...
vaient être des régions de moindre résistance du sph...
terrestre, et celles, par conséquent, où les communicatio...
l'intérieur avec l'intérieur pouvaient le plus facilement ...
blir. C'est donc dans ces régions que doivent particulière...
se trouver les montagnes qui sont le produit d'une action ...
lente, celles dont l'état de dislocation des différentes par...
constituantes annonce de grands bouleversemens. Voy...
maintenant comment le soulèvement a dû s'opérer dans ...
régions de moindre résistance.

Nous admettons, et tout ce que nous avons dit jus...
présent suppose, que l'action soulevante agisse de bas en...
contre les surfaces à soulever. Dans ce cas, si la masse sol...
par les forces intérieures était parfaitement homogène, ...
s'être détachée de celles qui l'environnent, elle serait ...
levée tout entière jusqu'à une certaine hauteur, en tou...
probablement autour d'une charnière. Mais, comme d'a...
constitution du globe, une masse d'une étendue notab...
bien loin d'être homogène, tant sous le rapport de la ...
position que sous celui de l'agrégation et de la résistan...
différentes parties qui la composent, cette masse doit s...
viser en un certain nombre de régions de moindre résis...
généralement limitées par des courbes fermées; les ...
ainsi limitées, venant à céder sous l'impulsion de l'int...
croissante des forces intérieures, il s'y formera des trou...
les contours desquels les couches supérieures seront ré...
et qui offriront, dans leur intérieur, les couches inférie...
celles-ci, portées à une certaine hauteur en forme de ...
Comme la région de moindre résistance elle-même est ...

tre homogène, il y aura un point de minimum de résistance ou de maximum de soulèvement, dont le dôme sera le plus élevé et autour duquel tous les autres se trouveront naturellement groupés (Pl. xiv, fig. 10). Si le terrain s'est soulevé plus ou moins régulièrement, au centre de l'étoile, il se formera un massif principal dont les ramifications suivront les rayons de cette même étoile (Pl. xiv, fig. 11). Comme c'est au centre qu'a évidemment eu lieu le maximum d'action, les ramifications qui en divergent doivent aller en s'abaissant à mesure qu'elles s'en éloignent. La manière dont s'épanche le sol sous l'influence des forces intérieures dépend absolument du point de moindre résistance de chaque région, ou, ce qui revient au même, de celui d'application de la résultante de toutes les forces qui agissent sur cette région. Or, comme ce point peut avoir une position quelconque dans l'intérieur de la courbe, il en résulte que la forme du massif soulevé doit être extrêmement variable. Dans une surface soumise à l'action des forces intérieures qui tendent à la soulever, les régions de moindre résistance, s'établissant d'après la nature et la constitution physique de cette surface qui, généralement, ne présente rien de régulier, ne doivent donc pas être disposées régulièrement. Voyons maintenant si la nature nous offre l'application de ces principes.

Nous avons consigné, dans les § 103, 104, 105, 106, 107, 108 et 109, les résultats auxquels des observations réelles dans les Vosges, les Alpes et les montagnes du centre de la France nous ont conduit relativement aux masses de soulèvement qui paraissent être le produit d'actions violentes. Nous avons reconnu que toutes ces masses, dont l'étendue est considérable, comme la partie centrale des Alpes, par exemple, se composent d'un certain nombre de massifs de soulèvement qui paraissent tous indépendans les uns des autres et présentent les caractères suivans :

Chaque massif a une partie centrale (cône, plateau ou dôme, suivant la nature des roches) de laquelle toutes les au-

très divergent en s'abaissant à mesure qu'elles s'en éloigne
c'est le *centre de soulèvement*, le lieu du maximum d'int
sité de la force soulevante (Pl. xiv, fig. 12). Les ramif
tions du centre jettent, en s'étendant, des ramifications
condaires à droite et à gauche, qui s'abaissent aussi à mes
qu'elles s'étendent et se ramifient à leur tour, une et mé
deux fois. Entre les diverses productions d'un centre, il ex
des vallées très profondes, commençant toutes par un cir
plus évasé que la vallée dont il forme l'origine ; en sorte
chaque centre est flanqué, de tous les côtés, de dépressi
très profondes, desquelles partent ordinairement des r
seaux. Autour du centre principal, il existe presque touj
des centres de massifs secondaires, également composés
ramifications divergentes ; ces massifs sont toujours liés
massif principal dont ils dépendent.

Dans une chaîne de montagnes, un grand nombre de se
blables massifs se trouvent disposés à côté les uns des aut
sans aucune régularité. Chaque centre principal, accompag
de ses centres secondaires, paraît indépendant de tous ce
qui l'avoisinent et pousse ses ramifications dans tous les se
comme s'il était seul. Quand les ramifications de deux ce
tres viennent à se rencontrer, il y a toujours une dépressi
un col ou point de rencontre : c'est un point de rebrous
ment dans la courbe qui forme la crête de chacune des ram
fications et joint les deux centres ; en sorte que la cour
qui renferme le massif passe par tous les cols formés par
rencontre des ramifications du centre avec celles des aut
centres qui l'environnent (voyez ma carte des Vosges).

Le centre de chaque massif se trouve toujours dans le
sinage des parties les plus élevées ; quand il est très rappro
de la courbe qui limite le massif, ses ramifications sont
courtes dans ce sens, tandis qu'elles s'alongent beaucoup,
contraire, dans le sens opposé ; c'est pourquoi, quand
veut découvrir le centre d'un massif, c'est toujours ver
parties escarpées qu'il faut le chercher. Le centre de soulè

...ant est généralement le point le plus élevé du massif; il ...ive cependant quelquefois qu'il existe, à une certaine dis-...ce, un sommet plus élevé que lui; mais jamais on ne voit ...ramifications principales venir s'y réunir, ce qui est le ...actère distinctif du centre de soulèvement du massif; en ...re, l'autre se trouve toujours sur une ramification.

Nous avons vu dans la première partie que les formes des ...tres de divers ordres varient avec la nature des roches qui ...nstituent les massifs : dans les groupes porphyrique et euri-...que, ce sont des cônes très prononcés, et les dépressions ...les flanquent, aussi bien que celles des ramifications, af-...ent toutes la forme de cônes renversés plus ou moins ...tadus. Dans le groupe granitique, les centres sont des dô-...es, quelquefois même des plateaux légèrement bombés, et ...dépressions s'écartent sensiblement de la forme conique; ...nd elles affectent cette forme, le cône est ordinairement ...évasé. Les centres des montagnes de gneiss, d'une élé-...on médiocre, sont des cônes très surbaissés et des plateaux ...ressemblent à ceux du granite. Dans les montagnes fort ...ées, comme les Alpes, ils présentent un grand nombre ...entelures et d'aiguilles très effilées.

...uand les soulèvemens brusques ont été déterminés par ...ption de masses plutoniques, granites, porphyres, eurites, ...altes, etc., au milieu des roches stratifiées, et que celles-ci ...été percées par les masses éruptives, on les voit rejetées ...les flancs des montagnes et disposées autour de chaque ...ssif, absolument comme les couches de basaltes dans les ...ères de soulèvement de M. de Buch, et leurs crevasses ...été remplies par la matière liquide qui les a soulevées, et ...o, solidifiée ensuite, forme maintenant des veines, des fi-...s et des masses transversales, plus ou moins puissantes ...ns leur intérieur. Ces masses sont des ramifications de celles ...qui composent le massif dans les Vosges et la chaîne de mon-...nes qui sépare le Rhône et la Saône de la Loire.

...l est facile de comprendre, d'après tout ce que nous ve-

nons d'exposer, que nos massifs de soulèvement présen[t]
une analogie frappante avec les groupes volcaniques de M[. de]
Buch (§ 132). Notre centre de soulèvement est le pic[...]
volcan central ; nos centres d'ordres inférieurs sont les cô[nes]
secondaires qui se sont groupés autour de lui, et les str[ates]
relevés sur tous les flancs du massif représenteraient le [carac-]
tère de soulèvement, quoique leur ensemble forme une fig[ure]
fort irrégulière, qui ne se rapproche d'un cirque que d[ans]
un très petit nombre de cas.

Je ne connaissais pas la théorie de M. de Buch, lorsqu[e en]
1832 j'eus occasion d'observer dans les Vosges, pour la [pre-]
mière fois, les faits qui m'ont conduit aux conclusions [pré-]
cédentes. Depuis j'ai continué mes observations dans les V[os-]
ges ; je les ai étendues dans les Alpes et les montagnes [qui]
séparent la Saône de la Loire, et j'ai trouvé la portion de [ces]
chaînes, composées de roches feldspathiques, formée de mas[ses]
de soulèvement, présentant tous les caractères que nous av[ons]
énumérés plus haut. Je suis persuadé que les observati[ons]
ultérieures prouveront qu'il en est de même dans toutes [les]
autres chaînes de montagnes.

Dans ce qui précède, nous avons supposé que les masses [sou-]
levantes avaient percé la surface sur laquelle elles exerça[ient]
leur effort, et qu'elles étaient sorties, soit en crevant la pa[rtie]
supérieure des gibbosités qu'elles déterminaient, soit les fla[ncs]
de ces mêmes gibbosités, pour se répandre à leur pied. M[ais]
comme de semblables masses ont été poussées d'en bas d[ans]
toutes les époques géologiques, on comprend qu'il a souv[ent]
dû arriver, et principalement dans les époques les plus [mo-]
dernes, où l'épaisseur de la croûte solide avait beaucoup [aug-]
menté, que l'intensité de la force qui soulevait ces ma[sses]
n'ait pas été assez considérable pour les porter jusqu'[à la]
surface, en brisant les roches qui s'opposaient à leur pass[age,]
et qu'arrivant dans des régions dont la température éta[it]
moins en moins élevée, elles se soient solidifiées à une [cer-]
taine profondeur, en s'infiltrant à travers les fissures des

...es au milieu desquelles elles se trouvaient alors (Pl. xiv, fig. 13).

Dans cette circonstance, les masses supérieures devaient se élever et celles qui se trouvaient au dessus de fissures correspondant avec la masse en fusion, ou dans des régions de moindre épaisseur, devaient s'élever au dessus des autres, en relevant les couches appuyées sur leurs flancs (fig. 14). C'est comme cela que les granites et les porphyres des montagnes de la Bourgogne, poussés par les basaltes, qui sont sortis sur quelques points de ces montagnes, ont soulevé les roches du terrain jurassique, déposées sur leurs flancs bien longtemps après l'entière consolidation de ces masses feldspathiques. Dans cette action, des masses peu solides, portées auparavant à une certaine hauteur, ont été renversées par d'autres plus nouvelles qu'elles, et voilà probablement comment on peut rendre compte de la superposition de plusieurs masses anciennes à d'autres beaucoup plus nouvelles, et comme, par exemple, la siénite qui recouvre, en Saxe, le terrain craïeux. Dans les Alpes du Valais, on remarque plusieurs masses de gneiss qui ont été renversées et qui recouvrent maintenant les schistes talqueux qui surmontent la formation du gneiss dans toute la contrée.

Ce que nous venons d'exposer montre que les masses les plus voisines de la surface, depuis longtemps consolidées, a été très souvent poussées en haut par d'autres à l'état de fusion ignée, que l'action des forces intérieures forçait à s'élever, sans que cette action ait été assez intense pour les faire parvenir jusqu'au dessus de la surface ; et comme, dans ce cas, parmi les masses plutoniques, on ne voit que celles que d'autres poussaient en haut, c'est à elles que beaucoup d'observateurs ont attribué l'action immédiate du soulèvement sur les autres roches qui les recouvraient, absolument comme si elles l'avaient produit à l'époque de leur éruption à l'état de liquéfaction ignée, c'est ainsi que le granite a soulevé les gneiss, les porphyres et les eurites, les dépôts de la cinquième époque.

Pour éviter de tomber dans cette erreur, il faut étudier a[vec]
soin la manière dont les roches d'éruption se sont compor[té]
avec celles qu'elles ont soulevées en arrivant à la surface d[e la]
terre : elles se sont infiltrées dans toutes les fissures de[s]
roches, les ont plus ou moins altérées dans les surfaces de c[on]
tact, et se sont bien souvent répandues dessus, absolum[ent]
comme on voit encore les courans de laves se répandre su[r le]
sol qui environne chaque cratère. Quand les masses plu[to]
niques, au contraire, n'ont soulevé celles qui leur étai[ent]
superposées que longtemps après leur refroidissement, et pa[rce]
qu'elles étaient sollicitées elles-mêmes par d'autres qui [les]
poussaient de bas en haut, les fissures des roches supérieu[res]
sont restées vides, ou sont remplies d'un dépôt neptunie[n,]
mais jamais par la matière des masses plutoniques. En out[re]
on trouve bien souvent (en Bourgogne, dans les Vosges, e[tc.)]
une roche arénacée (arkose, anagénite) formée des élémens [de]
la roche inférieure réagglutinés, entre elle et celles qui [la]
recouvrent, preuve irrécusable que sa surface a été longten[ps]
exposée à l'action des agens destructeurs avant que les roc[hes]
qui la recouvrent se soient consolidées. Citons un exempl[e :]
le centre de la chaîne de la Bourgogne est occupé par [des]
roches granitiques et porphyriques, sur lesquelles se trouv[ent]
appuyés les strates inclinés du terrain jurassique. Plusie[urs]
géologues ont admis que cette inclinaison était le résultat [de]
l'action immédiate des granites et des porphyres sur les c[al]
caires jurassiques ; mais ils se sont trompés, car, au point [de]
contact, les granites et les porphyres sont altérés jusq[u'à]
une certaine profondeur ; il existe presque toujours u[ne]
masse arénacée, plus ou moins puissante, formée [de]
leurs élémens réagglutinés entre eux et les calcaires [qui]
les recouvrent. Enfin, nulle part on ne voit de fil[ons]
ou de veines de ces mêmes roches dans les fissures [des]
calcaires, qui sont extrêmement nombreuses et souv[ent]
remplies de spath calcaire, de quarz, de baryte, etc., [et.]
C'est aux balsates, qui percent les couches du terrain jur[as]

...ue sur quelques points de cette chaîne, qu'il faut attribuer ...évation des masses granitiques et porphyriques qui ont ...gi sur le terrain jurassique qui les recouvrait totalement ... en partie. D'après cela, on comprend très bien comment ...masses d'arkose, de lias, de calcaires oolitiques, etc., ...rouvent maintenant sur le sommet de plusieurs monta-...s granitiques, au mont Saint-Vincent, par exemple, un ...points les plus élevés de la chaîne. Dans les Vosges, le ...vosgien couronne également le sommet de plusieurs mon-...es granitiques ; sa position, sur ces montagnes, s'expli-...absolument de la même manière (1).

...uand les forces soulevantes exercent leur action au des-... d'une masse stratifiée très puissante, qui ne peut pas ...percée par les masses plutoniques qu'elles élèvent des pro-...deurs du globe, cette masse tend à monter tout entière; mais, ...me dans la nature, il n'y a point de pareille masse homo-...e, on conçoit qu'elle va se diviser en régions de moindre ...stance, et qu'à la surface supérieure de chacune de ces ...ons il se fera des bombemens, si les roches jouissent en-...d'une certaine élasticité, et des trous, dans le cas où, ...ant point élastiques, elles viendraient à se rompre. Dans ...trous, dont la forme sera toujours déterminée par la na-...de la courbe qui limite la région de moindre résistance, ...ilieu peut être soulevé à une certaine hauteur, et toutes ...souches relevées autour, absolument comme dans un cra-...e de soulèvement. Alors toutes les fractures auront leur ...grande largeur dans la surface intérieure du cirque. Si les ...orbes qui limitent les régions sont des ellipses très alongées, ...quel cas les trous peuvent être assimilés à de grandes fentes, ...dant qu'une partie de la surface se soulevera dans le sens ...grand axe, l'autre tombera dans le même sens dans la ca-...formée par le soulèvement, en sorte que les ouvertures ...senteront, d'un côté des couches soulevées, et de l'autre

(1) Voyez ma description des Vosges.

des couches plongeantes ; aux deux sommets de l'ellipse, o
force a dû agir suivant une courbe très prononcée, les cou
seront relevées ou plongeront dans tous les sens. Dans le f
de l'ouverture, le grand axe de l'ellipse, suivant lequel
exercée la principale action, sera marqué par un exhaussem
très sensible, et dans lequel devront se montrer les couc
sur lesquelles reposent celles qui forment les parois du cir
L'ellipse peut être très alongée et même tellement alongée,
la longueur du petit axe ne soit qu'une fraction très petit
celle du grand, alors l'ouverture se réduira à une fente, d
laquelle les deux côtés se trouveront généralement à des
veaux différens. C'est ce qu'on observe souvent dans la
ture ; et, en réfléchissant un peu, on comprendra que to
les fentes qui s'étendent en ligne droite sur la surface
globe, étant toujours terminées, ne sont que des cour
elliptiques très alongées.

Telle est la manière dont me paraît devoir s'être brisé
surface supérieure d'une masse stratifiée soulevée par des
ches plutoniques, qui, n'ayant pu la percer, se seraient
solidées au dessous d'elle. Or, la description détaillée des a
dens orographiques de la chaîne du Jura, dans laqu
aucune roche plutonique ne se montre au jour, que n
avons donnée dans la première partie (§ 86) et dans le
letin de la Société géologique (1), fait voir que dans c
chaîne, composée d'une puissante masse stratifiée, les
offrent un accord extrêmement remarquable avec notre t
rie, et lui donnent, par conséquent, un haut degré de
babilité. Ici les masses argileuses, qui se trouvent interpo
entre les calcaires, ayant facilité leur glissement, les ou
tures se sont trouvées notablement plus grandes qu'elles l'
raient été dans une masse uniquement composée de str
calcaires.

Toutes les masses stratifiées soulevées sous une inclinai

(1) Tome VI, page 196.

stable, et dans l'intérieur desquelles des masses plutoniques ne se sont pas fait jour, doivent présenter des cirques de soulèvement analogues à ceux de la chaîne du Jura.

De tout ce que nous venons d'exposer sur la théorie des soulèvemens brusques, il résulte que, dans chaque région soumise à l'action violente des forces intérieures, *région de soulèvement*, la masse tout entière se divise, sous l'action de ces forces, en régions secondaires, toutes circonscrites par des courbes fermées, dans l'intérieur de chacune desquelles se forme un massif de soulèvement, quand la surface est percée par les masses poussées de bas en haut, et seulement des ouvertures plus ou moins évasées, et dans le milieu desquelles le terrain inférieur s'élève en voûte, quand ces masses n'ont pas eu assez de force pour percer la surface.

D'après la cause que nous avons assignée aux soulèvemens lents et progressifs, il est évident qu'ils ont dû commencer avec la consolidation du globe, et se continuer sans interruption jusque aujourd'hui. On ne peut donc point reconnaître d'époques séparées dans cette espèce de soulèvement.

Mais il n'en est pas de même pour les soulèvemens violens que nous attribuons à l'éruption des masses plutoniques : comme ces éruptions ont toujours dû présenter, ainsi que nous l'observons maintenant, des paroxismes très variés, les soulèvemens qu'elles ont déterminés doivent aussi présenter des époques tranchées. La manière de reconnaître ces diverses époques avait déjà été indiquée par plusieurs observateurs (de Humboldt, de Buch, Boué, etc.), lorsque M. E. de Beaumont, réunissant, à un grand nombre d'observations faites par lui, toutes celles publiées auparavant, en déduisit une des théories les plus ingénieuses et les plus hardies qui aient jamais été proposées. Quoique nous n'admettions pas toutes les parties de cette théorie, nous reconnaissons cependant qu'elle a jeté une grande lumière sur la question des soulèvemens, et pour mettre le lecteur à même d'en juger, nous allons l'exposer avec détail.

Théorie de M. E. de Beaumont (1).

(§ 143.) Les deux grandes conceptions d'une suite de révolutions violentes et de la formation des chaînes de montagnes par voie de soulèvement ayant été successivement introduites en géologie, il était naturel de rechercher si ces
deux phénomènes n'étaient pas intimement liés l'un à l'autre,
et si le soulèvement de masses aussi puissantes et aussi tour-
mentées que les hautes montagnes n'aurait pas déterminé les
révolutions de la surface du globe, constatées par l'observation des dépôts de sédiment et des races aujourd'hui perdues,
dont ils recèlent les débris ; si les lignes de démarcation
qu'on observe dans la succession des terrains, à partir de
chacune desquelles le dépôt des sédimens semble avoir, pour
ainsi dire, recommencé sous des influences nouvelles, ne seraient pas tout simplement le résultat des changemens opérés
dans les limites et le régime des mers par les soulèvemens
successifs des montagnes.

Les géologues admettent généralement que, dans les pays
de montagnes, les couches de sédiment inclinées sous de
très grands angles n'ont pu être formées dans cette position,
mais qu'elles y ont été placées par suite de phénomènes qui
se sont passés plus ou moins longtemps après l'époque de leur
dépôt originaire.

Il n'y a que peu de contrées où ces phénomènes se soient
produits assez tard pour agir sur toutes les couches de sédiment qui s'y trouvent aujourd'hui. Le long de presque toutes
les chaînes, on voit les couches les plus récentes s'étendre horizontalement jusque sur le pied des montagnes, comme elles
doivent le faire si elles ont été déposées dans des mers ou des
acs, dont ces montagnes ont, en partie, formé les rivages.

(1) Extrait de l'article inséré par M. E. de Beaumont, dans la traduction française d' Manuel de Géologie de M. de la Bèche.

autres roches, au contraire, se redressant et se courtour-
nant plus ou moins sur les flancs des montagnes, s'élèvent
quelquefois jusqu'à leurs crêtes. Dans chaque chaîne en particulier, la série de sédiment se divise ainsi en deux classes
distinctes. *La place variable d'une chaîne à une autre qu'occupe dans la série générale des couches le point de partage
de ces deux classes est même une des choses qui particula-
rise le mieux chacune de ces chaînes; et, tandis que la position des couches anciennes redressées fournit la meilleure
preuve du soulèvement des montagnes qui en sont en partie
composées, l'âge géologique des deux classes de courbes fournit
le moyen le plus sûr de déterminer l'âge des montagnes elles-
mêmes: il est en effet évident que l'âge de l'apparition de la
chaîne est intermédiaire entre la période du dépôt des couches
qui y sont redressées, et celle du dépôt des couches qui s'é-
tendent horizontalement au pied de ses pentes.*

Rien n'est plus essentiel à remarquer que la constante net-
teté de la séparation de ces deux séries de couches dans chaque chaîne. Il y a longtemps que les observateurs se servent
du défaut de parallélisme entre la stratification de deux dépôts
superposés, comme fournissant la ligne de séparation la plus
large que l'on puisse trouver entre deux systèmes de terrains
de sédiment consécutifs.

Il résulte de cette distinction toujours tranchée et sans intermédiaire entre les couches redressées et les couches horizontales, que le redressement s'est opéré dans un espace de
temps compris entre les deux périodes de dépôts de deux formations superposées, et lequel espace n'a vu se déposer, dans
le lieu de l'observation, aucune série régulière de couches. Si
l'on n'observait les dernières couches redressées et les premières
couches horizontales que dans les points où leur stratification
est discordante, on pourrait croire qu'il s'est écoulé un laps
de temps quelconque entre le dépôt des unes et des autres;
mais il arrive souvent, au contraire, qu'en suivant les unes
et les autres jusqu'à une certaine distance des lieux où la

discordance de stratification se manifeste, on trouve ces couches placées les unes sur les autres en stratification parfai-
ment concordante et même liées par un passage graduel,
prouve que le changement survenu dans la nature du dé
s'est opéré sans que le phénomène de la sédimentation
été suspendu. L'intervalle pendant lequel la discordance
stratification observée a été produite a donc été extrêmem
court.

En étudiant avec soin les groupes de montagnes, mê
les plus compliqués, on peut parvenir à les décomposer en
certain nombre d'élémens diversement entre-croisés les u
avec les autres, et dans toute l'étendue de chacun desqu
la position de la ligne de démarcation entre les couches
clinées et les couches horizontales est la même ; le plus s
vent, la ligne de démarcation relative à ceux des différ
chaînons parallèles entre eux est semblablement placée,
elle change lorsque ceux-ci ne sont pas dirigés dans le mê
sens; on peut donc dire, d'une manière générale, que chac
des systèmes de chaînons parallèles a été produit *d'un s
jet et, pour ainsi dire, d'un seul coup.*

Une pareille convulsion a dû modifier, au moins dans
contrées voisines des points qui en ont été le théâtre, le dé
des terrains de sédiment, et quelques anomalies doiv
exister sur une assez grande étendue dans le point de la sé
de ces dépôts au moment d'un redressement de couches.
est, en effet, parfaitement établi aujourd'hui qu'entre
férens termes de la série de ces dépôts des variations br
ques se manifestent à la fois dans le gisement, l'allure
même la nature locale des couches, ainsi que dans les f
siles végétaux et animaux qui y sont enfouis.

Tout annonce donc qu'entre les périodes des diverses f
mations il y a eu pour le moins des déplacemens considé
bles dans les lieux d'habitation de certains groupes d'ê
organisés, en même temps que dans les lieux de dépôt
certains sédimens; et il suffit que, par suite de pareils dé

...nèns, il se trouve, dans la série des assises superposées de ...échelle géologique, des points beaucoup plus remarquables ...e les autres par les changemens qu'ils indiquent dans les ...ôts et dans les habitans d'une même contrée, pour qu'il y ...lieu d'être frappé de l'accord de cet ordre de faits avec la ...nsidération des effets nécessaires des soulèvemens successifs ...s chaînes de montagnes.

Les fractures opérées dans la croûte extérieure du globe ont ...terminé l'élévation et le redressement des couches dont cette ...ûte se compose, et les crêtes de ces couches brisées et re-...ssées sont devenues les arêtes de ces aspérités de la surface ...globe qu'on nomme chaînon de montagnes ; d'où il résulte ...e les expressions *direction moyenne d'un système de frac-...res, direction moyenne d'un système de couches redressées, ...ection moyenne d'un système de montagnes* sont à peu près ...onymes.

Depuis un temps immémorial, les mineurs ont reconnu le ...rincipe de la constance des directions, un de ceux dont ils ...servent le plus utilement pour la conduite de leurs travaux ...recherche. M. de Humboldt a signalé, depuis plus de qua-...rante ans, des concordances et des oppositions remarquables ...tre les directions des chaînes éloignées ou voisines. Depuis ...longtemps aussi, M. de Buch a montré que les chaînes de mon-...agnes de l'Allemagne se divisent au moins en quatre systèmes ...ntement distingués les uns des autres par les directions ...bi y dominent.

Le fait d'une distinction si tranchée conduisait naturelle-...ent à concevoir que les divers systèmes de montagnes ont pu ...re produits par des phénomènes indépendans les uns des ...atres, tandis que l'étroite liaison que présentent souvent en-...elles, aussi loin qu'on puisse le suivre, les dislocations ...rigées dans le même sens, devait faire supposer qu'elles ont ...utes été produites par une même action mécanique. D'après ...principe, le nombre des phénomènes de dislocation que le ...ol de chaque contrée aurait éprouvés serait à peu près égal à

celui des directions des chaînes de montagnes réellement di[s]-
tinctes et indépendantes les unes des autres qu'on pourrai[t]
distinguer. Ce nombre, qui n'est jamais très grand, est à p[eu]
près du même ordre que celui des changemens de nature [et]
de gisement que présentent les dépôts de sédiment de chaq[ue]
contrée, changemens qui ont servi à distinguer, dans ces [dé]-
pôts, un certain nombre de formations, et que l'on a considé[ré]
comme étant chacun le résultat d'un grand phénomène phys[i]-
que. En cherchant à rapprocher l'une de l'autre ces deux mani[è]-
res d'énumérer les changemens que la surface de notre plan[ète]
a éprouvés, on est naturellement conduit à l'idée que les de[ux]
séries parallèles de faits intermittens, dont on retrouve ai[n]-
les termes successifs par deux voies différentes, doivent re[n]-
trer l'une dans l'autre. Mais pour sortir, à cet égard, des ape[r]-
çus généraux et vagues, il faut mettre en rapport un certa[in]
nombre des lignes de démarcation que présente la série [des]
sédimens européens avec un pareil nombre des systèmes [de]
chaînes de montagnes européennes.

Les couches de sédiment inclinées et les crêtes que c[es]
mêmes couches constituent, loin de présenter indifférer[n]-
ment toute sorte de directions, se coordonnent à un nomb[re]
limité de directions générales qui paraît constituer, dans l'[é]-
tude des montagnes, un fait d'une importance analogue [à]
celle que présente, dans l'étude des dépôts de sédiment succe[s]-
sifs, le fait de l'indépendance des formations. Ayant cherc[hé]
à mettre ces deux grands faits en rapport, M. de Beaumo[nt]
croit avoir constaté leur coïncidence dans un assez gra[nd]
nombre d'exemples, pour en conclure que l'indépendance d[es]
formations de sédiment successives est une conséquence [et]
même une preuve de l'indépendance des systèmes de mont[a]-
gnes diversement dirigées.

Les lignes parallèles, considérées par M. de Beaumo[nt]
sont des arcs de grands cercles du sphéroïde terrestre, qui, p[ro]-
longés, vont tous concourir en un point qui serait le pôle d'[un]
autre grand cercle perpendiculaire à ceux du système; ma[is]

ns une petite étendue, pourvu qu'on ne s'approche pas trop
pôle, ces arcs peuvent être considérés comme parallèles
tre eux. Tel est le parallélisme des fractures de la surface
sphéroïde, terrestre comme l'entend M. de Beaumont.

L'examen de la surface de l'Europe l'a déjà conduit à dis-
guer les uns des autres douze systèmes de montagnes d'â-
différens et de directions généralement différentes, et à
rapprocher de douze des lignes de partage observées dans
série des dépôts de sédiment ; il est bien probable que ce
nombre douze, qui, dans tous les cas, ne serait relatif qu'à l'Eu-
c, n'est pas définitif ; car il reste encore, dans la série des
ains de sédiment de cette contrée, plusieurs lignes de dé-
cation assez tranchées qui ne se trouvent encore rappro-
es d'aucun système de dislocation.

Voici les douze systèmes de dislocation reconnus jusqu'à
sent, et les principales observations qui ont conduit à les
tre en rapport avec un pareil nombre des lignes de partage
présente la série des terrains et de sédiment.

1. *Système du Westmoreland et du Hundsruck.*

l'est le plus ancien des douze systèmes ; sa direction est
d-est, un peu est ou est-nord-est ; elle a été observée par
Sedgwick dans les roches schisteuses du district des Lacs
Westmoreland en Angleterre, et par M. de Humboldt dans
montagnes de schiste et de grauwacke de l'Eiffel, du Hunds-
k et du pays de Nassau.

En Angleterre, les directions des roches schisteuses vien-
nt se perdre sous la zone carbonifère qui couvre les tran-
s de leurs couches ; en Allemagne, les terrains carbonifères
raissent déposés au pied des montagnes schisteuses.

Ce système de dislocation est donc antérieur au dépôt des
aches du terrain carbonifère ; quelques circonstances por-
ait même M. de Beaumont à le regarder comme antérieur
ux couches les plus récentes de notre terrain schisteux.

La direction est-nord-est domine dans beaucoup de m
tagnes dites primitives, c'est à dire composées de gneiss,
micaschistes, de phyllades et de roches quarzeuses, con
celles de la Corse, des Maures entre Toulon et Antibes,
centre de la France, d'une partie de la Bretagne, de l'Erz
birge, des Grampians, de la Scandinavie et de la Finlan

2. *Système des Ballons (Vosges) et des collines du Boc
(Calvados).*

La direction de ce système est de l'ouest 10 à 16 degrés no
à l'est 10 à 16 degrés sud; cette direction s'observe dans l'
gle sud des Vosges où le terrain houiller est déposé au p
des montagnes sur les tranches des couches redressées. Da
les couches les plus récentes du terrain de transition de
Bretagne et du Bocage en Normandie, celles qui renferme
les anthracites des bords de la Loire et de Sablé, les calca
res à graphtolites de Fougerolles et le grès quarzeux de M
près Caen.

Beaucoup plus au sud, la masse granitoïde de la Lozère
alongée à peu près dans le même sens. Dans le Harz, ce
direction coupe celle des couches schisteuses et annonce
soulèvement qui a évidemment précédé le dépôt des terrai
houilliers. Cette direction se retrouve dans les collines
nord-ouest de Magdebourg, dans les montagnes de Sandom
en Pologne, en Angleterre, le Devonshire et le Sommersetshi
enfin, dans les couches de transition du midi de l'Irlande.

Ce système de rides a dû concourir avec le précédent, et pe
être avec d'autres encore qui n'ont pas été étudiés jusqu'ici
donner un relief ondulé et une structure disloquée au sol a
cien, dans les inégalités duquel se sont, plus tard, déposé
les premières couches de cet ensemble de dépôts, nommés d
pôts secondaires par les Français et les Anglais : notre qu
trième époque.

B. *Système du nord de l'Angleterre.*

Depuis la latitude de Derby jusqu'aux frontières de l'Écosse, le sol de l'Angleterre se trouve partagé par un axe montagneux qui court assez exactement du sud au nord. Dans cette chaîne qui est entièrement formée par les couches de la série carboni-fère, en prenant la chose dans son ensemble, les forces soule-vantes semblent avoir agi (non toutefois sans des déviations considérables), suivant des lignes dirigées à peu près du sud 5 degrés est, au nord 5 degrés ouest, ce qui est annoncé par de grandes failles dont l'une forme le bord occidental de la chaîne dans le Peack du Derbyshire.

M. Sedgwick a montré que toutes ces fractures ont été pro-duites immédiatement avant la formation des conglomérats du nouveau grès rouge.

La côte, dirigée presque du nord au sud, qui fait la limite occidentale du département de la Manche, et diverses lignes de fractures dirigées dans le même sens, que présente le Bocage de la Normandie, doivent probablement aussi leur origine première à des dislocations de la même catégorie que celles de la grande chaîne carbonifère de l'Angleterre.

C. *Système des Pays-Bas et du sud des pays de Galles.*

La direction moyenne est sensiblement dans le sens de l'est à l'ouest; les dislocations de ce système comprennent un grand ensemble d'accidens de stratification , qui affectent toutes les roches de sédiment dont la formation n'est pas inférieure à celle du zechstein, depuis les bords de l'Elbe, jusqu'aux petites îles du pays de Saint-Bride, dans le pays de Galles : ce soulève-ment aurait donc eu lieu immédiatement après le dépôt du zechs-tein; cette catastrophe paraît avoir disloqué la bande carboni-fère qui s'étend depuis le pays de la Marck jusqu'aux environs d'Arras. Le groupe carbonifère du pays de Galles, le ter-

rain houiller de Sarrebruck ; enfin le sol des Vosges, entre
dépôt du grès rouge, qui n'a rempli que le fond de quelq
dépressions, et celui du grès des Vosges, qui s'y est élevé bea
coup plus haut et y a recouvert des espaces beaucoup plus co
sidérables.

5. *Système du Rhin.*

Depuis Bâle jusqu'à Mayence, le cours du Rhin est bo
par deux longues falaises légèrement sinueuses, qui sont
rallèles à ce cours et entre elles. Ces falaises sont toutes co
posées d'élémens rectilignes tous orientés presque exactem
du nord 21° est au sud 21 ouest. Dans l'intérieur des montag
qui forment les falaises, on remarque d'autres lignes d'es
pement parallèles aux précédentes. Les escarpemens sont co
posés en tout ou en partie de grès vosgien ; ils forment,
général, la tranche des plateaux plus ou moins étendus d
les couches de ce grès constituent la surface. Au pied
montagnes des deux bords du Rhin, le grès bigarré, le m
chelkalk et les marnes irisées s'étendent jusqu'au pied
falaises dont nous venons de parler. L'époque de soulè
ment dans laquelle elles se sont produites est donc antérie
au dépôt de ces groupes.

On observe des traces de fractures analogues et sembla
ment dirigées dans les montagnes comprises entre la Sa
et la Loire, dans celles du centre de la France et jusque
le littoral du département du Var. Partout, on reconnaît
ces fractures sont antérieures au dépôt du système du g
bigarré du muschelkalk et des marnes irisées, et postérieu
à celui du terrain houiller.

6. *Système de Thuringerwald, du Bohmerwald-Gebirg du Morvan.*

La direction des dislocations de ce système est de l'ou
40 degrés nord, à l'est 40 degrés sud. Elles ont affecté

...oupes du grès bigarré, du muschelkalk et des marnes irisées, aussi bien que toutes les couches plus anciennes. Les couches du terrain jurassique, au contraire, s'étendent horizontalement jusqu'au pied des pentes et sur les tranches des couches redressées de ce système ; d'où il résulte que le mouvement qui y a donné naissance a dû avoir lieu entre le dépôt des marnes irisées et celui du grès inférieur du lias.

Des dérangemens de stratification dans la même direction se remarquent dans le Thuringerwald et la partie du Bohmerwald-Gebirge, comprise entre la Bavière et la Bohême ; en France, aux environs d'Avallon et d'Autun ; depuis les environs de Firmy (Aveyron) jusque sur les côtes de la Vendée et de la Bretagne, etc. ; enfin MM. Boblaye et Virlet ont reconnu des traces de ce système dans le mont Olympe, en Grèce.

7. *Système du mont Pilas, de la Côte-d'Or et de l'Erzgebirge.*

Plusieurs faits annoncent qu'entre la fin du dépôt du terrain jurassique et le commencement de celui du terrain crétacé, il y a eu une variation brusque et importante dans la manière dont les sédimens se déposaient en Europe. Cette variation paraît avoir coïncidé avec la formation d'un ensemble de chaînes de montagnes, parmi lesquelles on peut citer la Côte-d'Or (en Bourgogne), le mont Pilas (en Forez), les Cévennes et les plateaux du Larzac (dans le midi de la France), et l'Erzgebirge (en Saxe). Les accidens de ce sol sont dirigés du nord-est au sud-ouest ou de l'est 40 degrés nord à l'ouest 40 degrés sud. Dans les départemens de la Dordogne et de la Charente, en Nivernais, en Bourgogne, en Lorraine, en Alsace, les dérangemens de stratification qui prennent cette direction affectent toutes les couches du terrain jurassique, mais aucunement celles du terrain crétacé. Ce bouleversement a eu une grande influence sur la dis-

tribution du terrain craieux, dans la partie occidenta[le de]
l'Europe.

8. *Système du mont Viso.*

Les observations de M. de Beaumont l'ont conduit [à]
connaître une ligne de démarcation assez tranchée dans [l'in]-
térieur du terrain craieux, à la limite entre la craie tufe[au et]
la craie marneuse. Cette ligne diviserait en deux le te[rrain]
craieux : une partie supérieure, renfermant la craie blanch[e et]
la craie marneuse ; et l'autre toutes les autres assises ju[squ'à]
l'argile wealdienne inclusivement.

Cette ligne de démarcation paraît correspondre à l'[ap]-
parition d'un système d'accidens du sol, que l'auteur nom[me]
système *du mont Viso*, d'après une seule cime des Alpes f[ran]-
çaises, qui, comme presque toutes les cimes alpines, do[it sa]
hauteur actuelle à plusieurs soulèvemens successifs, mais d[ans]
laquelle les accidens de stratification propres à l'époqu[e qui]
nous occupe paraissent d'une manière très prononcée. [La]
pyramide de roche primitive de cette montagne est trav[ersée]
d'énormes failles dirigées du nord-nord-ouest au sud-sud-[est,]
qui sont parallèles à une série de crêtes et de dislocati[ons]
des Alpes françaises et de l'extrémité sud-ouest du Jur[a,]
depuis les environs d'Antibes et de Nice jusqu'aux envir[ons]
de Pont-d'Ain et de Lons-le-Saulnier, dans lesquelle[s les]
couches du terrain crétacé inférieur se trouvent redres[sées]
aussi bien que les couches jurassiques. Au pied des cr[êtes]
orientales du Devolny, formées par les couches du ter[rain]
crétacé inférieur, redressées dans la direction nord-[nord-]
ouest, sud-sud-est, se trouvent déposées horizontalem[ent]
celles du terrain crétacé supérieur, preuve que le boule[ver]-
sement a eu lieu entre le dépôt de ces deux parties du [ter]-
rain craieux.

MM. Boblaye et Virlet ont signalé en Grèce, dan[s les]
montagnes du Pinde, un système de dislocation don[t les]
couches les plus récentes paraissent se rapporter au te[rrain]

tacé inférieur, et dont la direction moyenne est du nord-
ord-ouest au sud-sud-est.

9. *Système des Pyrénées.*

Les formations tertiaires, comprenant le calcaire grossier
de Bordeaux et de Dax, qui gisent au pied des Pyrénées, s'étendent horizontalement jusqu'au pied de ces montagnes, sans
entrer, comme la craie, dans la composition d'une partie de
leur masse, dont les couches redressées s'élèvent sur les flancs
et même jusque sur certaines crêtes. Il résulte de là que les
Pyrénées ont pris, relativement aux parties adjacentes de la
face du globe, le relief qu'elles présentent aujourd'hui
dès le dépôt de tout le terrain craieux ; cette chaîne est composée de chaînons parallèles entre eux courant de l'ouest
degrés nord à l'est 18 degrés sud.

Cette direction se retrouve dans une partie des accidens du
sol de la Provence, où tout le terrain crétacé est relevé, tandis que le terrain tertiaire est déposé transgressivement sur la
tranche des couches crétacées. La réunion des mêmes circonstances caractérise les chaînons les plus considérables des
Apennins, quelques uns des principaux accidens du sol de
l'Italie centrale et méridionale, de la Sicile, etc.

Les mêmes caractères de composition et de direction se re-
trouvent aussi dans les Alpes juliennes, entre le pays de Ve-
nise et la Hongrie, la Croatie, la Dalmatie, et en Grèce,
dans l'Achaïe, enfin dans le nord de la France et le sud de
l'Angleterre.

M. de Beaumont regarde cette convulsion, qui a donné
naissance aux Pyrénées, comme une des plus fortes que le
sol de l'Europe eût éprouvées jusque-là; ce ne fut qu'à l'apparition des Alpes qu'il en éprouva de plus fortes encore.

10. *Système des îles de Corse et de Sardaigne.*

L'étude des formations tertiaires en France a conduit

M. de Beaumont à distinguer trois séries dans l'ensemble ⟨…⟩ ces formations : la plus ancienne comprend l'argile plastiqu⟨…⟩ le calcaire grossier et toute la formation gypseuse de Par⟨…⟩ la seconde, représentée par la masse du grès de Fontai⟨…⟩ bleau, le terrain d'eau douce supérieur et les faluns de⟨…⟩ Touraine, comprend presque tous les dépôts tertiaires de⟨…⟩ Suisse et du midi de la France. Les dépôts marins des co⟨…⟩ nes subapennines et les dépôts lacustres d'Œningen et de⟨…⟩ Bresse représenteraient la troisième série caractérisée par⟨…⟩ présence des éléphans, des ours et des hyènes.

Entre la première et la seconde de ces deux séries, ⟨…⟩ existe une ligne de démarcation qui paraît avoir coïnc⟨…⟩ avec un soulèvement d'un système de montagnes dont la ⟨…⟩ rection dominante est du nord au sud.

Ce système comprend les chaînes qui bordent les hau⟨…⟩ vallées de la Loire et de l'Allier, et la vallée du Rhône en⟨…⟩ Lyon et la Méditerranée.

La même direction se retrouve dans les îles de Corse et ⟨…⟩ Sardaigne, dont les côtes présentent des dépôts tertiaires⟨…⟩ cens en couches horizontales, et dans le nord-ouest de l'Al⟨…⟩ magne.

11. *Système des Alpes occidentales.*

Cette grande masse de montagnes, désignée sous le n⟨…⟩ unique d'Alpes, résulte du croisement de plusieurs systèm⟨…⟩ indépendans les uns des autres, distincts à la fois par le⟨…⟩ direction et par leur âge, et dont l'apparition successive⟨…⟩ chaque fois considérablement modifié le relief antérieur. Da⟨…⟩ les Alpes occidentales, c'est à dire à l'ouest du Tyrol, et partic⟨…⟩ lièrement dans les montagnes de la Savoie et du Dauphi⟨…⟩ la plupart des accidens du sol affectent la direction du no⟨…⟩ nord-est au sud-sud-ouest ou, plus exactement, du nord 26 ⟨…⟩ grés est au sud 26 degrés ouest. Dans l'intérieur de cette par⟨…⟩ de la chaîne, on n'aperçoit point de couches plus récentes que ⟨…⟩ craie, parce que le système des rides dont elle se compose avait⟨…⟩

ravant été porté au dessus des mers par le soulèvement du mont
Viso et des Pyrénées. Mais sur les bords, ainsi qu'aux deux
extrémités de l'espace occupé par les rides auxquelles les
Alpes occidentales doivent leur principal caractère, on voit
les dislocations qui déterminent la forme et la saillie de ces rides se transmettre aux couches tertiaires de l'étage moyen,
aussi bien qu'aux couches secondaires qui les supportent;
d'où il suit que le redressement des couches propres au système des Alpes occidentales a eu lieu après le dépôt de l'é-
tage tertiaire moyen : ainsi les couches de la mollasse coquillière
sont redressées à la colline de Supergue, près Turin, et au
sud-ouest des montagnes de la grande Chartreuse, près Gre-
noble et aux extrémités des grosses rides alpines, d'un côté,
au milieu de la Suisse, et de l'autre au milieu de la Provence,
dans la vallée de la Durance.

Des dislocations de la même époque, et dirigées dans le
même sens, s'observent depuis le cap de Gates jusqu'aux environs de Narbonne, en Afrique, dans l'empire de Maroc et
la régence de Tunis, enfin dans la Sicile et la Calabre.

Après cette catastrophe, l'Europe paraît avoir présenté un
grand espace continental, dans lequel il ne s'est plus formé
de dépôts marins que sur les côtes et dans les golfes éloignés
de la partie centrale, au pied des Apennins, dans quelques
baies de la Suisse, de l'Angleterre, etc., et des dépôts de
sédiment dans l'intérieur du continent, que dans les vallées
des rivières, et quelques lacs d'eau douce distribués au pied
des montagnes, comme le sont encore ceux de la Suisse et de la
Lombardie. Un lac de cette espèce couvrait la partie nord-ouest
du département de l'Isère, ainsi que la grande plaine de la
Bresse, etc. ; les dépôts de ces lacs, qui s'étendent horizontalement sur les couches de mollasse coquillière marine entièrement redressées, se composent en grande partie d'assises al-
ternatives de sable mêlé de cailloux roulés et de marnes.

Sur les terres alors découvertes, vivaient l'hyène et l'ours des
cavernes, des éléphans, des mastodontes, des rhinocéros, etc.

12. *Système de la chaîne principale des Alpes (depuis le Valais jusqu'en Autriche).*

Un coup d'œil général sur les Alpes et les contrées qui le[s] avoisinent fait reconnaître que les crêtes de la Sainte-Baum[e], de Sainte-Victoire, du Léberon, du Ventoux, dans le mi[di] de la France, la crête principale des Alpes, qui court du Va[...]lais vers l'Autriche, etc., sont différens chaînons compa[...]rables entre eux à cause de leur parallélisme et des rappor[ts] analogues avec les accidens des Alpes occidentales; ce para[...]lélisme et ces rapports annoncent que tous ces chaînous d[e] montagnes ont pris naissance en même temps et subitemen[t]. On pourrait tout au plus concevoir l'idée de les diviser e[n] deux groupes, celui de la Provence et celui des Alpes; ma[is] on en est détourné par les rapports analogues qu'on reco[n]naît entre les diverses fractures des couches et un mouvemc[nt] général que le sol d'une partie de la France a éprouvé e[n] contractant une double pente ascendante, d'une part, d[e] Dijon et de Bourges, vers le Forez et l'Auvergne, et d[e] l'autre des bords de la Méditerranée, vers les mêmes co[n]trées; ces deux pentes opposées donnent lieu, par leur re[n]contre, à une espèce de ligne de faîte, située précisémc[nt] dans le prolongement de la ligne de soulèvement de la chaîn[e] principale des Alpes; cette ligne, qu'on peut suivre d'un[e] manière plus ou moins marquée, depuis les confins de [la] Hongrie jusqu'en Auvergne, semble être en rapport avec l[es] principales anomalies que les mesures géodésiques et les ob[...]servations du pendule ont dévoilées dans la structure inte[...]rieure des continens; sa formation pourrait avoir donné [le] signal de l'élévation des *cratères de soulèvement* du Cantal [et] du Mont-d'Or, autour desquels se sont groupés depuis les c[ô]nes volcaniques de l'Auvergne.

Le fond du lac qui couvrait la Bresse et le nord-ouest du dé[...]partement de l'Isère, ayant subi un relèvement considérabl[e] le nord vers le midi, et le fond du lac qui s'étendait entre Riez, Manosque et Barjols, un relèvement plus considérable encore du midi vers le nord, les deux pentes opposées dont nous venons de parler ne se sont donc produites qu'après l'existence de ces lacs.

On retrouve des traces du même mouvement du sol depuis les côtes de la Baltique jusqu'à Gibraltar et en Sicile; dans l'intérieur de la France, depuis les rives de la Loire jusqu'à une ligne qui, passant par Compiègne et Laon, dirigée à peu près parallèlement à la chaîne principale des Alpes, irait traverser la contrée volcanique des bords du Rhin. De l'extrémité du Cornouailles jusqu'à Mémel, en Prusse, la direction dominante des falaises, pour toutes les couches de sédiment, est sensiblement parallèle à celle de la chaîne principale des Alpes, et la grande hauteur à laquelle le dépôt du crag a été récemment observé prouve qu'à l'époque dont il est question, le sol du midi de l'Angleterre et celui du nord de la France ont éprouvé des mouvemens considérables. Ces mêmes mouvemens se sont fait sentir dans le sud-ouest de la France et en Espagne; enfin, dans la Sicile et le midi de l'Italie.

L'auteur, se livrant ensuite à des considérations générales sur l'ensemble de son système, fait remarquer que l'examen d'un globe terrestre d'une certaine dimension montre que chacun des systèmes de montagnes les plus proéminents, qui sillonnent la surface de l'Europe, fait partie d'un vaste système de chaînes parallèles, se continuant bien au delà des contrées dont la structure géologique nous est connue. Mais comme, en Europe, on a reconnu, de proche en proche, que les chaînons parallèles sont généralement contemporains, on a quelques raisons de croire que chacun de ces vastes systèmes, dont ceux de l'Europe sont respectivement des portions, doit son origine à une seule époque de dislocation.

D'après cette considération, le système des Pyrénées se prolongerait jusque dans les Alleghanys et peut-être les Gates de Malabar. Celui des Alpes occidentales, dont la di-

rection est présentée par une ligne droite, tirée de Marseill\[e]
à Zurich, dont le prolongement passe vers le nord par l'embou\[
chure de l'Obi, et vers le sud par l'archipel des nouvelle\[s]
Shetland du sud, se trouve à peu près parallèle à la chaîn\[e]
du Kiol, aux chaînons principaux et aux vallées les plus re\[
marquables de l'empire de Maroc, et même à la Cordillière qu\[i]
borde le rivage de l'Atlantique, depuis le cap Roque jusqu'\[à]
Monte-Video.

La direction de la chaîne principale des Alpes se retrouv\[e]
dans la chaîne principale du Caucase, les montagnes qu\[i]
bordent au nord les plaines de la Perse et du Bengale, et o\[ù]
se trouvent les cimes les plus élevées de la terre.

Les systèmes que nous venons de mentionner sont loin d\[e]
comprendre toutes les chaînes qui sillonnent la surface d\[u]
globe ; mais les chaînes qui n'y sont pas comprises jouissen\[t]
aussi de la propriété de pouvoir être groupées par systèmes\[,]
dans chacun desquels tous les chaînons partiels sont parallè\[
les à un certain grand cercle de la sphère, et embrassent, d\[e]
part et d'autre de ce grand cercle, une zone plus ou moin\[s]
large, et toujours d'une grande longueur. Ainsi, par exem\[
ple, la chaîne qui forme l'axe de l'île de Madagascar, et cell\[e]
beaucoup plus étendue, mais semblablement orientée, qu\[i]
borde au sud-est le continent africain, forment deux anneaux\[
d'un système qu'on peut suivre à travers l'Asie, jus\[
qu'aux bords du lac Baïkol et de la Léna.

M. de Beaumont pense que l'apparition d'une chaîne de\[
montagnes, qui, à en juger par quelques uns des résultats\[
des observations géologiques, a produit, dans les contrées\[
voisines, des effets si violens, a pu, au contraire, n'influer\[
sur des contrées très lointaines que par l'agitation qu'elle\[
a causée dans les eaux de la mer, et par un dérangement plus\[
ou moins grand dans leur niveau ; évènemens comparables\[
à l'inondation subite et passagère dont on retrouve l'indica\[
tion, à une date presque uniforme, dans les archives de tou\[s]
les peuples. Cherchant ensuite quelle a pu être la cause de ce\[t

événement historique, il croit la trouver dans le soulèvement subit de la chaîne des Andes, dont les soupiraux sont encore ouverts, et qui forme actuellement le trait le plus étendu et le plus tranché de la configuration extérieure du globe terrestre. Des crises violentes, accompagnées de soulèvemens brusques et de mouvemens impétueux des mers, capables de ravager de vastes étendues de la surface, paraissent, pendant un laps de temps, probablement immense, avoir fait partie du mécanisme de la nature; on peut admettre que ce qui est arrivé à un grand nombre de reprises, depuis les périodes les plus anciennes jusqu'aux plus modernes de l'histoire de la terre, soit arrivé une fois depuis l'existence de l'homme. Le nombre des révolutions de la surface du globe et des systèmes de montagnes étant encore indéterminé, quoique la série formée par ces termes successifs ne soit qu'encore très imparfaitement connue, les observations faites circonscrivent pourtant déjà, entre certaines limites, la loi qui pourra se manifester dans leur succession, lorsqu'ils seront plus complètement connus. Puisqu'il est démontré que la hauteur actuelle du Mont-Blanc et du Mont-Rose date seulement des dernières révolutions de la surface du globe, il est visible que, quelle que soit la place définitive que pourront occuper, dans la même série, d'autres montagnes plus hautes encore, cette série ne prendra jamais cette forme longuement et régulièrement décroissante, qui conduirait directement à conclure que la limite est atteinte. Rien n'indiquera que des phénomènes, dont les derniers paroxismes ont été si violens, ne se renouvellent plus; quelque provisoire que soit la succession des termes qui résultent de l'état actuel des observations, il est difficile d'y prévoir une modification qui change leur aspect au point de porter à supposer que l'écorce minérale du globe terrestre ait perdu la propriété de se rider successivement en différens sens; il est difficile d'y prévoir un changement qui permette d'assurer que la période de tranquillité dans laquelle nous vivons ne sera pas troublée

à son tour par l'apparition d'un système de montagnes, e[...]
d'une nouvelle dislocation du sol que nous habitons, dont [...]
tremblemens de terre nous avertissent assez que les fond[...]
ne sont pas inébranlables.

Tout conduit donc à supposer que les causes des phénom[...]
nes géologiques subsistent encore, et que la tranquillité do[...]
nous jouissons aujourd'hui est due à leur sommeil, bien pl[...]
tôt qu'à leur anéantissement.

Examinant ensuite si le fait du soulèvement des chaînes [...]
montagnes peut être attribué à l'action des forces volcaniqu[...]
il conclut que cette action ne serait une cause comparable a[...]
effets qu'il s'agit d'expliquer qu'autant qu'on admettrait [...]
définition de M. de Humboldt : *l'influence qu'exerce l'i[...]
térieur d'une planète sur son enveloppe extérieure dans l[...]
différens stades de son refroidissement*. Comme l'action v[...]
canique paraît avoir elle-même des rapports avec la hau[...]
température qui se manifeste encore aujourd'hui dans l'i[...]
térieur du globe, les analogies qui, au premier aperçu, t[...]
raient rechercher dans cette action la cause des révolutio[...]
de la surface du globe doivent finalement conduire à che[...]
cher cette même cause dans le phénomène, beaucoup plus vast[...]
de la haute température intérieure de la terre.

Le refroidissement séculaire auquel les planètes doive[...]
leur forme sphéroïdale, la disposition généralement réguliè[...]
de leurs couches, du centre à la circonférence, par ordre [...]
pesanteur spécifique, présentent, en effet, un élément auqu[...]
M. de Beaumont croit que ces effets extraordinaires pourraie[...]
être rattachés. Cet élément, dit-il, est le rapport qu'un r[...]
froidissement aussi avancé que celui des corps planétair[...]
établit sans cesse entre la capacité de leur enveloppe solide [...]
le volume de leur masse interne. Dans un temps donné [...]
température de l'intérieur des planètes s'abaisse beaucoup plu[...]
que celle de leur surface, dont le refroidissement est aujou[...]
d'hui presque insensible. Nous ignorons, sans doute, quel[...]
sont les propriétés physiques des matières dont l'intérieu[...]

corps est composé; mais les analogies les plus naturelles conduisent à penser que l'inégalité de refroidissement dont on vient de parler doit mettre leurs enveloppes dans la nécessité de diminuer sans cesse de capacité, malgré la constance presque rigoureuse de leur température, pour ne pas cesser d'embrasser exactement leurs masses internes dont la température décroît sensiblement. Elles doivent, par suite, s'écarter légèrement et d'une manière progressive de la figure sphéroïdale qui leur convient et qui correspond au maximum de capacité; et la tendance graduellement croissante à revenir à une figure à peu près de cette nature, soit qu'elle agisse seule ou qu'elle se combine avec les autres causes intérieures de changement que les planètes peuvent renfermer, pourrait peut-être rendre complètement raison de la formation subite des rides et des diverses tubérosités qui sont produites par intervalles dans la croûte extérieure de la terre, et probablement aussi de tous les autres corps planétaires.

Telle est la théorie de M. Élie de Beaumont sur les époques de soulèvement des chaînes de montagnes.

Quoique basée sur un grand nombre de faits constatés principalement en Europe, il est vrai, dans moins d'un sixième de la masse émergée ou un vingt-quatrième de la surface entière du globe, puisque les trois quarts de cette surface sont enfouis sous les eaux, cette belle théorie, reçue on peut dire avec enthousiasme par quelques observateurs célèbres, n'a pas moins été fortement attaquée par d'autres. Au nombre de ces derniers se trouve M. Lyell, président actuel de la société géologique de Londres et l'un des plus fameux géologues de notre époque. Les objections de ce savant étant consignées dans son ouvrage intitulé : *Principes de géologie*, dont quatre éditions ont paru en Angleterre, et qui cependant n'a point encore été traduit en français; nous croyons devoir donner ici la traduction littérale du chapitre où il examine la théorie de M. de Beaumont (1).

(1) Lyell's *Principles of Geology*, 3e édition, 4e vol., pag. 146 et suiv.

« L'opinion que les différentes parties de nos contine..
se sont successivement élevées au dessus du niveau de la m..
s'est répandue graduellement avec les progrès de la scienc..
mais personne avant M. Élie de Beaumont n'a eu le méri..
d'essayer de réunir ensemble les faits qui prouvent en fave..
de cette opinion pour en composer un corps de doctrine. C..
géologue était d'autant plus capable d'entreprendre cet..
tâche, qu'il a beaucoup vu par lui-même et qu'il réunit à..
connaissance d'une grande quantité de faits un ardent amo..
de généralisation. Mais comme je ne puis admettre sa m..
nière de raisonner sur ce sujet, et que ses principales co..
clusions me paraissent très peu fondées, je dois exposer l..
raisons de mon dissentiment, après avoir donné d'abord u..
exposé sommaire de sa théorie. »

Après un court exposé des principaux points de la théori..
l'auteur continue ainsi :

« Je n'ai pas besoin d'entrer ici dans l'examen de tous l..
points, puisque j'en ai déjà discuté plusieurs dans les chapitr..
précédens. Quant à la discussion de périodes de repos et d..
bouleversemens généraux, j'ai déjà montré que les phéno..
mènes géologiques indiquent plutôt que chaque région d..
globe a été successivement tourmentée par les convulsio..
souterraines, comme cela s'observe encore maintenant da..
quelques contrées, tandis que d'autres sont restées en repo..
Avant de pouvoir raisonnablement attribuer une énergie e..
traordinaire à une cause connue, nous devons être assur..
que sa force ordinaire, agissant pendant une longue suite..
siècles, est incapable de produire les effets dont il est question..

» C'est pourquoi le géologue qui avance que les contine..
et les chaînes de montagnes ont été subitement soulevés p..
une action violente peut être considéré comme souten..
que les effets accumulés des forces volcaniques actuelles n'o..
jamais pu, dans une série quelconque d'années, produire d..
apparences telles que celles que nous présente la croûte d..
globe. Le temps et le progrès des sciences peuvent seuls d..

er si une telle supposition est assurée, ou si, au contraire, elle ne vient pas de deux sources de préjugés : 1° la difficulté de concevoir les résultats réunis d'un grand nombre de faibles convulsions ; 2° l'habitude d'observer les phénomènes géologiques sans aucun désir de les expliquer comme les effets de forces modérées, telles que celles que nous voyons agir maintenant, au lieu de cet intense degré d'énergie, dont le développement accidentel, quoique possible, est entièrement hypothétique.

» La supposition de M. de Beaumont sur le refroidissement séculaire du noyau intérieur du globe, considérée comme une cause de soulèvement subit des chaînes de montagnes, me paraît obscure et se trouve principalement fondée sur cette partie de la doctrine de la chaleur centrale que j'ai combattue dans le second volume (1).

» Quant à la connexion du soulèvement des chaînes de montagnes avec les révolutions également subites dans le monde animé, j'ai essayé de montrer, dans le troisième volume, que les changemens dans la géographie physique, qui ne cessent de s'opérer, sont au nombre des causes qui contribuent, dans le cours des siècles, à la destruction de certaines espèces de plantes et d'animaux ; mais l'influence de ces causes est lente, ordinairement indirecte et n'a aucune analogie avec ces violentes catastrophes dont il est question dans la théorie qui nous occupe.

» Lorsqu'on donne le surgissement des Andes de dessous les eaux de la mer comme une cause probable du déluge historique, nous demandons naturellement quelle preuve il y a qu'une chaîne de montagnes se soit subitement élevée du fond des mers pendant les 40 ou 50 derniers siècles ; car il est nécessaire qu'une grande masse d'eau ait été déplacée pour qu'un flot diluvien capable d'inonder les continens existans ait été soulevé. Le soulèvement des Cordillières, au moins de

(1) Vol. 2, part. II, chap. IX et X.

10, 15 ou 20,000 pieds qui ont été ajoutés à la hauteur, n'aurait seulement déplacé l'air et non pas l'eau. D'un autre côté
l'accumulation des cônes volcaniques des Andes, si elle a été
causée par des éruptions volcaniques, n'a dû avoir aucune
disposition à produire de grands mouvemens dans la mer. Il
peut être raisonnable d'attribuer le déluge à ce qui a été
nommé des soulèvemens par paroxismes, ce serait certainement une plus belle spéculation de montrer une ligne de
fonds ou de récifs composée de rochers disloqués, fracassés
et entourée de tout côté par une mer d'une immense profondeur, que de choisir une chaîne de montagnes comme
lieu de soulèvement; car le changement subit du lit d'une
mer profonde en un bas-fond causerait évidemment un plus
grand déplacement d'eau que la transformation d'un bas-
fond en une chaîne de montagnes.

» Sans m'étendre davantage sur ce sujet, je vais maintenant examiner les preuves données à l'appui du soulèvement
successif des différentes chaînes de montagnes et de la contemporanéité des chaînes parallèles.

« On observe, dit M. de Beaumont, le long de presque
» toutes les chaînes de montagnes, lorsqu'on les examine at-
» tentivement, que les roches les plus récentes s'étendent
» horizontalement jusqu'à leur pied, comme cela devrait
» être si elles avaient été déposées dans des mers ou des lacs
» dont ces montagnes auraient en partie formé les rives, tan-
» dis que les autres lits de sédiment, relevés sur les flancs des
» montagnes et plus ou moins contournés, s'élèvent sur cer-
» tains points jusqu'à la crête; c'est pourquoi il existe, dans
» l'intérieur et le long des chaînes, deux classes de dépôts de
» sédiment, les plus anciens en couches inclinées et les plus
» nouveaux en couches horizontales. Il est évident que l'appa-
» rition de la chaîne elle-même est un évènement intermé-
» diaire entre la période du dépôt des couches soulevées et
» celui des strates horizontaux qui sont au pied. »

» Ainsi la chaîne A (Pl. xiv, fig. 15) a pris sa position

...elle après le dépôt des strates *b*, qui ont éprouvé de grands mouvemens, et avant celui du groupe *c*, dont les strates n'ont subi aucun dérangement.

» Si maintenant nous prenons une autre chaîne B, fig. 16, dans laquelle les strates des deux groupes *b* et *c* soient relevés, nous devons en conclure que celle-ci est d'une origine plus récente que la première ; car elle a été soulevée après le dépôt du groupe *b* et avant celui du groupe *c*, tandis que le mouvement de l'autre est antérieur au dépôt du groupe *c*; pour s'assurer si d'autres chaînes de montagnes sont de la même époque que A et B, ou si elles doivent être rapportées à d'autres périodes distinctes, nous n'avons qu'à examiner si les phénomènes géologiques sont identiques, par exemple, si la masse des strates horizontaux et relevés dans chacune correspond à celles observées dans les types dont il est question.

» *Objections à la théorie de M. de Beaumont.* Maintenant le raisonnement est parfaitement juste, tant que les périodes des dépôts des groupes *b* et *c* ne sont pas confondues avec les périodes pendant lesquelles vivaient les animaux et les végétaux qui existent à l'état fossile dans ces deux groupes; pourvu que l'on donne une certaine extension au terme *contemporain*; car par ce terme on doit entendre non un court espace de temps, mais l'intervalle court ou long qui s'est écoulé entre deux évènemens, comme entre l'accumulation des strates inclinés et des strates horizontaux.

» Mais, malheureusement, il paraît que l'auteur n'a pas seulement cherché à éviter cette source de confusion, et, après cela, les termes de chaque proposition sont équivoques, et l'étendue de quelques intervalles est si grande, qu'on fait un abus d'expressions en affirmant que toutes les chaînes élevées dans un tel intervalle sont contemporaines.

» Pour développer cet argument, je choisirai les Pyrénées comme exemple : « Cette chaîne de montagnes, dit M. de Beaumont, s'est élevée *d'un seul jet* à sa hauteur actuelle, à une certaine époque de la formation du globe, entre le

» dépôt de la craie et celui des formations tertiaires ; car
» craie se montre en couches verticales et très plissées s
» les flancs de la chaîne, tandis que les formations terti
» res gisent en strates horizontaux à son pied. »

» La seule preuve donnée du mouvement subit est le p
de temps qui s'est écoulé entre le dépôt de la craie et celui d
couches tertiaires.

» Maintenant, les couches que l'on rapporte à la formati
de la craie sur les flancs des Pyrénées diffèrent sensiblemer
par la nature minéralogique, de la craie blanche avec silex
l'Angleterre et de la France ; mais comme elles contiennen
pour la plupart, les mêmes espèces de coquilles fossiles, j'
corde qu'elles puissent être rapportées au système crétacé. D'
autre côté, les strates tertiaires horizontaux situés à l'ext
mité occidentale des Pyrénées, près Bayonne, sont certain
ment de la période miocène (1). Le lecteur comprendra
réfléchissant à ces dates, que nous pouvons seulement en i
férer que le grand mouvement s'est produit après le comme
cement de la formation crétacée ; mais nous ne pouvons p
assurer qu'il arriva après la fin de cette formation. De mêm
nous pouvons dire que les Pyrénées se sont élevées avant la f
de la période miocène, mais non que l'évènement est arri
avant son commencement. Nous ne pouvons pas permettre
M. de Beaumont d'exclure la quotité de chacune de ces périod
(crétacée et miocène) de la durée possible de l'intervalle d
rant lequel, ou une partie duquel, le soulèvement a pu se pr
duire.

» C'est pourquoi le soulèvement des Pyrénées peut avo
commencé avant que les animaux de la période craïeu
aient cessé d'exister, ou lorsque les lits de Maestrich se dép
saient, ou pendant le temps indéterminé entre l'extinctio
des animaux de Maestricht, et l'introduction des tribus *Eocène*

____

(1) M. Lyell distingue quatre périodes ou étages dans la troisième époq
qu'il nomme, en allant de bas en haut : *Eocene period*, *Miocene perio
Older Pliocene period*, et *Newer Pliocene period*.

pu pendant la durée de l'époque éocène, ou entre cette période et la période miocène, ou, enfin, au commencement de celle-ci; ce soulèvement a pu se produire pendant la durée d'une de ces périodes, de plusieurs ou même de toutes.

» Ce serait une assertion purement gratuite d'avancer que les couches c (Pl. xiv, fig. 16) de la craie ont été les dernières déposées pendant la période crétacée, ou que, lorsqu'elles furent soulevées, toutes ou presque toutes les espèces d'animaux et de plantes, qui s'y trouvent maintenant à l'état fossile, furent subitement anéanties. Cependant, à moins que cela ne puisse être affirmé, nous ne pouvons pas dire que la chaîne B n'ait pas été soulevée pendant la période crétacée.

» D'après cela, une autre chaîne de montagnes A (Pl. xiv, fig. 15), à la base de laquelle les couches de la formation craieuse sont horizontales, peut avoir été soulevée dans la même période; parce que, dans ce cas, le groupe c peut avoir été formé longtemps après que les animaux et les plantes fossiles qui le caractérisent aient commencé à vivre, et, pendant cette époque antérieure, la chaîne A a pu être soulevée.

» En Sicile, les strates récens de la période pliocène ont été soulevés à une hauteur de près de 3,000 pieds dans quelques endroits avec des dérangemens considérables; et cependant les espèces de testacés et les zoophytes qu'ils renferment existent encore dans la Méditerranée, ou, tout ou moins, les neuf dixièmes. La même période continue encore, si nous attribuons au mot période le sens que les géologues lui donnent, et M. de Beaumont lui-même, dans le travail dont il est question. Ainsi, dans les Pyrénées, la craie peut avoir été élevée à une hauteur de plusieurs mille pieds, lorsque les animaux qu'elle renferme maintenant à l'état fossile continuaient encore à vivre dans la mer. De la même manière, la mer peut avoir été habitée par les testacés de la période miocène avant le dépôt des strates particuliers de cette période, qui gisent au pied des Pyrénées.

Pour éclaircir les objections que nous venons de faire contre la manière de raisonner de M. de Beaumont, supposons que, dans une certaine contrée, trois styles d'architecture aient successivement prévalu, chacun pendant une période de mille ans, savoir : le grec, le romain et le gothique, et qu'une forte secousse de tremblement de terre, capable de renverser tous les édifices, ait bouleversé la même contrée pendant une partie de la durée des trois époques ; si un antiquaire, cherchant à découvrir la date de cette catastrophe, arrive d'abord dans une ville où plusieurs temples grecs sont ruinés et à moitié enfouis dans le sol, tandis que plusieurs édifices gothiques sont encore debout et bien conservés, pourra-t-il déterminer, d'après cela, la date du choc? certainement non; il peut seulement affirmer qu'il a eu lieu à une époque postérieure à l'introduction de l'architecture grecque, et antérieure à celle où le style gothique a cessé d'être en usage. Si l'on prétendait trouver la date du bouleversement avec une plus grande précision, et décider que le tremblement de terre a dû arriver dans l'intervalle qui s'est écoulé entre la période du style grec et du style gothique, ce qui revient à dire, pendant que le style romain était en usage ; la fausseté de ce raisonnement serait trop palpable pour ne pas frapper tout d'abord.

» Cependant, telle est la nature des inductions erronées que je combats maintenant ; car, dans l'exemple précédent, l'érection d'un édifice particulier est parfaitement distincte de la période d'architecture dans laquelle il peut avoir été élevé ; de même le dépôt de la craie ou de tout autre groupe de strates est distinct de l'époque géologique caractérisée par certains fossiles, à laquelle ces dépôts peuvent appartenir.

» Il est inutile de pousser plus loin l'examen de cette théorie, parce que toute la force de l'argumentation dépend de l'exactitude des données par lesquelles la contemporanéité ou non-contemporanéité du soulèvement de deux chaînes de montagnes indépendantes peut être prouvée. Dans tous les cas, *cette évidence*, comme l'établit M. de Beaumont,

voque, parce qu'il n'a pas compris, dans l'intervalle de temps qui a pu s'écouler entre le dépôt des strates relevés et celui des strates horizontaux, la partie de la période à laquelle chacune de ces classes de couches appartient. Par cette omission et les preuves que nous venons de donner, la doctrine du parallélisme des lignes de soulèvemens contemporains est détruite, parce que tous les faits géologiques peuvent être vrais, et cependant la conclusion que certaines chaînes ont été ou n'ont pas été simultanément soulevées n'est aucunement légitimée.

» Cependant, comme l'hypothèse du prallélisme a acquis une certaine popularité, je remarquerai que, telle qu'elle est établie par l'auteur, elle paraît contradictoire. Lorsque certaines chaînes de l'Europe eurent été reconnues avoir été soulevées à la même époque, d'après les données rapportées plus haut, on découvrit que plusieurs de ces chaînes contemporaines avaient une direction parallèle; de là il fut immédiatement inféré que c'était une loi générale de la dynamique géologique, que les chaînes soulevées à la même époque sont parallèles; par exemple, il fut dit que les Pyrénées ou le nord des Apennins avaient une direction environ ouest-nord-ouest à est-sud-est, et que les Alleghanys dans le nord de l'Amérique, les Gates du Malabar, certaines chaînes de l'Égypte, de la Syrie, du nord de l'Afrique et d'autres contrées avaient la même direction; et d'après cette conformité de direction, on présuma que toutes ces chaînes de montagnes avaient été soulevées simultanément. Pour prendre un autre exemple, la chaîne principale des Alpes, dont l'âge et la direction diffèrent de ceux des Pyrénées, est parallèle à la Sierra-Morena, au Balkan, à la chaîne du mont Atlas, à la chaîne centrale du Caucase et de l'Himalaya. C'est pourquoi toutes ces rides sont considérées comme formées par la même convulsion. D'un autre côté, les Alpes occidentales ont été soulevées à une période plus récente, en même temps que les chaînes parallèles du Kiol en Scandinavie, certaines chaînes de l'empire de Maroc et la Cordillière du littoral du Brés·

» Non seulement ces spéculations s'étendent à des montag
que le marteau du géologue n'a point encore touchée ,
comme le remarque M. Boué ; mais elles supposent que, da
ces chaînes éloignées , les axes géognostiques et géograph
ques coïncident toujours. Maintenant nous savons qu'
Europe les lignes de fracture des couches ne sont pas to
jours parallèles à la direction de la chaîne ; comme exce
tion, nous pouvons citer les montagnes de Hartz, où M. D
chien a montré que les fractures des couches de schiste
de grauwacke courent est et ouest et souvent du nord-est
sud-ouest, tandis que la direction de l'axe géographique
la chaîne est d'est-sud-est à ouest-nord-ouest.

» Ces considérations ont forcé M. de Beaumont à admett
que les forces soulevantes, dont l'action s'est fait sentir
différentes époques, ont quelquefois agi à des époques di
tinctes les unes des autres suivant les mêmes directions. «
» est digne de remarque, dit-il, que les directions de tro
» systèmes de montagnes, celui du Pilas et de la Côte-d'O
» celui des Pyrénées et enfin celui des îles de Corse et
» Sardaigne, sont respectivement parallèles à trois autr
» systèmes , savoir : celui du Westmoreland et du Hund
» ruck, celui des Ballons et des collines du Bocage, enf
» celui du nord de l'Angleterre ; les directions correspo
» dantes diffèrent à peine de quelques degrés, et les deu
» séries se sont succédé dans le même ordre, ce qui condu
» à admettre qu'il y a eu là une sorte de retour périodiqu
» des mêmes ou presque des mêmes directions de soulèv
» ment. »

» Ainsi nous avons trois systèmes de montagnes, A, I
C, formés à des époques successives, et qui ont chacun u
direction différente, et nous avons trois autres systèmes D
E, F, qui, bien que considérés comme ayant les mêm
directions que ceux de la première série (D correspondant
A, E à B et F à C), sont cependant dits avoir été fo

nées à des périodes différentes. D'après quel principe, alors, l'âge d'une chaîne indienne ou transatlantique est-il rapporté à une de ces directions européennes plutôt qu'à l'autre? Pourquoi l'âge des Alleghanys ou des Gates du Malabar est-il rapporté par le parallélisme plutôt à B qu'à E, ou au système des Pyrénées plutôt qu'à celui des Ballons des Vosges?»

Les lignes des volcans actuels ne sont pas parallèles.

«L'analogie des opérations volcaniques actuelles nous porte à supposer que les lignes de fracture, dans les époques précédentes, étaient loin d'avoir des directions uniformes; car les lignes des volcans actifs ne sont pas parallèles, comme le savent tous ceux qui connaissent le beau travail de M. de Buch sur les chaînes volcaniques de la surface du globe; en outre, les soulèvemens ainsi que les abaissemens causés par les tremblemens de terre modernes, bien qu'ils puissent quelquefois, dans un district limité, suivre des lignes parallèles, n'ont pas été reconnus suivre une direction commune, dans des contrées volcaniques situées à une grande distance. »

« Je ne doute pas que, dans plusieurs régions, seulement dans une zone limitée de pays cependant, les crêtes, les rides et les fissures, formées par les tremblemens de terre, soient, jusqu'à un certain point, parallèles les unes aux autres; et il paraît en avoir été ainsi dans quelques districts des époques précédentes. Les lignes anticlinales de la vallée de Weald et de l'île de Wight peuvent, de cette manière, avoir été contemporaines, ce qui revient à dire qu'elles ont été formées dans quelque partie de la période éocène, hypothèse qui n'entraîne pas la condition d'avoir été produites par une convulsion subite à un même instant de cette vaste époque. On doit remarquer que, comme quelques chaînes de volcans brûlans sont parallèles les unes aux autres, de même, à chaque période, quelques lignes indépendantes de soulèvement peuvent être accidentellement parallèles, non d'après aucune loi

connue de parallélisme, mais, au contraire, comme exce[p]-
tion à la règle générale.

Les spéculations de M. E. de Beaumont seront utiles, il
pense, en ce qu'elles porteront les géologues à rechercher
quelle distance peut s'étendre l'uniformité dans la directio[n]
des couches, dans une région et à une époque particulière[;]
mais dans l'état actuel de la science, je ne nourris aucune viv[e]
espérance de voir fixer une succession chronologique d'époqu[e]
de soulèvement des différentes chaînes de montagnes, ou [au]
moins de le faire très approximativement. La difficulté g[ît]
particulièrement dans la nature brisée et interrompue de [la]
série des dépôts de sédiment connus jusqu'à présent, qu[i]
paraît si imparfaite, que nous pouvons très rarement assur[er]
qu'entre les groupes regardés comme se succédant consécu-
tivement, il ne manque pas la représentation de quelqu[e]
grand intervalle de temps (1) ; une autre grande source [de]
confusion provient de la difficulté qu'on éprouve encore à ide[n]-
tifier les strates de deux contrées un peu éloignées l'une [de]
l'autre.

» On peut trouver des exemples, peut-être, où le mêm[e]
groupe de strates, conservant partout une parfaite identi[té]
de caractère minéralogique, peut être tracé, sans interruptio[n]
du flanc d'une chaîne indépendante à la base d'une autre ; l[es]
strates étant verticaux ou inclinés dans une chaîne et horizo[n]-
taux dans l'autre. Nous pourrons alors décider avec confianc[e]
suivant la méthode proposée par M. de Beaumont, sur l[es]
périodes relatives auxquelles les chaînes ont été soulevée[s]
et d'un point ainsi sûrement établi, nous pourrons aller

____

(1) Ce que dit là M. Lyell est si vrai, que dans l'île de Portland et a[ux]
environs de Weymouth, on voit le sol d'une ancienne forêt avec d'énorm[es]
troncs d'arbres encore attachés au sol par leurs racines, enfermé entre [les]
strates parallèles du Portland stone et du Purbeck stone, que tous l[es]
géologues admettent s'être succédé immédiatement dans la série des d[é]-
pôts stratifiés . la grosseur de ces arbres exige qu'ils aient vécu pl[us]
d'un siècle et peut-être plusieurs.

un autre, jusqu'à ce que nous ayons déterminé les dates de
plusieurs lignes de soulèvement voisines. »

Telle est la manière judicieuse dont M. Lyell a réfuté la
théorie de M. de Beaumont.

Mais il y a quelques points sur lesquels le géologue anglais
ne paraît n'avoir pas assez insisté, et sur lesquels il est ur-
gent de revenir.

D'après aucune loi de la mécanique, une sphère creuse,
dont l'enveloppe serait aussi hétérogène que celle de la croûte
solide du globe, ne peut être brisée, suivant des grands
cercles, par une force agissant dans son intérieur contre la
surface. Ainsi, si le cas s'est présenté pour la croûte du sphéroïde terrestre, ce n'a pu être qu'accidentellement, et les
lignes de fracture de sa surface ne doivent pas être, généralement, des arcs de grands cercles.

L'assertion que les lignes de soulèvement de même époque
sont parallèles entre elles et qu'elles sont de grands cercles
du globe terrestre ne peut être considérée comme vraie que
dans une zone peu étendue de chaque côté du grand cercle,
dont les pôles sont les points de concours des lignes de soulèvement ; mais, à une certaine distance, la convergence devient sensible et d'autant plus qu'on s'approche davantage
des pôles, points auxquels tous les arcs de même époque doivent venir se couper réciproquement. Or, comme les différens systèmes des cercles de direction font avec le méridien
des angles qui varient entre zéro et 90 degrés, les points de
concours, les pôles de différens systèmes, doivent se trouver
placés entre les pôles du globe et l'équateur. Si les conclusions de M. de Beaumont sont justes, on devrait donc
trouver quelques points de la surface du globe où toutes les
directions d'une même époque de soulèvemens viennent se
couper, ou, en d'autres termes, diverger de ces points
comme les rayons d'un cercle, auquel cas les lignes seraient
loin d'être parallèles, même jusqu'à une distance assez considérable du point de convergence. Or, en jetant les yeux

sur un globe terrestre, on comprendra de suite que, quelq[ue]
hypothèse que l'on fasse sur la place des pôles des cercles [d]
système des Pyrénées, du système des Alpes occidentale[s]
etc., les arcs des cercles ne peuvent rester sensiblement [pa]
rallèles dans un espace aussi considérable que celui qui [sé]
pare les Alleghanys des Gates du Malabar, et l'embouchu[re]
de l'Obi des nouvelles Shetland du sud, etc. Donc, si l[es]
lignes de soulèvemens contemporains sont de grands cercl[es]
de la sphère dont les tangentes sont sensiblement parallèl[es]
dans la zone équatoriale de ces cercles, comme l'avan[ce]
M. de Beaumont, des directions sensiblement parallèles da[ns]
d'aussi grandes étendues que celles que nous venons [de]
citer ne peuvent appartenir à une même époque.

On n'a point encore cité de pôle d'un des douze systèm[es]
de direction déjà établis par M. de Beaumont; il doit cepe[n]
dant en exister sur les continens; car, comme il y en [a]
vingt-quatre, il n'est pas probable qu'ils soient tous cach[és]
dans le fond des eaux. La découverte d'un de ces poin[ts]
serait un grand évènement pour le triomphe de la théor[ie]
que nous combattons.

Enfin, je terminerai mes objections contre cette théor[ie]
en faisant remarquer qu'aucun des phénomènes observés ju[s]
qu'à présent ne peut nous faire soupçonner l'existence d'u[ne]
cause qui, à une époque quelconque, aurait eu le pouvo[ir]
de déterminer subitement, dans toute la surface du globe, u[n]
grand nombre de fentes parallèles.

Admettons, pour un instant, que toute la surface de l'Eu[u]
rope ait été parfaitement explorée, et que le parallélisme en[tre]
tre les directions de soulèvemens contemporains ait ét[é]
rigoureusement constaté, sans avoir jamais rencontré aucun[e]
anomalie, ce qui est loin d'être vrai, pourrait-on en con[c]
clure que cette loi est générale? certainement non; la sur[fa]
face de l'Europe est au plus la vingt-quatrième partie de cell[e]
du sphéroïde terrestre; il y aurait donc encore 23 à parie[r]
contre 1 que la loi ne s'étend pas à tout le globe; et quand

même cette loi aurait été reconnue pour toute la surface émergée, comme celle-ci n'est que le quart de la surface terrestre, il y aurait encore 3 à parier contre 1 que la loi n'est pas générale; on a donc fait une grande faute de logique quand, sur des faits constatés en France et dans quelques unes des contrées environnantes seulement, on a établi une théorie que l'on dit applicable à toute la surface du globe.

Je dois prévenir ici le lecteur que les mêmes objections que je viens de faire contre les généralisations de M. de Beaumont s'appliquent également à celles de tous les autres naturalistes : personne ne contestera que de ce qu'en Europe les hommes sont blancs, il ne s'ensuit pas qu'ils soient blancs sur tout le globe; il en est de même des faits géologiques : quand nous aurions constaté qu'ils se succèdent dans le même ordre sur toute la surface émergée, il y aurait encore 3 à parier contre 1 qu'il n'en est pas de même pour toute la surface du globe. Les naturalistes qui réunissent des faits pour en tirer des conséquences doivent donc être extrêmement réservés dans leurs conclusions. Les conclusions tirées de la réunion d'un certain nombre de faits sont d'autant plus probables que le nombre des faits est plus grand, et elles ne s'approchent de la vérité que quand presque tous les faits ont été réunis.

En géologie, la nature même des choses s'oppose à ce que nous puissions jamais non seulement réunir tous les faits sur une partie quelconque, mais même en réunir plus d'un quart, puisque les trois quarts de la surface du globe nous sont dérobés pour jamais, probablement. Ainsi, dans aucune circonstance, nous ne pouvons tirer des conclusions générales, et quand nous donnons une théorie, il faut toujours la regarder, quoi que nous en disions, comme une simple manière de lier entre eux les faits observés pour reposer l'imagination des observateurs. On comprendra, d'après cela,

sans que j'aie besoin d'insister davantage, le degré de co
fiance que méritent celles exposées dans ce volume.

THÉORIE DE LA PÉTRIFICATION.

(§ 144.) Dans les corps végétaux et animaux enfouis
milieu des masses minérales, la substance organique a gén
ralement été remplacée par une substance minérale (quar
calcaire, fer, etc.) qui a pris toutes les formes des êtres v
vans, même dans les parties les plus délicates, au point qu
l'on peut souvent reconnaître parfaitement les espèces au
quelles ils ont appartenu. C'est ce phénomène que l'on
nommé *pétrification*; il est complètement différent de cel
de l'*incrustation*, où la matière organique est simplemen
recouverte d'une croûte pierreuse, qui l'a conservée en l
préservant du contact des agens destructeurs : les oiseaux
les fruits, etc., qui viennent de l'Auvergne, et que l'on ven
chez tous les marchands de curiosités, sont de simples incru
tations; en brisant la croûte, on trouve au dessous la matièr
organique plus ou moins bien conservée. Les bois silicifiés
la plus grande partie des coquilles fossiles sont de véritable
pétrifications. Le phénomène de la pétrification, qui a com
mencé dès les premiers temps du développement de la vie sur
terre, se continuant encore aujourd'hui (§ 60), on a pu s'assure
que c'est une véritable épigénie : c'est ordinairement lorsque le
corps organisés se trouvent plongés dans un liquide conte
nant en dissolution une ou plusieurs substances minérales
qu'une de ces substances prend si lentement la place de l
matière organique que les parties les plus délicates du corp
se trouvent conservées. Or, pour que cet effet puiss
avoir lieu, il faut que le corps se conserve intact a
milieu du liquide pendant un laps de temps assez considéra
ble; et voilà précisément pourquoi ce phénomène ne nous
conservé que les parties osseuses des animaux, les partie
molles s'étant décomposées trop promptement. Quand les corp

taient plongés dans un liquide pouvant dissoudre les parties osseuses, l'acide hydrochlorique, par exemple, et presque tous les acides pour le test des coquilles et les tiges des zoophytes, la pétrification n'ayant pu avoir lieu, ils ont disparu entièrement, ou presque entièrement, et voilà probablement pourquoi des couches, très coquillières dans certaines parties, n'offrent plus, dans d'autres, que des fragmens de coquilles presque méconnaissables, ou même plus aucune trace de coquilles.

Ainsi la première condition pour qu'un corps organique ait pu être pétrifié est qu'il se soit trouvé plongé dans un liquide qui n'ait pas eu la force de le dissoudre, et, sans qu'il soit besoin de le dire, avant qu'il n'ait été décomposé par les réactions chimiques.

Maintenant, la position des restes organiques pétrifiés, au milieu des masses pierreuses de même nature qu'eux, annonce qu'il se formait des précipités volumineux dans l'intérieur du liquide où ils étaient plongés, et par conséquent il est probable qu'ils ont été incrustés dans la matière du précipité. Celui-ci, formé au fond du liquide, a dû rester humide pendant fort longtemps, et cette humidité se propageait nécessairement à travers les pores de la matière organique. Le contact de cette matière avec la substance minérale qui l'enveloppait a pu développer des actions électro-chimiques qui ont transporté des molécules minérales dans l'intérieur du corps organique, dans le même moment qu'elles transportaient les molécules organiques dans l'intérieur de la masse minérale, où elles ont été détruites par le temps, entièrement ou en partie. De cette manière, au bout d'un temps, probablement très considérable, la matière organique a été entièrement remplacée par la matière minérale.

Cette explication, étant tout à fait indépendante de la nature du corps pétrifié, s'applique à tous ceux, végétaux et animaux, qui sont renfermés dans les roches. Mais la structure intérieure de chaque corps en particulier a dû influer

sur la manière dont la pétrification s'est opérée, et, par co[n]
séquent, sur l'arrangement, sur l'état d'agrégation [d]
molécules minérales; c'est effectivement ce qui est arriv[é]
comme le prouvent les exemples suivans :

Les échinodermes fossiles sont toujours cristallisés en [for]
mes rhomboïdales, quelle que soit la nature de la roche q[ui]
les renferme, et d'après M. E. de Beaumont, la cassure [et]
test de ces mêmes animaux, vivant encore maintenant da[ns]
la mer, offre déjà des indices de cette structure rhomboïda[le.]

Dans les bélemnites, le calcaire est toujours rayonné, ta[n]
dis que, dans le test de la plupart des coquilles, il est lamellai[re]
et rarement compacte. Nous savons déjà (§ 129) que la sili[ce]
affecte souvent la forme annulaire dans le test des coquille[s,]
tandis qu'elle est toujours à l'état compacte dans les végéta[ux]
pétrifiés dont elle forme la substance.

Dans les roches ferrugineuses, la partie inférieure de [la]
grande oolite presque partout, les couches inférieures [du]
lias dans quelques parties de la Bourgogne, les corps organis[és]
fossiles sont changés en fer oxidé; dans les marnes des dive[rs]
étages jurassiques, ils sont souvent changés en fer sulfur[é;]
dans les bancs de lignite et même dans le terrain houillier, o[n]
rencontre des végétaux pyriteux. Dans presque tous ces ca[s,]
les corps fossiles gisent au milieu de roches arénacées, d[es]
sables, des argiles, des grès, qui sont le résultat de dépô[ts]
mécaniques. Alors les actions électro-chimiques, qui vraisem[-]
blablement ne peuvent transporter que des molécules, n'au[-]
ront pu charrier dans ces corps que les molécules des disso[-]
lutions ferrugineuses contenues dans le liquide.

La même explication s'appliquerait également aux bois si[-]
licifiés qui gisent dans la partie supérieure du grès houillie[r]
de la Bourgogne, dans le grès rouge des Vosges et dan[s]
plusieurs autres grès de différentes époques; aux coquille[s]
silicifiées de la glauconie craïeuse, à celle du lias, qui, étan[t]
généralement extrèmement marneux, semble plutôt être l[e]
résultat d'un dépôt mécanique que de précipités chimiques[.]

Dans cette circonstance, les corps organisés auraient été enfouis au milieu de débris extrêmement grossiers et pesans, comparativement à la ténuité des molécules, et les forces électro-chimiques n'auraient pu exercer leur action qu'entre les molécules organiques et celles des substances dissoutes dans le liquide où le dépôt s'est formé, et qui remplissait en même temps les pores de la matière organique et les interstices que les débris pierreux accumulés laissaient entre eux.

Nous avons dit plus haut qu'il était indispensable que les corps aient persisté dans un état de conservation assez parfaite et pendant longtemps pour avoir pu être pétrifiés ; ceux qui ne se sont pas trouvés dans les circonstances favorables pour cela ont donc dû disparaître entièrement ou en partie.

Les corps organiques enfouis dans les roches n'y sont pas toujours dans le même état : ils se trouvent tantôt libres au milieu des couches de sable, de marne ou d'argile, et y sont généralement conservés dans l'état où ils étaient lors de l'enfouissement ; tantôt ils sont engagés dans les couches solides où ils ont été diversement altérés. « M. Deshayes (1) nomme fossile pulvérulent ou pourri celui qui non seulement a perdu la matière animale qui réunissait ses molécules, mais a subi encore une autre décomposition de laquelle résultent une désagrégation complète des molécules et la pulvérulence du corps lui-même.

» Si après la désagrégation, continue-t-il, la dissolution s'opère en entier, on ne trouve plus que l'empreinte ou le moule intérieur du fossile ; on nomme *empreinte* l'impression de la surface extérieure du fossile sur la roche qui le contient, et *moule* la matière qui a rempli exactement la cavité intérieure, quand il y en avait une. On trouve quelquefois, pour un corps fossile, et son moule et son empreinte ; par exemple, une coquille enfouie dans une couche durcie a été remplie de la pâte de cette couche qui a pris

(1) Description des coquilles caractéristiques des terrains, page 9.

» en même temps l'empreinte de la forme extérieure ; la co
» quille, étant dissoute après la solidification de la couche
» laisse intact son moule intérieur, compris dans une cavit
» dont la surface est l'empreinte exacte de sa forme exté
» rieure.

» Lorsque la dissolution du fossile a eu lieu, et qu'il s'est in
» filtré, dans la cavité qu'il a laissée vide, une matière étran
» gère inorganique, qui s'y est moulée de telle sorte qu'ell
» représente avec la plus grande exactitude le corps fossil
» lui-même, on nomme *contre-empreinte* le résultat de cette
» opération tout à fait comparable à celle d'un mouleur qui
» d'un moule, obtient une statue de plâtre tout à fait sembla
» ble à celle sur laquelle le moule a été fait. La contre-em
» preinte peut être produite par des matières pulvérulente
» tombées dans la cavité par une fente et agglutinées ensuit
» par un ciment ; souvent c'est le résultat de l'infiltratio
» d'un suc pierreux par une sorte de suintement dans la ca
» vité qu'a laissée le corps. Dans ce cas, une cristallisatio
» confuse, quelquefois géodique, a toujours eu lieu.

» Cet état cristallin doit être particulièrement distingu
» de celui des corps réellement pétrifiés, et qui présentent
» toujours la même structure, quelles que soient les circons
» tances où ils se sont trouvés pour être pétrifiés.

» Il est certains corps fossiles qui ne sont jamais dissous,
» même dans les couches où tous les autres fossiles ont disparu,
» les bélemnites, par exemple ; il y en a d'autres qui ne son
» dissous qu'en partie, c'est à dire qu'une partie d'une natur
» particulière disparaît lorsqu'une autre résiste constamment.
» M. Deshayes a mis ce fait hors de doute pour certains fos-
» siles remarquables appartenant aux mollusques testacés,
» *padopside, radiolite, hippurite*; enfin il est une troisième
» classe de fossiles qui se dissolvent complètement. Ces diffé-
» rences tiennent, suivant toutes les apparences, à une com-
» binaison organique des molécules. Les fossiles qui peuvent
» être dissous complètement contiennent moins de matière

animale que ceux qui ne le sont jamais, tandis que ceux qui sont dissous en partie sont composés de deux couches : l'une, qui disparaît toujours, semblable aux premiers fossiles; tandis que l'autre, indissoluble, est semblable aux seconds. »

Il arrive assez fréquemment, dans les groupes de la troisième époque, et plus rarement dans ceux de la quatrième, que les coquilles renfermées dans des couches sableuses se sont conservées presque intactes sans être pétrifiées; l'intérieur est encore nacré, et l'extérieur a souvent conservé ses couleurs. La masse de sable qui les a recouvertes, les préservant de l'action de l'air atmosphérique et des autres agens destructeurs, est certainement la cause de leur conservation. Cependant cette cause n'a jamais été assez puissante pour préserver les animaux qui ont toujours entièrement disparu, et l'intérieur des coquilles est rempli du sable qui les environne. D'après notre théorie, pour que le test des coquilles n'ait pas été pétrifié, pour que leur substance organique n'ait pas été remplacée par une substance minérale, il a fallu que ces coquilles aient été recouvertes par un sable sec, par une dune, comme cela se voit encore tous les jours sur les côtes, ou que le liquide dans lequel le sable s'est déposé ne contint aucune substance minérale en dissolution.

Enfin, quand les corps organisés ont été pétrifiés par une certaine substance, cette substance a pu être remplacée par une autre, de la même manière que les cristaux de carbonate de chaux ont été changés en silice; c'est ce qui paraît être arrivé pour des bélemnites et plusieurs autres coquilles changées en sulfate de baryte, découvertes récemment aux environs de Nontron (Dordogne), par M. de Lanoüe, concessionnaire des mines de manganèse de cette contrée, et près d'Alençon, par M. Cordier.

A la manière dont gisent les restes organiques enfouis dans les entrailles de la terre, il est facile de comprendre que ceux qui ne pouvaient pas se mouvoir, comme les zoophytes, cer-

tains mollusques, ou ceux qui se mouvaient très lentem...
comme la plupart des mollusques et quelques crustacés, ...
été enfouis sur la place même où ils vivaient ; abstra...
faite cependant des cas où les courans, les vagues, e...
avaient réuni de grands amas de débris sur certains poi...
Les végétaux marins et terrestres ont bien souvent aussi ...
enfouis sur place ; mais les animaux doués de la faculté d...
mouvoir rapidement ont dû pouvoir s'éloigner des endr...
où les dépôts se formaient, et voilà pourquoi leurs débris ...
généralement plus rares que les autres ; on les trouve ce...
dant en grande quantité sur certains points, mais souvent ...
lement mutilés, qu'il est probable qu'ils y ont été accum...
par les courans, après la mort, et même après la décomposi...
des animaux dont ils proviennent. D'un autre côté, ...
trouve aussi des animaux entiers dans un état de conserva...
parfaite, et quelquefois même en assez grand nombre ; ...
poissons, par exemple.

Nous avons cité, dans la première partie, plusieurs local...
où les poissons fossiles parfaitement conservés sont extrê...
ment nombreux. Ces poissons appartiennent ordinairem...
au même genre et souvent à la même espèce ; pour qu'ils ...
soient trouvés enfouis en si grand nombre sur un seul poi...
eux qui avaient la faculté de se mouvoir rapidement, ...
fallu qu'ils aient tous péri subitement, et, comme ils s...
composés d'organes mous d'une décomposition facile, il a ...
core fallu qu'ils aient été enfouis peu de temps après la ca...
trophe qui les a tués. Cette catastrophe a pu être l'arri...
subite de vapeurs acides, venant des profondeurs du glo...
dans les lieux qu'ils habitaient ; ces vapeurs accompagna...
des éruptions d'eaux minérales ; alors les poissons tombé...
fond du lac ou de la mer auraient été enfouis dans les dé...
qui s'y formaient. On voit des effets semblables se prod...
encore sous nos yeux dans le voisinage des volcans sous-mari...
autour desquels on trouve toujours, après chaque érupti...
une grande quantité de poissons morts. La même action p...

…ire périr les reptiles et d'autres animaux d'un ordre plus élevé, voilà probablement la cause qui a réuni un si grand nombre d'ichthyosaures dans le même lit de lias du Glocestershire (§ 85). Nous savons que sur la terre des dégagemens d'acide carbonique tuent les animaux, et nous avons même cité (§ 58) des cavités remplies de cet acide dans lesquelles gisent sur le sol les cadavres de tous les animaux qui ont osé y pénétrer.

Telles sont les causes auxquelles il faut attribuer la destruction subite d'une grande quantité d'animaux. Comme ces substances délétères sortent encore maintenant des bouches volcaniques actives, et même de celles éteintes avant les temps historiques, il est probable, quand même une foule de faits ne viendraient pas le prouver, que, dans les temps géologiques, ces mêmes substances accompagnaient les éruptions plutoniques, auxquelles on attribue généralement ces grandes commotions qui ont bouleversé certaines parties de la surface terrestre à différentes reprises. C'est donc plutôt à l'arrivée des substances délétères que doit être attribuée la destruction des animaux qui vivaient alors, qu'aux mouvemens violens occasionés, sur terre et dans les eaux, par les chocs qu'éprouvait la surface du globe : nous n'avons aucun exemple que l'agitation des eaux, quelque violente qu'elle puisse être, ait jamais fait périr subitement une grande quantité de mollusques ni même de poissons ; les secousses de tremblemens de terre ne tuent pas non plus les animaux ; et quand ils périssent autour d'un volcan en éruption, c'est toujours par l'effet des gaz méphitiques qui se répandent dans l'air, les pluies de cendres et de pierres, et quelquefois les torrens d'eau bouillante qui sortent du cratère.

Aërolithes.

(§ 145.) Le phénomène des aérolithes, que nous avons décrit § 8, a toujours beaucoup intrigué les observateurs, et un grand nombre d'hypothèses ont été imaginées pour l'expliquer.

J'ai dit, dans mon premier ouvrage (1), que l'hypothèse qui
paraissait la plus probable était celle que j'avais entendu
poser à M. Gay-Lussac dans son Cours de chimie à l'École
lytechnique. Ce savant chimiste pense qu dans l'espa
meuvent une infinité de masses de dimensions très varia
n'appartenant à aucun système planétaire ; et dans lesqu
les substances se trouvent à l'état simple, c'est à dire
oxidées ; quand, par une cause quelconque, ces masses vi
nent à entrer dans la sphère d'attraction de la terre, elle
précipitent vers la terre en vertu de cette attraction, en
trant dans l'atmosphère, les corps avides d'oxigène, le s
cium, le *magnesium*, l'*aluminium*, etc., s'oxident avec u
grande rapidité ; et, de là, le dégagement de lumière et
détonnations qui accompagnent ordinairement la chute
aérolithes, ainsi que les traces de fusion que ces corps pré
tent à leur surface. Après avoir rapporté cette ingénieuse
pothèse, j'ai ajouté (2) : « Je regarde une grande partie
» météores connus sous le nom d'*étoiles filantes* comme
» petites aérolithes qui tombent à chaque instant ; mais
» ne sont visibles que la nuit : d'abord l'observation a
» montré que ces phénomènes se passent dans l'atmosphèr
» de plus j'ai vu dans les Alpes une étoile filante tomber
» une montagne et s'y briser en plusieurs morceaux. »

L'immense quantité d'étoiles filantes observées dans
derniers temps, plusieurs années de suite, et toujours
11 au 15 novembre, d'abord en 1799, dans l'Amérique
Groenland et l'Allemagne ; puis en 1831, sur les côtes
pagne, par M. Bérard ; en 1832, en Europe et en Asie
1833, dans l'Amérique ; en 1834, 1835 et 1836, dans pres
toute l'Europe, a fixé l'attention des observateurs sur ce si
lier phénomène. M. Arago, qui a inséré, à ce sujet, une no
dans l'*Annuaire du bureau des longitudes pour* 1836,

(1) Cours élémentaire de Géognosie ; Paris, 1830, Levrault.
(2) Page 24 du même ouvrage.

(page 195) : « Nous ajouterions encore, s'il était nécessaire, qu'on n'entrevoit guère aujourd'hui la possibilité d'expliquer l'étonnante apparition des bolides observées en Amérique, dans la nuit du 12 au 13 novembre 1833, si ce n'est en supposant qu'outre les grandes planètes, il circule autour du soleil des milliards de petits corps qui ne deviennent visibles qu'au moment où ils entrent dans notre atmosphère et s'y enflamment; que ces *astéroïdes* (pour me servir de l'expression qu'Herschel appliqua jadis à cérès, pallas, junon et vesta) se meuvent en quelque sorte par groupes ; qu'il en existe cependant d'isolés ; et que l'observation des étoiles filantes sera à tout jamais le seul moyen de nous éclairer sur ces curieux phénomènes. »

Cette déclaration de M. Arago confirme pleinement l'hypothèse de M. Gay-Lussac sur les aérolithes et mes prévisions relativement à la nature des étoiles filantes.

M. Millet-Daubenton a observé près de Belley (Ain), le 3 novembre 1835, un phénomène tout à fait semblable à celui dont j'avais été témoin dans les Alpes en 1824 ; il a vu tomber du ciel un corps enflammé qui a incendié une grange.

Des observations faites en Allemagne en 1823 par le professeur Brandt et ses élèves ont donné jusqu'à 800,000 mètres pour la hauteur de certaines étoiles filantes (1), et une vitesse apparente de 12 lieues par seconde, à peu près le double de la vitesse de translation de la terre autour du soleil. Quand on attribuerait la moitié de cette vitesse à l'illusion produite par le mouvement de translation de la terre, il resterait encore 6 lieues à la seconde pour la vitesse réelle des bolides, qui est plus grande que celle de toutes les planètes supérieures, la terre exceptée. M. Arago voit, dans l'ensemble de tous les phénomènes que présentent les étoiles filantes, la démonstration de plus en plus évidente « d'une zone composée de millions de petits corps

_____

(1) Note de l'article de M. Arago, déjà cité.

» dont les orbites rencontrent le plan de l'écliptique ve
» le point que la terre va occuper tous les ans, du 11
» 13 novembre : c'est un nouveau monde planétaire q
» commence à se révéler à nous. Il est important de reche
» cher si d'autres traînées d'astéroïdes ne rencontrent p
» l'écliptique dans des points différens de celui où la ter
» va se placer le 13 novembre, par exemple du 20 a
» 24 avril; car je crois, ajoute-t-il, que ce fût le 22 avi
» 1803, depuis une heure jusqu'à 3 heures du matin, q
» l'on vit, en Virginie et dans le Massachussetts, des étoil
» filantes tomber en si grand nombre dans toutes les dire
» tions, qu'on aurait cru assister à une pluie de fusées. »

PRINCIPES

POUR GUIDER

CEUX QUI COMMENCENT A SE LIVRER

A L'ÉTUDE DE LA GÉOLOGIE.

Dans la première partie (§ 116), nous avons donné des principes généraux pour les descriptions géognostiques : nous allons maintenant exposer les principales règles qui doivent guider l'observateur et le conduire à lier entre eux tous les faits, pour en déduire des conséquences relatives à l'histoire de la formation de notre planète.

Phénomènes de l'époque actuelle.

Tout ce que nous avons exposé dans le cours de cet ouvrage à montré que les causes encore actuellement agissantes sont à peu près les mêmes que celles des temps géologiques. La connaissance parfaite des phénomènes qu'elles produisent doit donc servir de base pour arriver à l'explication de ceux dont les causes semblent avoir cessé d'agir, ou du moins dont les effets ont été tellement modifiés, que nous ne pouvons plus les reconnaître dans ceux qu'elles produisent encore.

Action de l'atmosphère. Il faut examiner avec soin l'action destructive de l'atmosphère sur les différentes masses minérales, noter l'intensité de cette action sur chacune et voir si les effets qu'elle produit, au bout d'un temps, qui doit toujours être très long, à cause de sa faiblesse, n'offrent pas des

rapports intimes avec les accidens que présentent les masses
minérales ; les sillons, les trous, les surfaces arrondies, les
matières désagrégées qui recouvrent les rochers, etc. ; certaines substances, comme le sulfate de chaux, s'hydraten
au contact de l'air ; d'autres s'oxident davantage, quelque
unes se carbonatent. Plusieurs sels se décomposent, les sulfates, par exemple ; quelques uns tombent en déliquescence
d'autres se désagrègent, etc. ; toutes ces circonstances doivent être notées avec soin, ainsi que l'effet qui en résult
sur les masses minérales, dans la composition desquelles entrent les substances. L'action des agens atmosphériques a
certainement joué un grand rôle dans les diverses altérations des surfaces extérieures de toutes les masses minérales

Action de l'eau. Ce n'est qu'une longue suite d'observations qui peut démontrer si l'eau exerce par elle-mêm
une action destructive contre les roches qui se trouvent su
son passage. Quand ce liquide contient des acides ou des sels
on doit bien examiner les effets qu'il produit, tant en décomposant les masses minérales qu'en en formant de nouvelles avec ce qu'il a enlevé aux anciennes.

Dans les dépôts chimiques formés, soit par les eaux minérales qui viennent des profondeurs du globe, soit par celle
qui se sont chargées de certaines substances en roulant su
la surface des roches, il faut étudier avec soin la manièr
dont chacun se forme, comment il se stratifie, si la surfac
de chaque strate est toujours parfaitement horizontale ou s
elle offre une inclinaison sensible, des rugosités, etc. La manière dont les restes organiques sont amenés et enfermé
dans les dépôts, s'ils se putréfient, se conservent intacts o
se détruisent ; quand ces corps sont amenés de loin, dans que
état de conservation ils se trouvent. Lorsque les dépôts chimiques alternent avec des couches d'attérissement, on doit observer la manière dont cet effet se produit, et comment le
deux sortes de dépôts se lient l'un à l'autre.

Dans les dépôts de transport, formés tant par les eaux sau

... que par les cours d'eau, il faut bien déterminer l'origine des divers matériaux qui entrent dans leur composition, et la manière dont ils sont distribués, ce qui donnera des notions assez exactes sur la force de translation des eaux; quand ces dépôts présentent des fragmens de roche usés et arrondis, examinez s'ils ont été apportés d'une bien grande distance, si le mouvement des eaux était très violent; s'il existe des corps organiques au milieu des cailloux roulés, leur état de conservation et de destruction doit attirer particulièrement l'attention de l'observateur. L'étude de grands amas de végétaux qui se trouvent souvent dans l'intérieur de ces sortes de dépôts peut conduire à expliquer la formation des couches carbonneuses des époques géologiques. La disposition et l'état de conservation des ossemens de quadrupèdes donneront aussi des notions sur les circonstances qui ont accompagné l'enfouissement de ceux du terrain diluvien.

Pour les dépôts qui se forment sur le fond des grands lacs par les eaux affluentes, après avoir constaté la manière dont ils sont disposés sur le fond, il faut bien observer la distance à laquelle s'étend chaque dépôt successif et mesurer l'effet produit au bout d'un temps déterminé, pour envahir toute la surface du lac et élever le fond. S'il y a des causes de destruction, il faudra essayer d'en constater les effets. Quand le lac sera traversé par un cours d'eau, comme le Rhône qui traverse le lac de Genève, il ne faudra pas négliger de déterminer l'influence qui en résulte sur la marche et la forme des dépôts. Lorsque le cours d'eau amènera dans les lacs de grandes masses de végétaux, on examinera la manière dont elles se distribuent à la surface, le temps qu'elles mettent pour tomber au fond, et les progrès de la carbonisation quand ces végétaux seront recouverts.

Pour les deltas qui se forment à l'embouchure des fleuves dans la mer, les vents régnans et les courans ont une grande influence sur leur forme et la manière dont les débris charriés se déposent à la surface. L'inclinaison de ces deltas suit nécessairement celle du sol inférieur. Il faudra mesurer exactement le degré de cette inclinaison. L'examen de la composition du dépôt en fera connaître les matériaux, dont il faut, autant que possible, déterminer l'origine, qui peut jeter un grand jour sur les circonstances de leur transport.

Les animaux terrestres et lacustres doivent souvent se trouver mélangés dans les deltas. La manière dont le mélange s'effectue, et les lignes de démarcation qui peuvent exister sur certains points, entre les restes organiques marins et les autres, donneront des notions importantes sur les dépôts semblablement composés, qui se trouvent dans plusieurs termes de la série des terrains stratifiés.

L'accroissement annuel des deltas, au bout d'un certain nombre d'années, déterminé exactement, est de la plus haute importance : nous savons que Cuvier a voulu s'en servir pour arriver à connaître l'âge de l'époque actuelle. Je suis persuadé que des observations continuées, sur la marche des deltas les plus considérables, montreraient que cette marche doit être suivie pendant plus d'un siècle pour conduire à des conséquences de la nature de celles qu'en a voulu tirer Cuvier.

Des mers. La première chose à constater est l'action de la mer sur les côtes, tant pour les détruire que pour y former de nouveaux dépôts. Dans leur action destructive, les vagues accumulent au pied des falaises des amas de débris, qui finissent par préserver ces mêmes falaises; elles disposent aussi les terrains sableux ou argileux en talus, dont l'inclinaison finit par être telle que les vagues n'ont plus d'action sensible sur la surface; quand les falaises sont composées de roches dures, calcaires, grès, etc., voyez si l'action du flot y détermine des zones semblables à celles que M. Boblaye a signalées sur les côtes de la Grèce (§ 23). De petites îles, qui se trouvent le long des côtes, de petites langues de terre, quelquefois des caps assez considérables, sont détruits. Notez avec soin toutes les circonstances de cette destruction.

Dans tous les dépôts qui se forment sur les côtes, il faut noter exactement l'accroissement, ainsi que l'influence des courans et des marées ; la manière dont les animaux et les végétaux marins y sont distribués ; si tous les débris organiques appartiennent à la contrée, ou si quelques uns ont été rapportés d'une grande distance. Quand il y aura des bancs de coquilles (moules, huîtres) ou de coraux sur les plages, examinez la manière dont les sédimens marins les recouvrent. Les fragmens de bois et les ossemens qui se trouvent au milieu de ces sédimens sont souvent recouverts de coquilles et de serpules qui s'y sont attachées. Quand les sédimens marins sont cimentés par un suc calcaire, il faut reconnaître si la roche n'est pas devenue fétide dans le voisinage des amas de coquilles, et dans les endroits où ont été englobés des poissons et des animaux gélatineux.

Le long des côtes, il existe souvent des lacs d'eau douce, dans lesquels la mer pénètre, lors des grandes tempêtes ou des fortes marées. Quand cette circonstance se présentera, il faudra bien constater l'influence de l'introduction de l'eau salée sur les animaux qui vivent dans le lac, et si la mer y a laissé des poissons et des coquilles, constater s'ils ont pu y vivre longtemps ou s'ils sont morts incontinent après. Si des dépôts avaient lieu par une cause quelconque dans l'intérieur du lac, l'introduction de l'eau marine les aura certainement modifiés, et bien souvent une couche marine sera revenue les recouvrir. Les rapports de cette dernière avec celles précédemment déposées doivent être établis soigneusement ; si le flot n'a fait qu'introduire des animaux marins dans le lac d'eau douce, examinez la manière dont ces animaux auront été englobés dans les dépôts lacustres postérieurs. Il arrive quelquefois que les vagues amènent une grande quantité de sables, ou renversent une dune qui comble le lac et le fait disparaître. Si le sol a été creusé par l'effort, il se trouve enfoui sous la mer, et des dépôts marins fort étendus peuvent venir le recouvrir ; ce qui représente-

rait assez bien les points de différentes formations marin
des époques anciennes, où on a reconnu une grande quanti
d'animaux lacustres. Dans les inondations qui ont quelque
fois lieu sur le sol des côtes, pendant les grandes tempêtes
les fortes marées, la mer forme subitement des dépôts qu'
ne faut pas négliger d'étudier.

Voilà les principales observations que l'on doit faire sur l
côtes ; mais il y en a encore beaucoup d'autres à faire dan
l'intérieur de la mer, sur la direction et les causes détermi
nantes des principaux courans, leur influence sur les ban
de sable bien connus ; s'ils les forment ou s'ils les détruisen
les matériaux qui peuvent se trouver accumulés à la ren
contre de deux ou plusieurs courans. Comme, par le moye
de la sonde, on peut déterminer la nature et l'exhaussemei
du fond de la mer, quand sa profondeur n'est pas trop con
sidérable cependant, on pourra reconnaître si les courar
accumulent des matériaux sur certains points et la nature de c
mêmes matériaux ; et, le long des côtes, la distance à laquell
s'étendent les dépôts qui s'y forment. L'étude, ainsi répétée
des intervalles de temps déterminés, de certaines parties d
fond des mers pourrait conduire à des conséquences impor
tantes.

On a déjà fait beaucoup d'observations sur la profondeu
à laquelle peuvent vivre les différens genres de coquilles,
sera utile de répéter ces observations toutes les fois qu'on
pourra ; car elles sont de nature à jeter un grand jour sur
formation des couches marines de toutes les époques. L
courans marins charrient, dans certains passages, de grand
amas de bois qu'ils accumulent sur des points où ils fini
sent par être enfouis sous les attérissemens ; on devrait
trouver là beaucoup des circonstances de la formation d
grands amas charbonneux du terrain houiller ; il faud
examiner si les feuilles, les branches délicates et les fru
ont été conservés en partie dans le transport, ou s'ils ont é
entièrement détruits, et, dans ce cas, constater si la destru

... nt le résultat de l'action des eaux marines, ou de celles des courans fluviatiles qui les ont portés à la mer. Les courans en charient, mais en moins grande quantité que les eaux, des fruits et des plantes, et même certains animaux, d'un continent dans un autre. Examinez si, sur les côtes où ces productions arrivent, elles ne se trouvent pas enfouies dans les dépôts qui s'y forment.

Dans les régions polaires où flottent, pendant l'été, d'énormes masses de glace, il faudra s'assurer si ces masses ne sont pas couvertes de débris de roches, qu'elles peuvent transporter avec elles à une grande distance, de telle sorte que ces masses emportées toujours par le même courant pourraient accumuler dans certaines régions un grand nombre de roches d'une nature tout à fait différente de celle des roches qui s'y trouvent. Quand elles viennent à échouer sur les côtes des régions tempérées, ces masses de glace en abaissent sensiblement la température. On sait que certains courans marins, le Golf-Stream, par exemple, ont une température sensiblement plus élevée que l'eau de la mer, à droite et à gauche. La recherche des causes de cette différence est un problème dont la solution serait d'une haute importance.

Dans quelques localités, des sources minérales sourdent du fond de la mer; il serait curieux de savoir si les sédimens qui se forment dans le voisinage, ne sont pas cimentés par les sels qu'apportent les sources, ou si ce sont simplement ceux contenus dans l'eau de la mer qui produisent cet effet; en général, sur tous les points où les attérissemens marins sont cimentés par une matière minérale, il est très important de déterminer si cette matière est contenue dans les eaux de la mer, ou si elle y est apportée par des sources, des éruptions volcaniques ou toute autre cause.

Dans les parages où se trouvent des sources minérales ou thermales, il sera aussi très important d'examiner avec soin l'influence qu'elles exercent sur les animaux et les végétaux ;

c'est peut-être souvent à de semblables influences qu'est du
l'absence de ces animaux dans certains parages : dans les îl
de la mer du Sud, on ne voit point de coraux vis à vis l'em
bouchure des rivières dont les eaux sont vaseuses.

Dunes. Il faut observer la marche des dunes et déte
miner l'ensemble des causes qui concourent à leur formatio
Sur les bords de la mer, elles forment souvent des digues qu
arrêtent les flots, et de l'autre côté desquelles le sol se trouv
quelquefois plus bas que le niveau de la mer ; les dunes peu
vent combler des lacs, des étangs, des marais, barrer le
cours d'eau et changer ainsi leur direction, combler les pet
tes baies et les ports, couvrir des villages, des forêts, et
Toutes ces circonstances méritent de fixer l'attention de l'ob
servateur.

Sources thermales. Il ne suffit pas de déterminer le deg
de chaleur de ces sources seulement quelquefois, mais
faut répéter souvent les expériences dans les diverses saiso
de l'année, et continuer aussi longtemps que l'on pourra
pour savoir si la température est constante ou si ell
varie. Dans ce dernier cas, on devra essayer d'établir la lo
des variations. Examinez si des êtres organisés vivent dan
ces eaux, et quels sont ces êtres ; si elles apportent des gaz
surtout de l'azote, avec une petite quantité d'acide carbon
que. Les sources thermales gisent ordinairement dans le vo
sinage des roches plutoniques ; ce qui donne une explicatio
simple de leur température. Mais il peut se faire qu'aucun
roche plutonique ne paraisse aux environs, et même, quan
il y en aurait, il faut rechercher si leur température élevé
n'aurait pas une autre cause que la chaleur centrale.

Eaux minérales. On doit aussi déterminer leur tempér
ture, et s'assurer si elle varie ou si elle est constante. Un
analyse faite avec soin donnera la quantité des substanc
dissoutes ; il ne faudra pas négliger les gaz qui peuvent s
trouver, surtout l'azote et l'acide carbonique, qui pourro
servir à établir une liaison avec les sources thermale

Bien d'autres liaisons existent entre ces deux genres de sources, par le gisement et la nature des substances qu'elles renferment. Les variations de l'atmosphère ont-elles de l'influence
sur la quantité des eaux et leur degré de saturation? Les eaux
minérales prennent-elles les substances dont elles sont chargées dans les roches qu'elles traversent, depuis une profondeur que l'on puisse déterminer, ou les apportent-elles des
points où elles prennent naissance? Quand il se forme des
dépôts autour de ces sources, on doit chercher à reconnaître
de quelle manière les substances qui existent dans les eaux
s'y trouvent distribuées, et si, dans l'action du dépôt, il ne
s'est pas formé de nouveaux composés; les protoxides ont pu
devenir peroxides par leur exposition au contact de l'air, etc.

Les eaux chargées d'acide carbonique corrodent la plupart des roches sur lesquelles elles passent; il faudra suivre,
autant qu'on le pourra, la marche de cette action. L'acide
qui se dégage de ces sources, comme celui qui sort par les
fentes des roches, dans certaines contrées, se répand sur le
sol environnant, dont il remplit les cavités, et les animaux
qui y passent tombent morts, même les oiseaux qui volent
au dessus. Une observation qui, je crois, n'a pas encore été
faite, c'est de savoir si la présence de cet acide n'a pas augmenté la force de la végétation sur les points où il séjourne.
Si l'on avait occasion d'être témoin d'un violent dégagement
d'acide carbonique au milieu d'un lac, on devra examiner si
les poissons et les mollusques qui l'habitent meurent subitement, et jusqu'à quelle distance du centre de l'action cette
influence s'étend; si c'est de l'acide hydrosulfurique au lieu
d'acide carbonique, les observations à faire sont les mêmes.

La glace. On devra déterminer les effets qu'elle produit
sur les roches en se formant dans les fissures; quelles sont les
causes qui la produisent dans certaines cavernes; la marche
des glaciers sur les pentes des montagnes et dans le fond des
vallées; la manière dont ils distribuent, sur le sol qu'ils en-
vahissent, les débris des roches qu'ils transportent; quels sont

les obstacles qu'ils font franchir à des débris, et jusqu'à qu[elle]
distance les matériaux peuvent être ainsi portés. Sur [les]
fleuves et les grandes rivières, les glaçons transportent au[ssi]
souvent des blocs de roches, qu'ils laissent déposer en [...]
fondant.

Pour la neige, dans les grandes montagnes, il faudra ch[er]-
cher à savoir si la limite des neiges perpétuelles n'a pas va[rié]
depuis un certain nombre d'années, phénomène qui t[en]-
drait à faire soupçonner un abaissement ou une élévation da[ns]
les hautes régions : les habitans peuvent dire si telle cime [a]
toujours été couverte de neige ou si elle ne l'est que dep[uis]
un certain temps, et si telle autre, qui l'avait toujours é[té,]
ne l'est plus depuis un certain nombre d'années. On pour[ra]
aussi chercher à voir comment la neige donne naissance à [la]
glace des grands glaciers.

Éboulemens. Les éboulemens sont déterminés par [des]
causes connues ; examinez la manière dont ils se forment, [la]
disposition des matériaux qui les composent, et l'inclinais[on]
de la surface qui les termine. Les talus que l'on remarq[ue]
au pied des escarpemens, et dont la végétation s'est empar[ée,]
sont des éboulemens à peu près terminés ; il faudra bien sais[ir,]
quand on le pourra, l'époque de cette terminaison, et ch[er]-
cher à voir comment la végétation s'empare des talus form[és.]
Les eaux sauvages, passant sur les cônes d'éboulement, [...]
entraînent les matériaux qu'elles vont déposer dans le fo[nd]
des vallées, et forment ainsi des couches d'attérissement so[u]-
vent très épaisses ; déterminez jusqu'à quelle distance les [dé]-
pôts de ce genre s'étendent dans le fond des vallées. Quand [le]
pied des cônes d'éboulement est rongé par des cours d'e[au]
ou battu par les vagues, il faut déterminer la diminuti[on]
que ces cônes en éprouvent dans un temps donné.

Tourbes. La manière dont se forment les tourbes, dans div[er]-
ses localités, mérite d'attirer l'attention du géologue ; car e[lle]
peut servir à expliquer la présence de certains lits charbo[n]-
neux au milieu des couches pierreuses. Dans les grands am[as]

l'eau, où se forment des couches de tourbe, elles sont souvent mélangées de sables et de graviers, formant eux-mêmes les couches qui séparent celles de tourbe les unes des autres. Toutes ces circonstances doivent être étudiées avec soin; car tous ces phénomènes offrent une certaine analogie avec ce que présentent les dépôts charbonneux des époques antérieures. Beaucoup de plantes et même des arbres entiers sont enfouis dans la tourbe; on y rencontre aussi des ossemens, des insectes et même des coquilles. La manière dont chacun de ces restes organiques se trouve engagé, les progrès de la décomposition depuis un certain laps de temps, et surtout de la carbonisation des végétaux, sont des phénomènes très importans à bien étudier.

Forêts enfouies. Dans les endroits marécageux, il arrive fréquemment qu'une grande quantité d'arbres renversés par un grand coup de vent sont enfouis sous des attérissemens. Dans les vallées des hautes montagnes couvertes de bois (comme dans les Cévennes), on voit souvent, dans le fond, de grands amas de bois que les éboulemens et les attérissemens recouvrent peu à peu. L'étude de ces amas peut éclairer sur l'origine de ceux qui gisent dans les alluvions de la seconde époque; il faudra bien examiner si quelques troncs ne sont pas aplatis par la pression des matières minérales qui les recouvrent.

Travaux des zoophytes. Nous ne possédons encore qu'un très petit nombre d'observations sur les couches calcaires formées par ces singuliers animaux; c'est pourquoi, quand on aura occasion de prendre la nature sur le fait, il ne faudra négliger aucune des circonstances que présente le gisement de ces productions; déterminez la nature de l'eau, les genres de zoophytes qui les exécutent, les causes qui en augmentent le nombre ou le diminuent, l'épaisseur des couches, leur profondeur au dessous de la surface de l'eau, les causes extérieures qui tendent à porter l'édifice au dessus de la surface de la mer, quand les îlots sont émergés, comment la végétation

s'en empare, quelles sont les premières plantes qui se montre[nt]
dessus, et si ces plantes sont toujours les mêmes dans u[ne]
même contrée.

Dans les parages où se trouvent de grands amas de tests [ou]
coquilles et autres débris d'animaux marins, il faudra exami[ner]
ner si une partie de ces débris, dissoute, ne fournirait pas [le]
calcaire pour cimenter les autres; ce qui expliquerait très si[m-]
plement la formation d'un grand nombre de couches coqu[il-]
lières; cette dissolution pourrait être due à des émanations a[ci-]
des sur les points où les débris d'animaux marins se trouve[nt]
rassemblés. Sans être dissous, les débris peuvent être aggl[u-]
tinés par une substance tenue en dissolution dans l'eau qui l[es]
baigne.

Volcans. Les phénomènes que présentent les volcans acti[fs]
méritent plus que tous les autres d'attirer l'attention d[es]
géologues, quoiqu'on puisse dire qu'ils sont déjà assez bi[en]
connus; mais leur importance est si grande, qu'on ne les con[-]
naîtra jamais assez. Rien n'est à négliger dans toutes les ci[r-]
constances qui précèdent, accompagnent et suivent les éru[p-]
tions volcaniques; il faudrait écrire un volume si l'on voula[it]
énumérer toutes les observations à faire, ce que l'on compre[n-]
dra en relisant attentivement la description que nous en avo[ns]
donnée (§ 51). Quand les tremblemens de terre, qui préc[è-]
dent ordinairement les éruptions, auront déterminé des fra[c-]
tures dans le sol, il faut examiner si ces fractures sont para[l-]
lèles entre elles, si elles se coupent ou si elles paraissent dive[r-]
ger d'un centre : quelquefois les fentes partent du pied d[u]
volcan. Quand les tremblemens de terre auront soulevé que[l-]
ques portions de terrain, recherchez les circonstances qui o[nt]
accompagné ce soulèvement, s'il s'est fait dans la même d[i-]
rection des grandes fentes, si les strates ont été br[i-]
sés, si quelque partie de terrain ne s'est pas en[-]
foncée dans le même temps qu'une autre se soulevait, et [si]
dans les enfoncemens il s'est formé des lacs. Il faut obse[r-]
ver la manière dont la lave liquide s'est répandue sur le so[l]

La pénétré dans les trous et fissures qui s'y trouvaient, comment sont disposés les tufs et les conglomérats formés par la cémentation des cendres, des scories et autres débris rejetés pendant l'éruption. Quand la lave s'est frayé un chemin à travers les couches de conglomérats antérieurement consolidés; la manière dont elle les a brisées, et s'est introduite à travers leurs fissures, qu'elle a remplies, et dans lesquelles elle s'est solidifiée, peut servir à expliquer des phénomènes de même genre, que nous présentent les roches plutoniques anciennes en contact avec les roches stratifiées. Le cône volcanique s'est quelquefois fendu, et les fentes ont été remplies par la lave, qui forme maintenant des dykes; examinez si la roche est la même dans les dykes que dans les courans. Dans ceux-ci elle présente même souvent des différences marquées; des parties sont plus compactes que d'autres, quelques unes sont porphyroïdes, la surface extérieure est ordinairement scoriacée, etc.; toutes circonstances qui doivent être notées avec soin. S'il arrive que ces courans de laves recouvrent des arbres, il sera très important de s'assurer si ces arbres ont été entièrement brûlés, ou si une partie est conservée sous la lave. Si le courant vient à tomber dans un lac, étudiez les effets qu'il aura produits, à une certaine distance, sur les poissons et les mollusques qui l'habitent.

Dans chaque volcan, il faudra établir les rapports qui existent entre les produits des diverses éruptions, et voir si quelques uns se lient aux basaltes, qui se trouvent toujours dans le voisinage des cratères. Quelques faits pourraient peut-être tendre à prouver que la bouche volcanique actuelle n'est que le reste d'une ou de plusieurs beaucoup plus considérables, d'où sont sortis les mêmes basaltes. Quand il se trouvera des solfatares, des sources minérales et thermales, dans les environs des volcans actifs, il sera utile et curieux de déterminer s'il existe une liaison plus ou moins directe avec le volcan, ainsi que cela doit être si tous ces phénomènes dépendent d'un grand centre d'action.

Dans les pays où se trouvent des volcans éteints, après l'étude de toutes les substances minérales qui sont le produit de l'action ignée et de tous les caractères qui annoncent l'existence d'anciens cratères, il faut examiner par quels phénomènes l'action volcanique se manifeste encore à des époques plus ou moins éloignées : *solfatares, sources minérales et thermales, émanations gazeuses, secousses de tremblemens de terre*, etc. L'ensemble de tous ces caractères prouve l'existence d'anciens foyers volcaniques. Dans chaque cas on devra déterminer exactement le groupe géognostique au milieu duquel les volcans sont situés, et la manière dont les roches en ont été altérées, tant par les émanations acides que par l'introduction de la matière liquide dans les fentes.

Salses. Si l'on est assez heureux pour être témoin de la formation d'une salse, il faudra en noter jusqu'à la moindre circonstance ; cette formation a-t-elle été annoncée par des bruits souterrains et des tremblemens de terre, qui se soient fait sentir à une grande distance ? Quand l'ouverture s'est faite, y a-t-il eu une explosion ? s'en est-il échappé des flammes de la vase, des fragmens de rochers ont-ils été projetés à une grande hauteur ? Le trou par où se sont faites les premières éruptions paraissait-il avoir une grande profondeur ? Quelle était la température des déjections et la nature des gaz qui se sont d'abord dégagés ? La description que nous avons donnée des paroxismes ordinaires (§ 57) indique toutes les observations à faire dans ce cas. Quand il y aura des sources minérales autour des salses, on devra constater s'il existe ou non une liaison entre les deux phénomènes.

Sources de bitume. L'origine des bitumes minéraux est encore loin d'être bien connue ; c'est pourquoi l'observateur doit donner une attention particulière aux sources de matières bitumineuses qu'il a la facilité d'étudier pendant longtemps. La liaison de ces sources avec les volcans peut-elle être établie, comme quelques géologues l'ont avancé ? Seraient-elles liées plus directement aux salses ? Des canaux particuliers amèneraient-ils, de l'intérieur de la terre, les bitumes dans les lieux où on les recueille, ou seraient-ils, tout simplement, le produit de la décomposition des matières végétales? Ce sont là des questions dont la solution est d'une haute impor-tance.

DEUXIÈME ÉPOQUE.

La formation de tous les dépôts qui appartiennent à cette époque est entièrement terminée; on doit rechercher avec soin les rapports qu'ils offrent avec leurs analogues dans l'époque actuelle, tant par des liaisons intimes et leur nature minéra-logique que par celle des restes organiques qu'ils renferment. Dans ces grands dépôts de cailloux roulés qui gisent au pied des chaînes de montagnes, il faut constater si les débris ap-partiennent aux roches voisines ou s'ils viennent d'une grande distance; de même pour les blocs erratiques répandus sur le sol des plaines, des vallées et sur les pentes des montagnes. Quand ces blocs paraîtront avoir franchi de grands obstacles, comme des vallées profondes, des lacs et même des mers, il faudra voir s'ils n'existent pas dans le fond de ces obstacles, et quand, comme on l'observe en Suède, ils n'ont pas laissé de traces de leur passage sur la surface des roches, on doit toujours, en suivant les blocs erratiques, chercher à découvrir les points d'où ils sont partis. Quand on pourra traverser les chaînes de montagnes, il faudra s'assurer si les phénomènes des cailloux roulés et des blocs erratiques se reproduisent de chaque côté, et s'il y a des différences dans la nature des ro-ches, examiner si elles ne correspondent pas à de semblables dans les masses qui composent l'autre versant de la chaîne. Tous ces points sont très importans pour la solution de toutes les questions qu'ont soulevées les amas de cailloux roulés et les blocs erratiques. Les cailloux sont souvent cimentés par du tuf calcaire; examinez s'il n'est pas produit par quelque source minérale voisine, ou s'il n'est pas le résultat du passage de gran-des masses d'eaux acides qui auraient corrodé les calcaires.

Les dépôts de cailloux roulés sont souvent couverts de marnes et de sables ; déterminez les relations qui existent entre les différentes roches. Quand au milieu de ces masses de débris se trouvent des roches solides comme des mollasses, des calcaires, étudiez la liaison de ces roches avec la masse qui les contient.

Pour les dépôts sableux renfermant des corps marins, des ossemens de grands pachydermes que nous rapportons à la seconde époque, après l'étude de leur composition, on devra chercher la manière dont ils se lient avec le groupe diluvien terrestre.

Dépôts charbonneux. Après avoir constaté la manière dont ils gisent, on doit recueillir tous les végétaux encore reconnaissables, les autres restes organiques qui se trouvent au milieu d'eux, examiner si les bois sont ou non pétrifiés, les substances minérales qui gisent disséminées au milieu de ces amas, etc. Ces sortes de dépôts présentent des analogies frappantes avec ceux de l'époque actuelle et de la troisième époque ; ces analogies doivent être soigneusement étudiées. Quand les dépôts charbonneux renferment des ossemens d'animaux diluviens, c'est un caractère de plus pour les ranger dans la seconde époque.

Cavernes et brèches à ossemens. En brisant la croûte de stalagmites qui couvre le fond de certaines cavernes, on découvre souvent des ossemens dans des endroits où on n'en soupçonnait point. Après avoir bien constaté le gisement de ces ossemens, il faut les étudier pour voir s'il ne se trouve pas parmi eux des débris de l'espèce humaine ou d'espèces animales encore vivantes. Dans ce cas, examinez si ces ossemens sont mélangés avec ceux d'espèces perdues, ou s'ils se trouvent placés dans des couches différentes supérieures à celles qui renferment les autres. Si les cavernes sont remplies de débris pierreux, il est important de savoir s'ils appartiennent à plusieurs époques, et si ce n'est pas dans les plus nouveaux que gisent les débris des espèces actuellement vivantes ; il ussi très important de savoir quel chemin ont suivi les débris minéraux pour arriver dans les cavernes, et si les ossemens ont été apportés avec eux ou s'ils y sont venus par une autre voie. Dans tous les cas, on devra dire si les ossemens ont isolés ou s'ils sont réunis par squelettes, s'ils sont intacts ou s'ils ont été brisés ou usés dans le transport, s'ils ne portent pas des traces de la dent de quelque carnassier, et si les débris de ces mêmes carnassiers ne se trouvent pas mélangés avec eux. Les mêmes observations doivent être faites sur les brèches osseuses et les amas d'ossemens gisant dans les fentes des rochers, où ils ne sont souvent recouverts que par des marnes et des sables.

Fer pisiforme. Il est probable que les amas de fer pisiforme appartiennent à plusieurs époques géologiques. Quand un de ces amas est engagé dans les roches du terrain diluvien, les marnes, les sables, etc., il n'y a pas de doute sur l'époque de la formation ; mais souvent ils remplissent des fentes de rochers, ou sont comme isolés à la surface du sol. Alors, pour décider la question, il faut voir s'ils renferment des débris de ces grands ossemens qui caractérisent si bien la seconde époque. Quelquefois les fossiles de ces dépôts appartiennent tous au terrain craïeux ou même au terrain jurassique ; assurez-vous alors si ces fossiles sont bien contemporains des dépôts, ou s'ils n'y auraient pas été charriés après avoir été arrachés à des formations plus anciennes. S'il en était ainsi, il ne serait pas étonnant de trouver, dans les dépôts de fer pisiforme de la seconde époque, des fossiles appartenant à toutes les époques antérieures, comme les différens débris de roches qui composent les cailloux roulés. Il est inutile de dire que, parmi les dépôts de fer pisiforme, nous ne comprenons pas les couches de fer oolitique appartenant à différens groupes jurassiques. Il sera important d'examiner s'il n'existe pas deux espèces de fer pisiforme : 1° l'une provenant des masses de fer antérieurement consolidées, brisées ensuite, et dont les débris auraient été charriés par les courans diluviens ; 2° l'autre formée par des

sources ferrugineuses à la manière des pisolites ; les grai...
de celle-ci devraient toujours être formés de couches conce...
triques. Quelquefois on pourrait peut-être découvrir les ancie...
canaux par lesquels les sources ferrugineuses ont fait érup...
tion, etc.

Roches solides. Parmi les roches solides, *grès, calcaires, m...*
cignos, poudingues, que leur position et les débris fossiles fero...
classer dans la seconde époque, il faudra donner une attentio...
particulière à celles qui se trouvent en contact avec des grou...
pes de la troisième époque, bien déterminer les liaisons qu...
existent entre ces roches, ou s'assurer qu'elles sont compl...
tement séparées. Ce n'est qu'en liant ainsi les diverses époques...
les divers groupes entre eux et procédant du connu à l'inconnu...
c'est à dire des dépôts que nous voyons encore se forme...
sous nos yeux à ceux dont la formation est terminée depuis u...
laps de temps plus ou moins considérable, qu'on peut espéré...
d'arriver à la connaissance de quelques unes des lois qui on...
présidé à la formation de notre planète.

Roches plutoniques. Les groupes basaltique et trachytique...
qu'on s'accorde généralement à ranger dans la seconde épo...
que, méritent d'être étudiés dans le plus grand détail. La cou...
naissance parfaite des différentes roches qui les constituent fer...
découvrir les relations minéralogiques qu'elles peuvent offri...
avec les laves des volcans à cratères. Lorsque les basaltes et le...
trachytes se trouveront dans le voisinage de ces volcans,...
faudra mettre tous ses soins à établir les rapports géognostiqu...
de ces mêmes roches avec les laves. Les laves en sont-elles com...
plètement séparées ou s'y lient-elles intimement ? Les conglo...
mérats et les tufs des basaltes et des trachytes sont-ils placés...
par rapport aux roches cristallines, de la même manière qu...
les tufs volcaniques par rapport aux laves ? Les basaltes et le...
trachytes forment-ils des massifs dont toutes les parties se rat...
tachent à un centre, ou se présentent-ils en cônes isolés indé...
pendans les uns des autres, ou en grandes nappes paraissan...

diverger d'un centre, comme des coulées sorties d'un même cratère?

Quand les roches plutoniques pénètrent au milieu des roches stratifiées, il faut bien examiner la manière dont se fait cette pénétration et les diverses altérations qu'elles ont produites sur les masses pénétrées. Les tufs et les conglomérats renferment quelquefois des ossemens de mammifères, on en a même découvert entre les couches de basalte. Ce sont là des preuves évidentes de la postériorité, tout au moins de la contemporanéité de ces roches avec l'existence de ces grands animaux.

Dans les contrées où les masses plutoniques gisent au milieu des amas de cailloux roulés, de sables ou de marnes appartenant à la seconde époque, il faudra examiner si elles recouvrent ces amas ou si elles en sont au contraire recouvertes ; si parmi les dépôts de transport on trouve des fragmens des basaltes et des trachytes ou simplement d'une seule de ces deux espèces de roche, ou s'il n'y en a point du tout. Si l'on trouvait des fragmens basaltiques sans aucune trace de roches trachytiques, ce serait une preuve évidente de l'antériorité des trachytes. Si les masses de débris du grand attérissement diluvien ne contiennent ni basaltes ni trachytes, il est évident que ces roches ont fait éruption après le dépôt de ces débris. Dans le cas où les roches ignées auraient coulé sur les cailloux roulés et les autres débris à la manière des laves, elles devraient contenir dans leur intérieur quelques uns de ces débris.

Quand les masses plutoniques, basaltes ou autres, sont développées sur une grande étendue, et qu'elles ont pénétré à travers les groupes de plusieurs époques, on peut, par le moyen de ces pénétrations, reconnaître la route qu'elles ont suivie pour arriver jusqu'à la surface, et, au moyen du plus nouveau pénétré ou recouvert par elles, déterminer assez exactement l'époque de leur éruption. Les régions basaltiques et trachytiques présentent-elles des sources minérales et thermales et des dégagemens de gaz? Enfin sont-elles sujettes aux tremble-

mens de terre comme les régions volcaniques ? Les roches str
tifiées qui avoisinent les masses basaltiques paraissent-elles avo
été disloquées par l'éruption de ces masses, et les voit-on que
quefois se disposer en forme de cirques semblables aux cratèr
de soulèvement de M. de Buch ? Les fractures de ces roches pr
sentent-elles leur plus grande largeur aux masses pluton
ques ?

TROISIÈME ÉPOQUE.

Nous avons déjà dit qu'il fallait établir le plus exactemei
possible les relations entre les groupes de la seconde époqu
et ceux de la troisième. Dans les localités où il existe des solu
tions de continuité tranchées, il est important de savoir
quoi elles sont dues ; les groupes de la seconde époque, e
contact avec les plus nouveaux de la troisième, doivent s'
lier intimement ; mais si ce contact a lieu avec les anciens, il n
doit point y avoir de liaison ; les liaisons s'établissent no
seulement par les roches, mais encore par les restes orga
niques.

Il faut donner une attention particulière à l'étude de tou
les restes organiques des groupes de la troisième époque, et
d'après les principes de M. Deshayes, établir les rapports qu
existent entre le nombre des espèces et leurs analogues vivan
tes. Les étages inférieurs contiennent-ils effectivement beau
coup moins d'espèces dont les analogues sont encore vivantes
que les étages supérieurs, dans chaque contrée ? Il faudra bie
constater si les fossiles offrent ou non des analogies avec ceu
de la mer, des grands lacs et des fleuves qui se trouvent dan
le voisinage ; si les animaux et les végétaux sont semblables
ceux de la contrée, ou s'ils en diffèrent essentiellement. Cett
étude doit être faite pour chaque étage. On a récemment cité
dans un groupe de troisième époque du département du Gers
une couche renfermant des ossemens de grands *pachyderme*
diluviens, de *paleotherium*, et une mâchoire de *singe* ; voyez si d
pareils assemblages ne se trouvent pas dans des cavités remplie

ostérieurement au dépôt des couches, et n'appartiennent pas,
par conséquent, à une époque plus moderne.

La nature des roches de chaque étage demande à être étudiée
avec soin; on doit déterminer si elles sont le résultat d'attérissemens ou de précipités chimiques. Souvent, dans la même couche
on trouve rassemblées les deux espèces de dépôt, calcaire et grès
calcaire et poudingue, etc.

Les dépôts d'eau douce sont complétement distingués des dépôts marins par les coquilles fossiles qu'ils renferment; quelquefois les coquilles d'eau douce et marines se trouvent mélangées,
ce qui annonce que celles-là ont été transportées à la mer. On sait
que des couches lacustres sont souvent intercalées dans les dépôts marins; voyez si ces couches se continuent dans toute l'étendue du dépôt, si elles se reproduisent dans tous les étages avec
les mêmes caractères ou avec des caractères différens, et surtout
si elles sont plus étendues dans le haut que dans le bas du terrain,
comme le veut la théorie de M. de Boblaye. Dans les endroits
où les couches calcaires sont siliceuses, il faut examiner si cet
effet n'est pas le résultat d'une épigénie de la silice sur le
calcaire ou toute autre roche; les amas de gypse qui se montrent dans les dépôts de troisième époque peuvent être aussi
le résultat d'épigénie; mais quand le gypse se trouve en couches minces alternant avec des marnes, il est dû à des précipités chimiques. Le sel gemme est assez rare dans les étages gypseux de la troisième époque; c'est pourquoi il ne faut pas
oublier de faire mention des moindres traces que l'on parvien-
drait à en découvrir. Les bancs charbonneux méritent une attention particulière : gisent-ils à différentes hauteurs dans le
terrain, ou n'occupent-ils qu'une certaine bande qui reste la
même dans une grande étendue? Les végétaux qu'on y remarque
ont-ils de la ressemblance avec ceux de la contrée, ou sont-
ils tous exotiques? Les coquilles qui se trouvent dans ces
dépôts sont-elles marines ou lacustres? Peut-on établir des relations entre les bancs charbonneux et ceux de la deuxième époque, tant par la manière dont les végétaux s'y présentent

que par les espèces minérales qu'ils renferment et les diver
circonstances du gisement? Sont-ce des tourbières de l'anci
monde, ou des masses de bois accumulées sur certains poin
ou de grandes forêts dont les arbres auraient été renversés
une catastrophe et recouverts ensuite par des dépôts de sé
ment? Une étude approfondie peut conduire à la solution
ces questions.

Dans chaque localité où on aura occasion d'observer les
pôts de la troisième époque, après avoir bien distingué
divers étages qu'ils présentent, on devra donner tous
soins aux divers rapports, tant géologiques que minéralo
ques et paléontologiques, qui lient ces étages entre c
et qui les distinguent, de même que ceux qu'ils présente
avec les formations des autres époques, avec lesquelles ils pe
vent se trouver en contact. Par exemple, sur toutes
pointes où les groupes de la troisième époque reposent sur
craie, il faudra bien s'assurer s'il y a une liaison intime
une solution de continuité tranchée, tant sous le rapport d
roches que sous celui des restes organiques qu'elles contienne
Une question importante à résoudre est de rechercher da
le midi de la France, en Italie, sur tout le littoral de la Mé
terranée, et dans l'intérieur du continent asiatique, où le te
rain subatlantique est bien développé, s'il existe quelque pai
au dessous de la puissante assise des marnes bleues, d
roches calcaires ou arénacées qui représentent le calcaire pa
sien; ou bien si, au contraire, les marnes bleues ou leu
équivalentes géognostiques forment partout la base du te
rain. Dans les endroits où les roches se trouveront en conta
avec la craie, comme cela arrive en Sicile et dans quelqu
parties de l'Italie, examinez ce contact avec le plus grand so
pour reconnaître s'il existe des liaisons plus ou moins intime
ou une solution de continuité tranchée.

Les masses plutoniques qui se montrent de différentes m
nières au milieu des couches tertiaires, doivent être l'obj
d'un examen tout particulier. Après avoir bien détermi

nature, et les roches auxquelles on peut les rapporter,
que les divers genres d'altérations qu'elles ont fait subir
aux roches de sédiment, dans l'intérieur desquelles elles se
sont introduites, il faudra rechercher si ces masses transversales ne proviennent pas d'autres masses beaucoup plus considérables situées dans le voisinage, et quelquefois à une certaine profondeur au dessous du groupe dans lequel on observe des ramifications, ce que des circonstances heureuses
peuvent quelquefois faire découvrir, comme des sondages, des
puits forés à une grande profondeur, des galeries d'exploi-
tation, etc. Quand les calcaires auront été changés en dolomies, dans le voisinage des roches plutoniques, on devra
en analyser toutes les circonstances de ce changement.
Quand des gypses se trouveront accompagner les mêmes
roches, il faudra déterminer s'ils sont le résultat d'épigénies,
ou s'ils sont venus avec elles de l'intérieur de la terre.

Dans l'étude de chaque groupe stratifié, n'importe l'époque
à laquelle il appartienne, on doit toujours déterminer l'angle
d'inclinaison des strates, le point de l'horizon vers lequel ils
plongent et le sens dans lequel ils s'étendent. Pour mesurer
l'angle d'inclinaison, on se sert d'un demi-cercle, au centre
duquel est fixé un fil à plomb. Le diamètre du demi-cercle
étant appliqué sur les plans de joint des strates, le fil à plomb
marquera sur le limbe le degré de l'inclinaison; si le 0 degré
de l'instrument est placé exactement au milieu de la demi-
circonférence, pour déterminer le point de l'horizon vers lequel plongent les strates et le sens dans lequel ils s'étendent, on
emploie la boussole; mais comme la déclinaison de l'aiguille
aimantée varie en passant d'un lieu à un autre, il faut la connaître dans chacun, afin de pouvoir rendre les observations
comparables, ou les rapporter au méridien astronomique. Or,
voici le moyen le plus simple de régler une boussole, ou de
déterminer la déclinaison de l'aiguille aimantée : attachez à
un point fixe un fil à plomb, de manière à ce que vous
puissiez voir de ce point l'étoile polaire, à une fenêtre tour-

née au nord, par exemple. Quand les deux étoiles $(\alpha\ \epsilon)$, q
forment le côté du quadrilatère de la grande ourse opposé
la queue, se trouveront dans la direction du fil à plomb, la p
laire sera dans le méridien. Dirigeant alors la ligne nord-s
de votre boussole sur cette étoile, le nombre de degrés
fractions de degrés marqués par l'aiguille sera la déclinaiso
Si on éprouvait trop de difficultés à diriger sur la polaire
ligne nord-sud de la boussole, il faudrait tracer, au moye
d'une règle, sur un plan fixe, une ligne dirigée sur la polai
dans le moment dont nous venons de parler, et on n'aura
plus qu'à faire coïncider la ligne nord-sud de la bousso
avec celle du plan sur lequel on la placerait, et le nombre
degrés marqué par l'aiguille sera la déclinaison.

L'inclinaison des strates est importante à déterminer po
s'assurer de la concordance ou de la discordance de stratific
tions entre des groupes superposés, pour connaître si tout
les parties d'un même groupe ont été disloquées de la même m
nière par une certaine catastrophe, etc. Le sens de l'inclina
son des strates et celui dans lequel ils s'étendent servent à déte
miner si les lignes de dislocation sont ou non parallèles,
par suite à confirmer ou infirmer la théorie de M. de Bea
mont; ils fournissent encore des caractères pour rapproch
ou séparer, suivant le cas, des parties isolées d'un groupe qui
trouve développé à une certaine distance de ces mêmes partie

QUATRIÈME ÉPOQUE.

Répétons encore que la détermination des liaisons et d
séparations tranchées entre les groupes des troisième et qu
trième époques est d'une haute importance. C'est un point s
lequel on ne saurait trop insister; car il doit prouver que c
grands cataclysmes universels, dont on a fait un si gra
abus, n'ont jamais existé que dans l'imagination de leurs i
venteurs.

Jusqu'à présent on n'a point encore trouvé, dans l
groupes de la quatrième époque, d'espèces organiques vég

...ou animales identiques avec celles qui vivent encore maintenant, et même évidemment identiques avec celles de la troisième époque ; mais il n'est pas dit que les observations ultérieures n'en feront pas découvrir : c'est pourquoi chaque observateur doit recueillir et examiner scrupuleusement les restes organiques des terrains situés dans la localité qu'il habite. Ceux de la partie supérieure du terrain craïeux méritent une attention particulière ; car c'est là que plusieurs géologues ont déjà signalé un mélange des espèces des troisième et quatrième époques ; on y a même cité des ossemens de mammifères terrestres.

La manière dont les mollusques et les zoophytes sont distribués dans les couches de différens groupes de sédiment peut fournir des documens précieux sur l'existence de ces habitans des anciennes mers et les circonstances de leur ensevelissement. Quand les coquilles sont toutes, ou presque toutes, entières, il est probable qu'elles ont été enfouies vivantes sur la place même qu'elles habitaient ; quand elles sont brisées et mélangées de sables et de débris roulés de différentes roches, il est évident qu'elles ont, au contraire, été transportées par les vagues ou les courans. Lorsqu'une couche calcaire est entièrement formée de polypiers généralement bien conservés, on peut dire que c'était un banc semblable à ceux que cette classe d'animaux élève encore aujourd'hui dans les mers Sud, etc.

L'observation des circonstances du gisement des végétaux conduit aussi à de curieuses découvertes. Le *dert bed* de l'île de Portland a été reconnu pour le sol d'une ancienne forêt, où plusieurs troncs d'arbres sont encore debout sur leurs racines. La présence des débris de cycadées, dans les lits charbonneux de certains groupes de la quatrième époque, ont porté M. Brongniart à considérer ces lits comme le résultat de la décomposition de grands amas de ces plantes.

Enfin nous savons à quelles curieuses conséquences l'étude des restes des grands vertébrés et de leurs *fèces* fossiles

a conduit M. Buckland. Ainsi, quand bien même un cert
ensemble de débris organiques ne caractériserait pas chaq
groupe de la quatrième époque, ce qui exige qu'on les
cueille et qu'on les étudie avec soin, il resterait encore
grandes raisons pour recommander aux observateurs l'étu
de tous les restes organisés fossiles. Ceux qui s'occupent
grand problème de la création doivent surtout s'y adonn
spécialement.

Terrain craïeux. Le terrain craïeux offre des caractè
très différents à des distances peu considérables, comme
centre de la France aux Alpes suisses, aux Pyrénées et
midi de la France. Cette circonstance nécessite une déte
mination exacte de ses caractères géognostiques et paléont
logiques. Peut-être plusieurs des groupes classés dans
terrain ne lui appartiennent-ils pas ?

Le gisement des nodules et des lits de silex dans la cra
blanche doit être examiné particulièrement ; car c'est enco
un problème que la manière dont les diverses productio
siliceuses se sont formées dans l'intérieur de cette roche. L
nodules de fer pyriteux qui gisent principalement dans
glauconie méritent aussi l'attention de l'observateur.
Angleterre, la base du terrain craïeux est formée par
groupe lacustre qui ne s'est présenté avec les mêm
caractères nulle part ailleurs. En France, on veut
rapporter certaines couches marines dans lesquelles
a découvert quelques coquilles d'eau douce ; mais
rapprochement n'est pas encore suffisamment établi. O
doit donc rechercher si à la base du terrain craïeux il ne
trouve pas quelques couches que les restes organiques et
autres caractères permettent de rapprocher de la formati
wealdienne des Anglais. Plusieurs couches de lignite
même des forêts fossiles ont été rangées dans le grès ver
il est donc important de mentionner tous les lits charbo
neux et les débris des végétaux qu'on peut y rencontrer.

Un groupe du terrain craïeux très particulier, et que l'

devoir rapporter au grès vert, qui se montre par lambeaux dans toute l'étendue de la chaîne des Alpes, dont il forme même plusieurs sommités, est encore aujourd'hui l'objet de grandes contestations; c'est pourquoi nous engageons les observateurs qui habitent sur les lieux à étudier ce groupe dans les plus grands détails, et à bien établir ses rapports tant avec ceux qui le supportent qu'avec ceux qui le recouvrent.

Comme, dans les Alpes, les strates sont souvent brisés et bizarrement contournés, les rapports géognostiques sont difficiles à établir, et souvent on peut être trompé par les apparences : ainsi il ne faut pas seulement observer dans une localité et même dans quelques localités, mais bien dans tous les points où l'on pourra aborder le groupe problématique. Ce n'est qu'après avoir ainsi constaté les faits sur un grand nombre de points qu'il est permis de conclure.

On a rapporté aussi à la formation du grès vert la plus grande partie des calcaires des Apennins, au milieu desquels se trouvent des amas de serpentine regardés comme ayant percé ces roches : c'est encore une question qui n'est pas bien résolue. Les ophites (diorites) des Pyrénées sont aussi considérés comme s'étant introduits à l'état de fusion ignée au milieu du terrain craïeux, en faisant subir les changements les plus remarquables aux roches de sédiment. Les masses de gypses et de sel gemme de ces montagnes, que M. Dufrénoy range dans le terrain craïeux, paraissent être le résultat de l'éruption des ophites. On a même cité des roches calcaires dans lesquelles l'amphibole s'est introduite par une espèce de cémentation. Tous ces phénomènes sont extrêmement curieux, mais ils ont besoin d'être encore étudiés pendant longtemps non seulement dans les Pyrénées, mais aussi dans toutes les contrées où il peut s'en présenter d'analogues. En général, l'observateur doit examiner avec une minutieuse attention tous les points où les masses plutoniques se montrent en contact avec les roches de sédiment : si l'éruption à l'état de fusion ignée de ces roches est posté-

rieure au dépôt des couches de sédiment, elles doivent s'êt
infiltrées dans toutes les fissures de celles-ci qui se trouve
dans les surfaces de contact, et y former aujourd'hui d
veines plus ou moins puissantes ; si, au contraire, les roch
plutoniques étaient déjà consolidées ou refroidies, lorsqu
poussées par les forces intérieures, elles ont été élevées
travers les couches neptuniennes, non seulement on ne tro
vera pas de veines dans les fissures de celles-ci, mais le pl
souvent il existera une couche arénacée, plus ou moi
épaisse, entre la roche neptunienne et la roche plutoniqu
formée des débris de cette dernière.

Les ophiolites (serpentines) sont des roches dont l'époq
d'éruption n'est pas encore bien déterminée. Quelques o
servateurs prétendent les avoir vues pénétrer en filons da
le terrain craïeux : c'est une assertion qui a besoin d'ét
vérifiée. Quant aux basaltes et aux trachytes, que nous s
vons être d'une époque plus récente, on doit les rencontr
très souvent de cette manière dans le même terrain. Il e
presque inutile de répéter qu'il faut toujours noter les di
locations que les masses plutoniques ont occasionées da
les masses stratifiées et toutes les altérations qu'elles le
ont fait subir.

Terrain jurassique. Pour ce qui concerne le contact d
groupes de cette époque avec ceux du terrain craïeux, l
restes organiques qu'ils renferment, la nature des roche
l'effet des diverses commotions qu'elles ont éprouvées, no
ne pouvons que répéter ce que nous venons de dire da
l'article précédent, et qui doit s'appliquer à tous les terrai
stratifiés fossilifères, quelle que soit l'époque à laquelle i
appartiennent. Mais les divers groupes jurassiques prése
tent des particularités sur lesquelles il importe d'attirer l'a
tention des observateurs, surtout des commençants que c
particularités pourraient induire en erreur.

L'étage du coral-rag est caractérisé par une grande abo
dance de *nérinées* qui se trouvent aussi bien dans les calcair

ompactes que dans les calcaires oolitiques. Dans le midi de
France, ce genre de coquilles accompagne les hippurites
les sphérulites gisant au milieu de calcaires compactes qui
essemblent beaucoup à ceux du coral-rag, mais que l'on
apporte à la formation wealdienne du terrain craïeux. Il
audra examiner si les rapports géognostiques qui, je crois,
'ont pas encore été bien établis, confirment ou infirment
tte opinion. Dans quelques parties de la chaîne du Jura,
a aussi rangé dans le terrain craïeux des assises qui ap-
artiennent évidemment à la partie supérieure du groupe
rallien. Il arrive quelquefois, comme aux environs d'Aix
Provence, que la grande formation oolitique n'est com-
sée que de couches qui ne présentent nullement la struc-
re oolitique. Les calcaires sont compactes et sublamellaires,
is et blanchâtres ; mais les fossiles et les relations de ce
oupe avec ceux entre lesquels il se trouve compris fixent
position sans aucune incertitude. Dans les localités où un
reil groupe se trouverait isolé, on n'aurait que l'ensemble
s fossiles pour le déterminer. Les calcaires oolitiques pré-
ntent quelquefois (Jura, Bourgogne) une grande quantité
silex en nodules et en plaques, ressemblant à ceux de la
aie, et parmi lesquels on trouve même de véritables silex
romaques : il ne faudrait donc pas s'appuyer sur ce carac-
re seulement pour rapporter certaines couches au terrain
aïeux. Des brèches susceptibles de prendre un beau poli,
s calcaires cristallins, de véritables marbres, se trouvent
ns les groupes oolitiques : c'est un fait dont il est bon d'être
erti, parce que l'on est généralement enclin à rapporter
x groupes de la cinquième époque les calcaires cristallins.
Les singuliers assemblages de débris organiques découverts
tonesfield en Angleterre et à Solenhofen en Allemagne
ontrent combien il reste à faire dans l'étude de la popula-
n fossile du terrain jurassique, et engagent les observa-
urs à fouiller avec la plus grande attention tous les gise-
ens analogues qu'ils auront occasion de rencontrer.

Beaucoup de ces petits globules nommés oolites ont pour
noyau un grain de sable, un fragment de coquille ou de polypier; mais il faut quelquefois une loupe pour le reconnaître.
C'est une observation importante à faire, parce qu'elle montre que ces globules ont dû être formés dans un liquide en
mouvement où les coquilles et les zoophytes avaient été
brisés.

Le lias, si bien caractérisé dans une grande partie de l'Europe
par ses fossiles et par ses roches, change quelquefois entièrement d'aspect. Si, avec M. de Beaumont, on rapporte au lias la
grande masse calcaire des Alpes, on est obligé d'admettre que
les argiles schisteuses du premier étage ont été changées en
phyllades, que les calcaires sont devenus sublamellaires,
même grenus, et que l'épaisseur des strates a beaucoup augmenté. En Afrique nous avons vu, dans le petit Atlas et aux
environs d'Oran, les marnes schisteuses du lias changées en
phyllades par des veines de quarz qui les traversent dans tous
les sens; il ne faut donc pas attacher trop d'importance aux
caractères minéralogiques, et ceci doit s'entendre pour tous
les groupes de sédiment dont les roches ont souvent été modifiées par les actions intérieures, et qui, d'après la manière
même dont elles ont été formées, peuvent ne pas être identiques dans toutes les contrées de la terre. Des gypses et des
minerais de fer en gros nodules ont été cités dans l'étage supérieur du lias; en Bourgogne, les parties les plus basses de
l'étage inférieur contiennent un minerai de fer oolitique,
semblable à celui qui se trouve dans l'oolite inférieure.

Ce que nous avons déjà dit des restes organiques du lias
suffit pour faire comprendre toute l'importance de leur étude:
en suivant la route tracée par M. Buckland, pour les débris
de sauriens et des animaux qui les accompagnent, on peut
arriver à de grandes découvertes.

Indépendamment des roches des groupes basaltique et
trachytique, on a cité, en masses transversales dans le terrain
jurassique, des *porphyres* et des *granites pyroxéniques*,

iénites *hypersténiques*, etc.; il pourrait bien se faire que quelques unes de ces masses n'aient point fait éruption à l'état de fusion ignée au milieu des couches jurassiques, mais qu'elles soient arrivées à l'état solide, poussées par l'action des forces intérieures; c'est ce qu'il faudra examiner avec soin.

Le terrain oolitique offre beaucoup de dolomies dont les unes paraissent être le résultat des actions plutoniques sur les calcaires, et les autres s'être formées dans le sein des eaux, absolument comme les calcaires qui les renferment. Ces deux circonstances doivent être notées; et, dans le premier cas, il faudra chercher à découvrir les masses plutoniques à l'action desquelles serait due la formation des dolomies. Quand des veines de quarz traversent les roches de sédiment, il faut examiner si elles ne leur ont pas fait subir quelque altération; car le quarz paraît être bien souvent une roche d'origine ignée. Toutes les fois qu'on remarque une altération sur les roches, produite par une cause quelconque, il faut étudier de quelle manière la même influence s'est fait sentir sur les débris organiques enfouis dans ces roches; souvent ils ont été fort altérés; on a même cité des cas où ils avaient entièrement disparu; mais ce fait n'est pas encore bien constaté.

Terrain vosgien. Cette grande masse arénacée où la couleur rouge domine souvent, qui occupe tout l'espace compris entre le terrain jurassique et le terrain houiller, n'a pas encore été parfaitement étudiée; c'est pourquoi, dans tous les endroits où elle se présente, on doit l'observer très soigneusement, voir quelles sont les roches qui la constituent et quelle est leur composition; à l'exception de celles provenant de dépôts chimiques (calcaires, gypses et sel gemme), elles sont ordinairement formées des débris des masses antérieurement consolidées.

Immédiatement sous le lias se présente un grès passant bien souvent à l'arkose, fort riche en débris végétaux qui sont encore mal connus et qu'il faut soigneusement recueillir. Dans sa partie supérieure, cette assise contient des fossiles du

lias ; ceux des parties inférieures ne se rapprochent-ils]
plutôt de ceux du terrain vosgien ?

Les marnes irisées renferment beaucoup de calcaires m
gnésiens et de véritables dolomies; ordinairement ces roch
sont évidemment le produit de la voie humide ; quand ell
présenteront les caractères de celles que l'on attribue à l'i
fluence de l'action ignée, il faudra examiner s'il n'existe [
dans le voisinage quelque roche plutonique, et, dans tous l
cas, étudier minutieusement la manière dont les deux espè
de dolomies se lient l'une à l'autre, ou constater exacteme
les solutions de continuité s'il n'existe pas de liaison.

Les masses de gypses, qu'elles soient accompagnées ou n
de sel gemme, méritent, sous le double rapport de la scien
et des arts, d'attirer l'attention de l'observateur. Quand l
sel gemme ne se montre pas au jour, sa présence est anno
cée par des sources salées, par la salure des eaux qui suinte
à travers les fissures des roches, et par la saveur salée des a
giles et des sables. Le gypse et le sel se présentent-ils
couches régulières, se terminant ou s'amincissant dans l
argiles, ou en amas irréguliers qui ont brisé les strates auto
desquels ils se contournent : dans le premier cas, le gypse
le sel devraient leur formation à la voie humide ; dans l
second, ce serait à la voie ignée, ou tout au moins à son i
fluence.

Les liaisons entre le muschelkalk et les marnes irisées, ta
sous le rapport des roches que sous celui des fossiles, doive
être constatées. Les dolomies qui occupent la partie supérieu
du muschelkalk se présentent-elles en couches subordonné
dans le bas des marnes irisées? On devra toujours constat
si elles sont dues à la voie humide ou à la voie ignée. L
muschelkalk renferme aussi quelquefois du gypse et du
gemme; les restes organisés fossiles du muschelkalk sont a
sez bien connus ; mais, comme ils sont très intéressans,
sera toujours bon de les recueillir ; les débris de sauriens et

oissons sont moins connus que les coquilles et les zoophytes.

Dans les Vosges, les fossiles du muschelkalk se montrent quelquefois dans les parties supérieures du grès bigarré, ce qui prouve une liaison intime entre ces deux groupes; mais bien souvent aussi on observe entre eux une solution de continuité tranchée, ce qui paraît dû à des bouleversemens locaux. La composition minéralogique et les caractères géognostiques du grès bigarré sont assez bien connus; mais il n'en est pas de même des caractères paléontologiques; une grande partie des végétaux de ce groupe a été décrite par M. de Brongniart; mais les débris du règne animal, qui n'ont encore été recueillis que dans un petit nombre de localités, réclament toute l'attention du géologue. Des traces de pas d'animaux (*tortues*, *sauriens*, *oiseaux* et même *grands quadrupèdes*, suivant toutes les apparences) ont été découvertes sur certains strates du grès bigarré dans plusieurs contrées. Ce fait singulier, qui tendrait à faire remonter l'existence des quadrupèdes terrestres à une époque beaucoup plus ancienne que celle qu'on lui attribue généralement, demande à être appuyé par de nombreuses observations. Il faut étudier soigneusement la forme des empreintes, les comparer à celles des pieds d'animaux vivans, avec lesquelles on leur trouve le plus d'analogie; et en faisant marcher ces animaux sur de la glaise molle, on pourra parvenir à reproduire le phénomène des empreintes du grès. En général, toutes les fois que l'on a la possibilité d'obtenir une représentation des phénomènes géologiques, il faut le faire; c'est le meilleur moyen d'expliquer ces phénomènes. On sait qu'en faisant ronger des os par des hyènes, le docteur Buckland a démontré l'identité des traces observées sur les ossemens enfouis dans les cavernes de Kirkdale avec celles laissées par les hyènes sur ceux qu'elles ont rongés.

Grès vosgien. Nous admettons que le grès vosgien n'est que la partie inférieure du grès bigarré; mais ici se trouvent engagés dans la roche de nombreux cailloux roulés

provenant des formations plus anciennes. La nature de c[e]
cailloux doit être soigneusement étudiée et comparée ensui[te]
à celle des roches qui gisent dans le voisinage et à une ce[r]
taine distance, pour en déterminer l'origine. Dans les Vosge[s,]
ces débris proviennent, pour la plupart, du terrain schisteu[x]
qui a été détruit par les éruptions euritiques et dont il [ne]
reste plus maintenant que des lambeaux ; quelques fragme[nts]
de granite, de porphyre et d'eurite se trouvent mélangés av[ec]
les quarz du terrain schisteux. La manière dont les caillo[ux]
roulés sont disposés dans les couches, la nature minéralog[i]
que de la pâte qui les cimente, l'absence ou la présence [de]
restes organiques et leur état de conservation, sont des poin[ts]
qu'il ne faut pas négliger. Les débris roulés sont-ils unifo[r]
mément répandus dans toute la masse, ou ne se présenten[t]
ils que dans certaines parties, voisines ou éloignées des lam
beaux du terrain d'où proviennent ces débris?

Zechstein. Ce groupe calcaire, qui sépare le grès vosgie[n]
du grès rouge proprement dit, ne se présente que dans u[n]
très petit nombre de localités : c'est pourquoi, lorsqu'on au[ra]
découvert quelques couches de calcaire ou même de dolom[ie]
dans cette position, il faudra les étudier avec le plus gra[nd]
soin sous le triple rapport géognostique, minéralogique [et]
paléontologique. Les restes organiques du zechstein se ra[p]
prochent-ils davantage de ceux de la cinquième époque que [de]
ceux de la quatrième? C'est une question qui n'est pas enco[re]
résolue ; des débris de végétaux peu connus se montrent aus[si]
dans le zechstein. Dans quelques contrées, il n'existe entre [le]
grès vosgien et le grès rouge que de minces couches de do[lo]
lomies, dont l'épaisseur est plus ou moins considérable. C[es]
dolomies peuvent-elles être considérées comme représenta[nt]
le zechstein?

Grès rouge. C'est plutôt une masse arénacée compos[ée]
de débris de roches feldspathiques plus ou moins altér[ées]
qu'un grès ; les véritables couches de grès y sont même tr[ès]
rares. Des argilophyres et des argilolites, qui me paraisse[nt]

venir de la décomposition des eurites et des porphyres, montrent fréquemment dans le groupe du grès rouge. Quelques observateurs pensent que ce sont, au contraire, des argileuses scorifiées, et même qui ne doivent l'aspect présentent aujourd'hui qu'à l'intrusion de nombreuses veines de quarz qui les traversent souvent. C'est une question qui mérite d'être examinée. Comme de nombreuses veines de quarz traversent les eurites, qui paraissent être venues à la surface immédiatement avant le dépôt du grès rouge, ces veines ont bien pu pénétrer dans le grès rouge et calciner les argiles, en vertu de la grande chaleur qu'elles ont dû apporter avec elles. Plusieurs géologues admettent encore que les eurites et même les porphyres ont pénétré dans la masse du grès rouge : il a pu arriver qu'ils y aient été poussés après leur consolidation ; mais nulle part on ne les a vus s'y ramifier en filons et en veines, comme cela a lieu dans tous les groupes de la cinquième époque, ce qui devrait cependant arriver quelquefois si l'éruption de ces roches à l'état de fusion ignée avait eu lieu postérieurement au dépôt du grès rouge. Comme le grès rouge se montre souvent en contact avec toutes les roches plutoniques dont nous croyons la formation antérieure à son dépôt, la question est facile à résoudre. Cependant on ne possède encore qu'un très petit nombre d'observations sur un sujet aussi important, et on ne saurait trop recommander aux jeunes géologues de recueillir tous les faits qui s'y rapportent. Dans l'observation, il ne faut jamais perdre de vue qu'une roche plutonique qui est arrivée à l'état de fusion au milieu d'une masse quelconque a dû pénétrer dans les fissures de cette masse, et que si, au contraire, elle a été élevée à l'état solide, non seulement elle n'a pas pénétré dans les fissures, mais sa surface n'est jamais soudée à celle de l'autre masse.

On a trouvé sur quelques points une grande quantité de végétaux silicifiés à la partie inférieure du grès rouge, et ces végétaux viennent d'être découverts récemment dans le haut

du terrain houillier aux environs d'Autun : quand on trouve
de ces végétaux, il faudra bien faire attention s'ils pénètre
en même temps dans les deux groupes.

Généralement, il existe une solution de continuité bi
tranchée entre les quatrième et cinquième époques géolo
ques, ou entre le terrain vosgien et le terrain houillier; ma
on a aussi observé quelquefois une certaine liaison entre c
deux terrains. Quand cette liaison se manifestera, il ne fa
dra pas oublier de la mentionner, et, sur le terrain, de
suivre aussi loin que l'on pourra. Au contact du terrain v
gien avec toutes les roches plutoniques, un fait important
constater, c'est si les veines de quarz qui traversent celles
ne pénètrent pas aussi dans les groupes vosgiens; et si ce
est, déterminer la limite jusqu'à laquelle s'étendent c
veines.

CINQUIÈME ÉPOQUE.

Terrain carbonifère.

Formation houillière. Ce groupe est bien connu; ma
comme c'est le plus important des groupes géognos
ques, il demande à être étudié dans tous ses détails parto
où il se présente. La manière dont gisent les différentes ma
ses de houille est curieuse et importante à constater. La pl
grande partie des restes végétaux enfouis dans les roches
ce groupe est connue; cependant il reste encore, à ce suje
des découvertes à faire : les conifères déjà signalés dans que
ques localités sont inconnus dans beaucoup d'autres. Ce n'e
guère qu'en Bourgogne que des bois silicifiés de la mên
famille ont été découverts jusqu'à présent dans la partie s
périeure du groupe houillier; dans les autres contrées,
devra donc recueillir avec soin tous les échantillons de bo
silicifiés que l'on remarquera dans la même position. Parm
les fragmens de végétaux que renferment les roches du grou
houillier, on en remarque qui sont changés en fer sulfur

n fer carbonaté, substances communes dans ce groupe.
.es roches plutoniques qui se sont introduites dans la forma-
ion houillière méritent, sous plusieurs rapports, une atten-
on particulière : dans leur voisinage, la houille a souvent
té changée en anthracite, et toutes les roches de sédiment
nt éprouvé une altération plus ou moins marquée. C'est
ans les derniers temps de la formation du terrain houillier
ue les eurites et les trapps, regardés comme plus récens que
s porphyres et les roches granitoïdes, ont dû être lancés à
état de fusion ignée. Il faudra donc s'assurer si ces roches
nt les seules qui arrivent jusque dans le haut du terrain,
u si les autres les y accompagnent. Toutes les substances
étalliques du groupe houillier, comme, du reste, celles de
us les autres groupes, doivent être recueillies et mention-
ées dans les descriptions ; il faudra aussi chercher à déter-
iner l'origine de tous les fragmens qui entrent dans les
nglomérats houilliers, absolument comme nous l'avons in-
iqué pour ceux du grès vosgien. On remarquera bien sou-
ent que ces fragmens sont en rapport avec les roches plus
nciennes qui occupent le pourtour des bassins houilliers.

Calcaire carbonifère. Ce que nous avons dit pour l'observa-
en des autres groupes calcaires s'applique à celui-ci ; ses
ossiles sont nombreux et extrêmement intéressans, surtout
s crustacés et les vertébrés, qui doivent être des premiers
ées. Dans une localité de l'Angleterre, on a trouvé une noble quantité de coquilles d'eau douce dans le calcaire carbo-
ifère ; mais le même fait ne s'est pas encore présenté dans
'autres contrées ; c'est pourquoi il doit être signalé à l'at-
ntion de l'observateur. Les dolomies sont communes dans
 groupe du calcaire carbonifère, et elles s'y présentent ordi-
airement en grosses masses non stratifiées. Etudiez la ma-
ière dont ces masses se lient avec les calcaires ; voyez si elles
e renferment pas les mêmes fossiles que le calcaire, et
uelles sont les diverses altérations que ces fossiles peuvent
voir éprouvées. La dolomie étant composée d'un atome de

carbonate de chaux et d'un atome de carbonate de magnésie,
si on admet, avec M. de Buch, qu'elle résulte d'une épigénie
opérée sur le calcaire par les masses plutoniques, la densité
du calcaire étant 2,7, celle du carbonate de magnésie 2,4, et
celle de la dolomie 2,9, un volume donné de calcaire que
nous prendrons pour unité, transformé en dolomie par épigénie, donnera un volume V de dolomie, et on aura l'é-
quation :

$$2,7 + 2,4 = V(2,9), \quad \text{d'où} \quad V = \frac{5,1}{2,9} = 1,76.$$

C'est à dire que dans la transformation le volume aura augmenté de trois quarts. Cette augmentation a dû produire des
soulèvemens dans les masses calcaires sur les points où elles
ont été transformées en dolomie, et si, dans l'action, les roches ont été ramollies, elles ont pu déborder et même couler
sur celles qui les environnent, comme cela a été observé en
Afrique, aux environs d'Oran, et autour du golfe de la
Spezzia, en Italie. On devra donc examiner si quelque chose
de semblable n'a pas eu lieu dans les localités que l'on observe, et si le soulèvement des roches voisines ne serait pas
dû à l'effet que nous venons de signaler. Le problème de la
formation des dolomies est un des plus importans de la géologie. Les roches plutoniques qui pénètrent dans la formation
houillère entrent aussi dans le calcaire carbonifère ; il faudra
examiner s'il n'y en a pas quelques unes qui s'arrêtent dans
le calcaire et ne pénètrent jamais au delà.

Vieux grès rouge. La masse arénacée qui sépare le calcaire
carbonifère du terrain schisteux manque souvent, alors on
devra chercher à établir les rapports entre le calcaire et les
schistes. Quand le grès rouge sera développé, il faudra l'é-
tudier de la même manière que nous avons indiquée pour celui
du terrain vosgien. On a déjà découvert quelques débris organiques dans ce groupe, mais ils y sont extrêmement rares
c'est pourquoi il faut les recueillir et les étudier soigneuse-

ment. Les parties inférieures du grès rouge se lient ordinairement avec les strates supérieurs du terrain schisteux. Quand on remarquera des solutions de continuité entre les deux, on devra rechercher les causes qui ont pu les produire, et suivre ces solutions aussi loin qu'on le pourra.

Terrain schisteux.

Ce groupe est certainement un des plus importans des terrains stratifiés; il est pénétré par une grande quantité de roches plutoniques, qui ont fait éprouver à celles de sédiment les altérations très variées, et c'est lui qui recèle les premiers corps organisés, végétaux et animaux, qui ont paru sur la terre et dans les eaux. On comprend, d'après cela, combien il est important de recueillir avec soin tous les débris organiques que présentent les roches du terrain schisteux, et de bien étudier la manière dont ils se trouvent engagés et les altérations qu'ils ont éprouvées. Les parties les plus anciennes de ce terrain, les schistes talqueux, qui se lient intimement aux calcschistes du terrain primitif, paraissent avoir été formées avant le développement de la vie sur la terre; il doit y avoir là une limite entre la nature animée et la nature inanimée, d'autant plus importante à établir qu'elle est difficile à reconnaître. On ne sait pas encore si les premiers êtres créés sont les végétaux ou des animaux; il serait de la plus haute importance de savoir non seulement si l'organisation a commencé par le règne végétal ou le règne animal, mais encore à quelles classes et à quels genres peuvent se rapporter les premiers corps organisés, déterminer, en un mot, le premier terme de la série organique, le point d'où l'on doit partir pour remonter successivement jusqu'à l'époque actuelle.

Après avoir déterminé toutes les espèces de roches plutoniques qui pénètrent le terrain schisteux et la manière dont chacune s'y présente, il faudra étudier les altérations que la venue de ces roches a occasionées dans la nature minéralo-

gique de celles de sédiment, et chercher à savoir si c'est à leu
influence que la plupart de celles-ci doivent l'aspect demi-cri
tallin qu'elles offrent, ainsi que cela est avancé par plusieu
observateurs. Souvent les roches plutoniques se présentent c
couches plus ou moins puissantes, qui alternent assez régu
lièrement avec les strates schisteux, au point qu'on pourra
croire que ces deux espèces de roches doivent leur existence
la même cause; mais si on peut suivre ces prétendues couche
sur une certaine étendue, on parviendra à reconnaître qu'elle
se terminent en s'amincissant, et on les verra souvent pousse
des veines et des filons dans les schistes, ce qui achèvera d
démontrer leur origine plutonique.

Les masses ignées ont souvent apporté avec elles des métau
qui forment des veines, des filons, des couches et des ama
au milieu des roches de sédiment, et qui donnent lieu à des ex
ploitations très avantageuses. Cette seule raison suffit pou
montrer au géologue toute l'importance de l'étude de ce
gîtes; mais sous le rapport purement scientifique, cette étud
est au moins aussi importante. La question de la formatio
des différentes substances métalliques est encore loin d'être
résolue : sont-elles venues toutes formées de l'intérieur de l
terre à l'état liquide ou de vapeurs, ou sont-elles le résulta
d'actions électro-chimiques, ou enfin résultent-elles de sim
ples combinaisons chimiques entre les substances vaporisée
des profondeurs du globe, comme les observations de M. Aim
tendraient à le prouver? Dans chaque gîte métallique on de
vra bien établir ses rapports avec la roche qui le contient,
quelles altérations sa venue a produites sur cette roche; pou
les filons, il faudra déterminer exactement les dimensions,
la direction et l'inclinaison; quelle substance forme la gangue
et les divers minéraux cristallisés qui s'y trouvent engagés?
Ces substances accompagnent-elles constamment le même mi
nerai et dans des contrées éloignées les unes des autres?

Depuis l'impression de mon premier volume, MM. Murchison et Sedgwich ont publié une description du terrain schis-

eux du pays de Galles, en Angleterre, dans lequel ils ont reconnu deux systèmes ou étages bien distincts :

1°. Le plus ancien de ces deux étages, nommé *système cambrien*, parce qu'il occupe tout le sol anciennement habité par les Cambres, est composé de schistes talqueux verdâtres, dans lesquels se montrent quelques *spirifères*.

2°. Le second, qui occupe toute la contrée habitée par les anciens silures, est nommé *système silurien*; il se montre souvent en stratification discordante avec le premier, et il se divise lui-même en deux étages :

a. La partie inférieure est formée par des grès qui se disent en dalles (*Llandeilo flags*), recouverts par des grès quarzeux (*Caradoc sandstone*).

b. La partie supérieure présente d'abord des calcaires et des marnes schisteuses (*Wenlock limestone and shale*), qui recouvrent immédiatement les grès quarzeux et sont les équivalens géognostiques des calcaires de Dudley. Vient ensuite une masse de grès et argiles schisteuses (*Ludlowrock*), séparée en deux par une assise calcaire. Les géologues anglais continuent à laisser le terrain carbonifère tel que nous l'avons établi.

Dans chaque contrée il faudra donc examiner si l'on peut retrouver les divisions précédentes, et voir si elles se continuent de la même manière dans toute l'étendue du terrain, ou si elles subissent des modifications notables. C'est dans le système cambrien que doivent se trouver les débris des plus anciens corps organisés.

SIXIÈME ÉPOQUE.

Terrain primitif.

Les trois groupes éminemment cristallins, qui composent notre sixième époque, sont regardés comme entièrement dépourvus de restes organiques, et par suite, comme s'étant déposés antérieurement au développement de la vie sur notre

planète. Pour soutenir cette assertion, nous n'avons jusq...
présent que des faits négatifs, et un seul fait positif contrai...
suffirait pour la détruire. Ainsi il faudra toujours examin...
scrupuleusement tous les objets renfermés dans les roches...
cette époque qui ressembleraient à des débris organiques. Il y...
ordinairement une liaison intime entre les schistes talqueu...
de la cinquième époque et les talcschistes de la sixième. I...
stratification des roches du terrain primitif n'est pas aussi r...
gulière que celle des autres terrains stratifiés ; elle présen...
une foule de plis et de contournemens extrêmement bizarre...
ce qui doit tenir à la proximité des terrains plutoniques. U...
description détaillée des principaux accidens de cette stratifi...
cation, pouvant servir à l'établissement de quelque loi gén...
rale, serait un grand service rendu à la science. Pour les r...
ches plutoniques, qui sont nombreuses dans le terrain prim...
tif, nous ne pouvons que répéter ce que nous avons dit pl...
haut en parlant du terrain schisteux. Les géologues ne so...
pas du tout d'accord sur l'origine des masses calcaires du te...
rain primitif ; quelques uns leur attribuent une origine igné...
et les regardent comme étant venues à la manière des autr...
masses plutoniques, au milieu des roches qui les renferm...
Le fait est que souvent elles paraissent liées à des porphyres...
à des ophiolites ; on devra donc étudier soigneusement le g...
sement de toutes ces masses calcaires, et leurs rapports ave...
la roche qui les renferme. Ont-elles soulevé, contourné l...
feuillets de cette roche, comme les porphyres et les eurites, etc...
le leptinite et le granite inférieurs au gneiss y pénètrent sou...
vent en filons et en masses transversales ; ces masses s'avan...
cent-elles jusque dans les groupes supérieurs ? ont-elles quel...
quefois englobé des fragmens de gneiss, de micaschiste ou d...
talcschiste, les roches du terrain primitif sont ordinairemen...
très riches en minéraux cristallisés ; c'est là où les amateu...
doivent aller les recueillir : il sera bon de noter les espèces...
les variétés de chaque groupe, la manière dont elles y so...
engagées, et surtout si elles ne se trouvent pas principalem...

dans le voisinage des roches plutoniques. Le gneiss passe au terrain plutonique inférieur, en perdant son mica et sa structure feuilletée. La manière dont se fait ce passage est encore fort mal connue ; elle réclame toute l'attention de l'observateur, qui devra en noter jusqu'aux moindres circonstances.

Quelques géologues veulent que toutes les roches que nous classons dans notre sixième époque ne soient autre chose que des roches de sédiment, quelquefois même très nouvelles, altérées par les masses ignées ; ils vont jusqu'à prétendre que le gneiss lui-même n'est qu'une masse schisteuse, dans laquelle le feldspath aurait été sublimé. Bien que tous les faits observés jusqu'à présent soient contraires à cette opinion, il ne faut pas moins examiner s'il n'en existe pas quelques uns en sa faveur : quelle qu'ait été l'intensité de l'action des agens plutoniques sur une masse de sédiment dont l'épaisseur dépasse 000 mètres, comme celle du gneiss, par exemple, il est impossible que dans quelques parties cette masse ne soit pas restée intacte, et que l'altération ait agi avec la même intensité dans toutes les autres parties ; il résulte de là que l'on doit remarquer, sur quelques points, des liaisons intimes, des passages insensibles, entre le gneiss, le micaschiste et le talcschiste, et les roches de sédiment non cristallines, par exemple, les argiles schisteuses du lias, si, comme on l'a avancé, certains gneiss et talcschistes des Alpes proviennent de l'altération de ces argiles.

Dans toutes les localités où j'ai eu occasion d'observer le gneiss, il m'a toujours paru former la première pellicule solide de la surface du globe ; je l'ai toujours vu percé par toutes les espèces de roches plutoniques qui lui sont inférieures, et je ne l'ai jamais vu pousser la moindre ramification, filon ou veine, dans les roches stratifiées qui le recouvrent ; pas même dans les micaschistes, qui sont immédiatement en contact avec lui, et qui s'y lient par des passages insensibles. J'engage les jeunes observateurs à vérifier si les mêmes faits se reproduisent dans toutes les contrées où le gneiss est developp[...]

TERRAINS PLUTONIQUES.

Ici, comme nous avons déjà eu occasion de le dire deux f[...]
dans le cours de cet ouvrage, l'ordre et la nature des fa[...]
changent entièrement; la cause qui a produit les masses n[...]
nérales est évidemment différente de celles auxquelles cell[...]
dont nous venons de parler doivent leur naissance. C'[...]
évidemment l'action ignée dont l'intensité dépassait tout [...]
que nous pouvons imaginer. Aussi l'aspect des roches est [...]
bien différent, la structure stratiforme ne se présente plus, [...]
toutes les roches sont éminemment cristallines; cependa[...]
elles forment encore des groupes qui ne sont guère d[...]
tingués les uns des autres que par la structure de leu[...]
parties constituantes : ces divers groupes, que j'ai établis s[...]
un petit nombre d'observations, demandent à être étudi[...]
avec le plus grand soin sous le rapport de leur compositi[...]
minéralogique, et celui de leurs relations avec les aut[...]
groupes qui les avoisinent, et au milieu desquels ils se tro[...]
vent enclavés. Comme les masses plutoniques ne sont p[...]
terminées par des surfaces régulières, et qu'à leur contact ell[...]
se pénètrent réciproquement, de la manière la plus bizarr[...]
on ne peut conclure un ordre de succession, et seulement da[...]
la contrée que l'on observe, qu'après avoir bien constaté q[...]
cet ordre est le même sur tous les points où les roches pre[...]
nent un développement assez considérable pour que l'[...]
puisse être certain d'avoir observé le rapport des masses ; ca[...]
d'après le fait de pénétration réciproque, si l'on ne pouva[...]
voir qu'une petite étendue, ce serait tantôt une roche, tant[...]
l'autre, qui se trouverait pénétrée ou qui pénétrerait,
même qui se trouverait inférieure ou supérieure ; car l[...]
roches les plus anciennes étant percées par les plus nou[...]
velles, celles-ci ont pu déborder par dessus et les reco[...]
vrir, comme nous voyons encore les laves recouvrir tout[...]

les couches qui environnent les cratères qui les vomissent. Ainsi, pour les masses plutoniques, la superposition, sur un espace limité, ne prouve donc absolument rien; mais la superposition, sur tous les points où les masses se trouvent en contact, prouve; on a de plus les ramifications, qui s'étendent d'une roche dans une autre, pour décider complètement la question. Jusqu'à présent les géologues n'ont pu voir que très rarement les différentes masses plutoniques superposées les unes aux autres; elles sont généralement disposées à côté les unes des autres. Quelle que soit la disposition de ces masses, il est bien rare qu'un certain nombre ne pousse pas des ramifications dans les autres. Cette seule circonstance suffit pour établir leur âge relatif, car il est évident que, de deux masses, la plus nouvelle est celle qui a pénétré dans une autre, et que si toutes les masses se montrent en filons ou en veines dans l'une d'elles, celle-ci est la plus ancienne de toutes. Ainsi, quand on rencontrera plusieurs masses plutoniques réunies dans la même localité, pour établir leur âge relatif, il faudra examiner la manière dont elles se pénètrent. Supposons qu'il y en ait quatre, A, B, C, D, et que A renferme des filons, des veines ou des ramifications quelconques de B, C et D; que B renferme seulement des ramifications de C et D, que C n'en présente que de D; enfin, que, dans l'intérieur de D, on n'observe aucune ramification des trois autres masses, il est évident que l'ordre d'ancienneté, ou d'éruption à l'état de fluidité ignée de ces roches, sera A, B, C, D, quelle que soit, du reste, la manière dont elles sont placées les unes par rapport aux autres. Il n'est pas aussi facile de reconnaître les ramifications, dans les masses plutoniques, qu'on pourrait le croire au premier abord, parce que, comme nous l'avons déjà dit, ces masses, étant terminées par des surfaces irrégulières, se pénètrent réciproquement dans leurs points de contact. Une ramification, poussée par une masse fluide dans une autre déjà consolidée, se trouve engagée dans celle-ci, absolument comme si elle y était venue

remplir une fente préexistante, et souvent les salbandes de
cette fente ont été très sensiblement altérées, tandis que
dans les enchevêtremens que les roches présentent dans leur
surfaces terminales, on remarque toujours une liaison plus
ou moins intime entre les deux substances. Les productions
de la masse la plus ancienne ne s'étendent jamais très loin
dans la plus nouvelle, et l'on remarque qu'elles offrent plutôt l'aspect de parties englobées que de parties qui se seraient
introduites; enfin, jamais la masse A, dans laquelle l'existence des ramifications de la masse B, comme celles que nous
venons de définir, aura été bien constatée, ne sera trouvée pousser de pareilles ramifications dans cette masse.
Le granite des Vosges et de la Bourgogne, par exemple,
offre, dans son intérieur, des ramifications de toutes les
espèces de porphyres et d'eurites de ces mêmes contrées, et
nulle part on ne voit, dans les masses de ces roches, de véritables ramifications du granite.

Les fragmens des roches empâtés dans les autres fournissent aussi un excellent moyen pour établir l'ordre chronologique : le granite est inférieur au gneiss; c'est un fait bien
constaté; mais, comme il empâte des fragmens de cette roche,
il est clair qu'il s'est consolidé après elle. Les porphyres,
les eurites, dont plusieurs faits établissent la postériorité au
granite, présentent souvent des fragmens de granite englobés dans leur pâte; enfin le croisement des filons qui se
rencontrent dans la même masse minérale, donne encore le
moyen d'établir l'époque d'éruption de chacune des roches
d'où ces filons proviennent; car on sait que de deux filons
le plus ancien est celui coupé par l'autre.

On voit, d'après cela, que l'on a plusieurs moyens d'établir
l'âge relatif des différentes masses plutoniques, et que si nos
connaissances sont encore si peu avancées à cet égard, c'est plutôt la faute des observateurs que celle de la nature des choses;
mais la plupart des masses plutoniques forment des montagnes
très élevées et très difficiles à gravir, il faut se donner beaucoup

... le peine, courir même des dangers pour découvrir tous les rap-
... qui existent entre elles ; et plusieurs géologues, même
... hommes de mérite, ont trouvé plus commode de nier les
... que de prendre la peine de les observer. Disons mainte-
... quelques mots sur chaque groupe plutonique.

... *Le leptinite*, d'après nous, serait la première roche consoli-
... elle forme le passage entre le gneiss et le granite ; il
... donc bien observer de quelle manière le leptinite
... se lie avec ces deux roches ; s'il pousse des ramifications dans
... leur intérieur, ou si ce sont elles, au contraire, qui vien-
... nent le pénétrer de cette manière. Le groupe du leptinite est
... un des principaux gisemens des ophiolites, qui s'y présentent
... par amas ou en grosses masses transversales et dont les relations
... avec le leptinite ne sont pas bien connues. En approchant
... du granite, voit-on les cristaux du leptinite devenir plus dis-
... tincts ? Le leptinite est souvent amphibolique et tellement
... quelquefois, qu'il devient un véritable diorite. Ce fait cor-
... respondrait-il au remplacement du mica par l'amphibole dans
... le granite ? Le leptinite contient-il des fragmens de gneiss, de
... micaschiste ou de talcschiste ?

... *Granite*. On donne souvent le nom de granite à des roches
... qui ne sont que des eurites granitoïdes ; c'est une erreur contre
... laquelle on ne saurait trop prévenir les jeunes géologues : le
... granite est une roche dans laquelle toutes les substances com-
... posantes sont en cristaux plus ou moins parfaits, mais
... toujours distincts les uns des autres, tandis que, dans les eu-
... rites granitoïdes, on remarque constamment une pâte plus ou
... moins abondante qui réunit les cristaux entre eux. Comme
... les eurites se sont consolidés après le granite, leurs ramifica-
... tions s'étendent beaucoup plus loin que les siennes dans la
... série des groupes stratifiés ; de là vient que l'on a cité du
... granite en masses transversales dans des groupes où il n'a ja-
... mais pénétré ; les ramifications du véritable granite ne s'éten-
... dent probablement pas beaucoup au delà du système cam-
... brien des Anglais. Les filons de granite cités au milieu du

calcaire des Alpes, dans le Dauphiné, sont composés d'une pâto-
togyne granitoïde, ce qui modifie singulièrement la question.

Le granite, quelles que soient ses parties constituantes,
passe insensiblement à des roches granitoïdes de même nature
qui n'en diffèrent que parce que les cristaux se trouvent réunis
par une pâte ; cette pâte augmente, la grosseur des cristaux
diminue, et on arrive ainsi aux porphyres. Ces passages ne
sont encore établis que sur un petit nombre d'observations ;
c'est pourquoi il faut les étudier avec soin toutes les fois qu'on
en trouvera l'occasion.

Des fragmens de gneiss et d'autres roches micacées, généralement anguleux, sont empâtés dans le granite. La comparaison de ces fragmens avec les masses stratifiées dont ils
proviennent est un moyen d'établir l'âge des éruptions granitiques. Je n'ai jamais vu les masses de granite accompagnées
de conglomérats comme celles, plus nouvelles, des eurites et
des porphyres, ni la surface des roches présenter des parties
scorifiées comme dans ces dernières ; mais ce ne sont là que
des faits négatifs. Les substances métalliques qui gisent dans
le granite ne se trouvent-elles pas toujours dans le voisinage
des filons et autres ramifications des eurites et des porphyres,
comme cela arrive souvent ? Ces substances sont accompagnées
de quarz et de baryte sulfatée. Les granites et les leptinites
présentent-ils quelquefois une division stratiforme comparable à celle du gneiss ?

Porphyres. La liaison des porphyres et des granites se fait
par des eurites granitoïdes qui ne sont que des porphyres
dans lesquels les cristaux se développent successivement davantage. Le fait de la pénétration des porphyres en filons et
en grosses masses transversales au milieu des granites, des
leptinites, des gneiss, etc., est parfaitement établi, et depuis
fort longtemps ; en comparant la matière de ces différentes ramifications à celle des masses porphyriques voisines, on remarquera souvent une identité assez parfaite. Les relations

des porphyres avec toutes les roches près desquelles ils se trouvent doivent être soigneusement établies ; les plus nouvelles dans lesquelles ils auront pénétré, ou sur lesquelles ils se seront répandus à l'état de fusion ignée, donneront l'époque de leur éruption à la surface de la terre.

Il faudra examiner si les différentes espèces de porphyre, gris, rouge, brun, noir, vert, etc., qui se présentent souvent réunies dans la même contrée, appartiennent à une même formation, ou si on peut y distinguer plusieurs formations différentes.

Roches trappéennes. Nous avons désigné sous ce nom les roches compactes ou, du moins, homogènes à petits grains souvent indiscernables qui, en prenant des cristaux, ont donné naissance aux porphyres : ce sont des eurites compactes de différentes couleurs, des diorites, et de véritables trapps qui peuvent être considérés comme des eurites colorés en noir par l'amphibole. La liaison de toutes ces roches avec les porphyres doit être soigneusement établie ; j'ai cru remarquer que les diorites correspondaient aux porphyres verts ; les eurites rose, gris, aux porphyres rose, gris, etc., et les trapps aux porphyres noirs ; mais ceci demande à être vérifié par un grand nombre d'observations. La structure des roches doit attirer particulièrement l'attention ; bien que les roches massives soient divisées par des fissures en fragmens irréguliers, elles deviennent quelquefois schistoïdes et paraissent ainsi se lier aux schistes, au milieu desquels on les trouve en masses transversales ; ces parties schistoïdes, dans les Vosges, m'ont paru contenir souvent des débris de végétaux. Les roches trappéennes et des porphyres présentent des surfaces scorifiées très semblables à celles des laves de nos volcans actuels ; ils sont aussi accompagnés de conglomérats qui offrent de grands rapports avec ceux des trachytes, des basaltes et des volcans actifs : la nature minéralogique de ces conglomérats, et leurs relations avec les roches cristallines desquelles ils dépendent, doivent être examinées avec le plus grand soin ; ils renferment bien souvent

des débris de végétaux qui semblent même pénétrer jusqu
dans les roches cristallines.

Des nombreuses veines et des filons de quarz blanc so
vent accompagnés de barytine, de spath fluor et même
spath calcaire, se présentent dans le groupe trappéen, d'o
ils pénètrent à travers tous les autres jusque dans le haut d
terrain schisteux de la cinquième époque. Ces veines
quarz paraissent être d'origine ignée, elles ont quelquefo
fait éprouver aux roches des altérations très sensibles, et so
vent apporté avec elles des métaux ; elles demandent d'auta
plus à être étudiées qu'elles ont presque été négligées jusqu
présent.

Les groupes porphyrique et trappéen forment, sur toute
surface du globe, une région très riche en minerais métallique
on pourrait même dire qu'elle est la région métallifère p
excellence ; cette circonstance montre de quelle importan
pour les arts est l'étude de ces groupes. C'est des trapps qu
jaillissent un grand nombre de sources minérales et thermale
ne serait-ce pas le gisement le plus habituel de ces sortes
sources ?

Les formes coniques si marquées des masses porphyriqu
et trappéennes, les dépressions des flancs, les grands cirqu
coniques qui forment l'origine de la plupart des vallées, l
déchiremens que la surface de ce s cirques présente, etc
ne peuvent manquer de frapper vivement tout homme do
de l'esprit d'observation. Un seul coup d'œil jeté à la fois s
des masses granitiques et sur des masses porphyriques fe
saisir l'immense différence qui existe entre les formes de c
deux espèces de masses.

En étudiant les différentes roches qui entrent dans la co
position des groupes porphyrique et trappéen. on remarque
des analogies frappantes avec les groupes trachytique et bas
tique, tant sous le rapport de la nature minéralogique des r
ches que sous celui de leurs caractères géognostiques. Cepe
dant les liaisons entre ces deux sortes de groupes n'ont p

encore pu être établies; car la formation des basaltes et des trachytes date au plus de la troisième époque géologique, tandis que celle des porphyres et des masses trappéennes est certainement antérieure au dépôt des étages moyens du terrain vosgien. Les basaltes et les trachytes ne seraient-ils pas liés aux trapps et aux porphyres par ces roches porphyriques et granitiques, généralement pyroxéniques, que l'on a citées dans le terrain jurassique, et même jusque dans le terrain tertiaire? Là se trouve encore une lacune immense que les jeunes observateurs sont appelés à combler.

Dislocations du sol.

Comme l'a dit M. Lyell, quelque hasardées que soient les conséquences tirées par M. de Beaumont de ses observations sur les dislocations du sol, elles n'ont pas moins le mérite d'avoir attiré l'attention des observateurs sur l'étude de ces dislocations trop négligée jusqu'alors. On peut dire que c'est aujourd'hui une question à l'ordre du jour. Dans toutes les parties du globe, les géologues s'occupent de déterminer la direction des divers systèmes de fractures qui ont affecté les masses minérales. Ainsi, quand on aura reconnu un certain nombre de fractures dans la contrée que l'on observe, il faudra déterminer leur inclinaison sur le méridien pour savoir si plusieurs présentent ou non un parallélisme marqué, et si toutes celles qui sont parallèles peuvent être attribuées à un même phénomène, et celles qui ne le sont pas à des phénomènes différens. En un mot, il faut chercher à vérifier les points les plus saillans de la théorie de M. E. de Beaumont.

Ces dislocations cratériformes signalées par M. de Buch dans les terrains volcaniques, et que nous avons dit se présenter souvent dans les terrains calcaires, méritent aussi d'attirer l'attention de l'observateur. Si l'on veut reconnaître les grands cirques elliptiques dont nous avons parlé, il faudra marcher pendant longtemps dans la direction du grand axe, car ils ont quelquefois plus de six lieues de longueur.

De la valeur des conclusions tirées des observations géognostiques.

Nous avons déjà montré, à la fin du paragraphe 141, que, quand bien même un fait quelconque aurait été constaté sur toute l'étendue des terres découvertes, il y aurait encore 3 à parier contre 1, qu'il n'est pas général, c'est à dire qu'il ne se reproduira pas sur la portion de la surface couverte d'eau. On comprend, d'après cela, combien il faut être réservé dans les conclusions que l'on cherche à tirer d'observations faites dans une étendue de pays qui n'est qu'une minime fraction de la surface terrestre. Éclaircissons ceci par un exemple : il est parfaitement démontré que les mers ont jadis couvert toute la surface de nos continens et qu'elles ne se sont retirées dans leur bassin actuel que par suite de catastrophes répétées qui ont porté ces continens au dessus des eaux. Pendant que ceux-ci s'élevaient du fond de la mer, d'autres, depuis longtemps émergés ou qui n'avaient peut-être jamais été sous les eaux, habités par une population aussi différente de celle qui avait antérieurement vécu sur les premiers que l'est maintenant la population marine de la population terrestre, ne pouvaient-ils pas s'abaisser ? Le fait de la disparition de l'Atlantide, rapporté par Platon, le ferait présumer. On comprend quelle immense différence il devrait alors exister entre les restes organiques fossiles des terres immergées et des terres émergées : pour celles-ci, c'est dans les dépôts marins les plus modernes que gisent les débris d'animaux terrestres ; pour celles-là, au contraire, ils devraient se trouver dans les dépôts marins les plus anciens ; et si l'homme avait vécu à cette époque reculée, tous les dépôts marins devraient recouvrir les ruines des cités.

Pour déterminer l'âge relatif d'un dépôt quelconque, nous

avons dit qu'il fallait l'avoir vu quelque part reposer sur celui qui l'a immédiatement précédé et recouvert par celui qui
l'a immédiatement suivi. Alors, comptant les termes de la
série, on détermine exactement sa place; mais il arrive souvent que plusieurs termes manquent dans une grande étendue de pays, et qu'il n'est pas possible de voir celui que l'on
observe reposer sur d'autres plus anciens et recouvert par
d'autres plus nouveaux. Dans ce cas, peut-on conclure par
analogie? Rigoureusement, non : par exemple, dans un
grand nombre de localités, le terrain houillier reposant immédiatement sur le granite ou des groupes du terrain primitif;
ceux ceux de la cinquième époque, qui lui sont inférieurs dans
d'autres contrées, manquent. On n'a alors aucun moyen de
reconnaître l'époque de son dépôt, et on ne peut pas dire
qu'elle soit la même que dans une localité où le groupe houillier se trouve compris entre le grès rouge et le calcaire carbonifère, quoiqu'il y ait de fortes raisons pour le présumer.

Puisque l'on admet que les roches ont été soulevées, et que
l'on voit très souvent les couches des terrains stratifiés dans
une position voisine de la verticale, il est bien probable
qu'elles ont dû quelquefois être renversées; on a cité des
masses de granite recouvrant des parties du terrain jurassique et même du terrain craïeux, qui ont été probablement
jetées dessus par une grande commotion. Il ne faudrait donc
pas conclure la position relative de deux groupes d'une superposition observée que sur un seul point et même sur quelques points, surtout quand les géologues ne sont pas parfaitement d'accord sur cette position.

Quand on dit que deux groupes se sont immédiatement
succédé dans l'ordre chronologique, il ne faut pas croire
qu'il ne s'est écoulé aucun intervalle entre la fin de la formation de l'un et le commencement de celle de l'autre : il a
pu y avoir, au contraire, un temps de repos assez long,
comme le prouve la forêt fossile découverte dans l'île de

Portland et les environs de Weymouth, immédiatement en
les strates parallèles des groupes de Purbeck et de Portlan
qui forment, dans toute l'Angleterre et sur le continent, de
termes consécutifs de la série des terrains stratifiés. De mêm
quand on dit que deux groupes sont contemporains, on do
entendre par là qu'ils occupent, à une certaine distance h
rizontale l'un de l'autre, la même place dans une série,
non pas qu'ils se sont formés au même instant physique
par exemple, l'argile de Londres, que l'on regarde comn
contemporaine du calcaire grossier, a pu se déposer lon
temps avant ou après lui ; seulement elle a commencé dans
bassin de Londres la série des dépôts tertiaires, comme
calcaire grossier dans celui de Paris. Ainsi, quand on fix
entre le dépôt de deux groupes géognostiques, l'époque d'u
phénomène quelconque arrivé sur la surface du globe, ce
ne peut vouloir dire qu'il a eu lieu partout au même insta
physique. Quand bien même il ne se serait écoulé aucun i
tervalle entre le dépôt de chaque groupe consécutif des deu
séries géognostiques, pour qu'un phénomène qui s'est pr
duit entre le dépôt de deux groupes consécutifs se fût man
festé au même instant physique sur tout le globe, il faudra
que la formation du groupe inférieur eût duré exactement l
même temps dans toutes les contrées ; ce qui ne peut êt
admis. En général, toutes les fois qu'il s'agit de l'époque d'u
phénomène géologique, il faut se rappeler que ce ne pe
jamais être qu'une époque relative.

Il y a maintenant une tendance marquée à vouloir classe
les terrains stratifiés fossilifères, seulement d'après les rest
organiques qu'ils renferment : parce qu'un certain nombr
d'espèces identiques se sont trouvées dans des couches situé
à une grande distance les unes des autres et tellement placé
qu'on n'a pu établir leurs rapports géologiques, ou préten

que ces couches sont contemporaines. Cette conclusion restera fausse tant que l'on n'aura pas démontré que, quelles que soient les influences locales, il est impossible que, dans plusieurs contrées éloignées, les mêmes êtres aient pu vivre à des époques très différentes; tout le monde sait que les éléphans qui ont habité le sol de la France avant l'existence de l'homme se trouvent maintenant confinés dans les régions intertropicales.

Parmi les groupes coquilliers les mieux connus, il n'en est aucun dont les observateurs aient pu étudier seulement le dixième des coquilles qu'il renferme, ces coquilles n'étant recueillies que dans quelques cavités et escarpemens naturels et artificiels dont les dimensions ne sont pas comparables à celles du groupe entier. Cependant M. Deshayes prétend pouvoir fixer irrévocablement l'âge de plusieurs groupes et notamment de ceux de la troisième époque, par la proportion des espèces de coquilles fossiles identiques avec celles qui vivent encore maintenant, en admettant que ces espèces sont les plus nombreuses dans les terrains les plus nouveaux; mais qui lui répond que de nouvelles recherches faites dans ces terrains, encore si imparfaitement explorés, ne viendront pas changer entièrement les proportions établies sur le petit nombre des coquilles qu'il a pu étudier? Citons un exemple pour montrer toute la fausseté de ce raisonnement : on sait qu'un grand nombre des espèces de coquilles qui vivent dans les mers équatoriales sont identiques avec celles de certaines couches de la troisième époque. Si une couche calcaire venait à se déposer subitement et simultanément depuis l'équateur jusque dans les régions polaires en englobant les coquilles, le géologue qui viendrait longtemps après observer cette couche, avec les principes de M. Deshayes, soutiendrait que la partie située sous l'équateur, dont les fossiles sont presque tous identiques avec ceux d'un groupe de la troisième époque, est plus ancienne que les autres. Les restes organisés fossiles

peuvent bien servir à établir des divisions dans les groupe
d'une même contrée ou de contrées très voisines, mais no
pas entre des localités très éloignées les unes des autres, sui
tout pour les terrains des troisième et seconde époques
pendant la durée desquelles la différence des climats se faisai
déjà fortement sentir.

TABLE DES MATIÈRES

CONTENUES

DANS CE VOLUME.